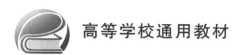
高等学校通用教材

自主综合型
大气污染控制工程实验

孙 也　编著

U0245622

北京航空航天大学出版社

内 容 简 介

本书是大气污染控制工程课程的配套实验教材,实验项目体现自主综合设计的特点,注重学生创新能力的培养。书中介绍了大气污染控制工程实验的三大核心模块,即污染气体净化方案设计与净化性能评价、污染气体实验室设计与配制、污染气体净化材料设计与制备。结合国内外大气污染控制技术研究的最新进展,实验内容包括颗粒污染物特征与控制、烟气硫氧化物和氮氧化物控制、烟气二氧化碳捕集、工业废气挥发性有机污染物控制、机动车尾气污染物特征与控制,以及室内空气污染物控制共 6 章,涵盖 25 个自主综合型实验和 4 个虚拟仿真实验。本书为体现层次化教学需求,部分实验项目增加了选做内容,学生可根据实验内容的创新性和挑战度进行个性化选择。

本书可作为高等学校环境科学与工程专业本科生的实验教学用书,也可供大气污染控制工程相关专业的研究生或从事相关工作的技术人员参考。

图书在版编目(CIP)数据

自主综合型大气污染控制工程实验 / 孙也编著. --
北京 : 北京航空航天大学出版社,2023.11
ISBN 978 - 7 - 5124 - 4245 - 0

Ⅰ. ①自… Ⅱ. ①孙… Ⅲ. ①空气污染控制－高等学校－教材 Ⅳ. ①X510.6

中国国家版本馆 CIP 数据核字(2023)第 240747 号

自主综合型大气污染控制工程实验
孙 也 编著
策划编辑 冯 颖 责任编辑 杨 昕

*

北京航空航天大学出版社出版发行

北京市海淀区学院路 37 号(邮编 100191) http://www.buaapress.com.cn
发行部电话:(010)82317024 传真:(010)82328026
读者信箱: goodtextbook@126.com 邮购电话:(010)82316936
北京富资园科技发展有限公司印装 各地书店经销

*

开本:787×1 092 1/16 印张:14.5 字数:380 千字
2023 年 11 月第 1 版 2023 年 11 月第 1 次印刷
ISBN 978 - 7 - 5124 - 4245 - 0 定价:69.00 元

前　　言

党的二十大报告指出,我们要深入推进环境污染防治,持续深入打好蓝天、碧水、净土保卫战,加强污染物协同控制,基本消除重污染天气。大气是环境三大要素(水、气、土壤)之一,预防大气污染和改善大气环境质量是环境工程专业从业者的基本职责和重要任务。"大气污染控制工程"是高等学校环境工程本科专业的一门核心课程,配套的实验教学环节不仅需要培养学生分析和解决大气污染控制复杂问题的综合能力,也要为本科生毕业要求的达成提供重要支撑。

党的十八大以来,以习近平同志为核心的党中央以前所未有的力度抓生态文明建设,我国污染防治攻坚战各项阶段性目标任务全面完成,生态环境得到显著改善。大气污染控制领域,二氧化硫(SO_2)和酸雨等与燃煤烟气相关的污染明显改善,主要大气污染物排放量显著下降,空气质量明显好转。但我国大气污染防治任务依然任重道远,$PM_{2.5}$浓度与发达国家水平和世界卫生组织(WHO)的指导值依然存在差距,部分地区的臭氧浓度出现持续上升态势,碳达峰、碳中和任务仍然艰巨,区域大气污染问题依然突出。"$PM_{2.5}$和臭氧的协同、空气质量和健康效应的协同、污染治理和节能减碳的协同、大气环境和气候的协同"将是未来大气环境治理的主要趋势。

为了鼓励学生从我国大气污染控制的实际需求出发,了解污染物净化前沿技术,提高自主设计的综合能力,笔者编写了《自主综合型大气污染控制工程实验》。书中充分体现"两性一度",即依据模块理念设计方案,培养学生解决复杂问题的综合能力,体现"高阶性";实验内容涵盖先进技术,教学方法利用虚拟仿真、阶段汇报等方式,体现"创新性";实验项目设置分层次化项目,学生可根据能力及科研兴趣,选做有难度的实验内容,需要他们跳一跳才能够得着,体现"挑战度"。

本书包括基础知识和实验两部分。基础知识包括综合实验组织方式、实验室安全、常用大气实验仪器设备、课程考核方式、三大核心模块(污染气体净化方案设计与净化性能评价、污染气体实验室设计与配制、污染气体净化材料设计与制备)等;实验部分包括颗粒污染物特征与控制、烟气硫氧化物和氮氧化物控制、烟气二氧化碳捕集、工业废气挥发性有机污染物控制、机动车尾气污染物特征与控制,以及室内空气污染物控制共 6 章,其中包括 25 个自主综合型实验和 4 个虚拟仿真实验项目。

本书由孙也编写,在编写过程中得到了李兴华、李想老师的帮助,汤贻良、李莹莹、蒋偲、皮杨梦、李友轩、李梦歆、纪盛元、安晨光、刘昆、武海纳同学在资料整理和图表绘制等方面做了大量协助工作。在这些年的教学科研工作和本书的编写过程中，特别感谢导师朱天乐教授给予的热情指导和帮助，也感谢家人的不断鼓励和支持。本书出版得到了"大气污染控制工程"校级一流本科课程建设项目的资助，虚拟仿真实验项目得到了北京东方仿真软件技术有限公司的协助。本书的编写还参考了一些文献资料，在此一并向文献作者表示由衷的感谢。

由于大气污染控制工程涉及面广，加之编者水平有限，书中难免存在疏漏和不足之处，恳请读者和有关人士批评指正。

编　者

2023 年 3 月

目　　录

自主综合型大气污染控制工程实验

第1章 绪 论

党的二十大报告指出,我们要深入推进环境污染防治,持续深入打好蓝天、碧水、净土保卫战。大气是环境三大要素(水、气、土壤)之一,预防大气污染和改善大气环境质量是环境工程专业从业者的基本职责和重要任务。"大气污染控制工程"是高等学校环境工程本科专业的一门核心课程。大气污染控制工程实验,是培养学生分析和解决复杂大气污染问题能力的有力抓手,也是环境工程专业培养目标和毕业要求达成的重要支撑。

1.1 自主综合型大气污染控制工程实验目的及要求

1.1.1 实验目的

大气污染控制工程实验的主要任务是通过实验操作使学生进一步掌握大气污染控制工程的基本理论、污染控制基本原理和典型工艺、控制设备的结构特征、典型工艺和设备的设计计算,以及大气污染控制工程的基本实验方法和操作技能,学会正确使用大气污染控制相关的仪器和实验设备,并掌握严谨处理实验数据的科学方法,加深和巩固对所学理论知识的理解。

自主综合型大气污染控制工程实验根据新工科建设及工程教育认证的要求,更加注重培养学生的创新思维及综合能力。其主要任务如下:

➢ 利用所学的大气污染控制工程的基本理论、污染控制基本原理,选择和论证自主综合型大气污染控制工程实验设计方案,通过不同方案分析与对比,提高创新意识。

➢ 掌握污染气体净化方案和性能评价、污染气体实验室设计与配制、污染气体净化材料设计与制备的全过程基本方法,培养学生自主学习和解决复杂问题的综合能力。

➢ 以学生为中心,规范地完成自主综合型实验设计方案的实施,激发学生的实验兴趣,培养学生的创新意识和独立分析问题的能力。

➢ 与他人共同合作协商解决实验中遇到的问题,能够独立完成个人承担的实验任务;同时主动参与团队决策,与团队成员合作,并能独立思考,提出个人见解。

1.1.2 实验特色

(1)突破验证性实验局限

验证性实验注重传统工艺流程的讲解,学生根据演示和讲义进行实验,教学内容相对单一。自主综合型实验突破了基本操作训练和基本知识层面,帮助学生掌握大气污染控制全过程实验方法,培养学生自主学习和解决复杂问题的综合能力。

(2)实现前续课程的综合运用

单个自主综合实验可同时融合环境监测、环境工程微生物学、仪器分析、流体力学、环境工程原理等多门课程内容。如环境监测实验中采样与分析技术、环境工程原理实验中流体传质和吸收、仪器分析实验中气相色谱仪的使用等均可融入氧化协同液相吸收脱硫脱硝的自主综合实验中。

（3）源于工程实践又特色鲜明

在工程实际中大气污染控制系统庞大，难以在实验室复制。设计出既贴合工程实际、性能稳定、安全可靠，又体现实验室鲜明特色的自主综合型实验，可帮助学生理解工程实际问题以及可操作的影响因素，更符合解决实际问题的综合能力的培养需求。

（4）体现多学科交叉融合的特点

与生物学科交叉融合，采用生物法处理工业废气或恶臭；与材料科学与工程学科交叉，设计适用于净化气态污染物的吸附剂、催化剂等材料。结合表征与分析，建立材料与净化之间合理的构效关系。

（5）强调现代教学手段和工程模拟需求

利用高度逼真视觉效果和交互体验的虚拟仿真实验，可将具有高危险性、难以在实验室复制的技术还原，帮助学生理解工程应用，实现直观化实验教学，增加趣味性，符合当代学生学习的特点。

（6）注重分类卓越和个性化教学

采用层次法划分，在实验内容上设置选做内容，对于学有余力的同学可自主完成选做内容，提升实验难度和等级，真正体现层次化、个性化教学的需求。

1.1.3　实验要求

自主综合型实验课程的教学要求：学生通过设计方案和操作实践，深化对实验背景、实验原理和应用场景等方面的理解，提高学生独立工作和创新意识；指导教师解答实验过程中出现的各种问题和学生的疑问，引导学生掌握方法。

➢ 实验课开始时，开课教师向学生讲解大气污染控制工程实验室制度与安全要求。提出课程的教学内容、实验组织和进度要求、考核方式和实验报告要求。

➢ 实验开始前，学生初步掌握大气污染控制工程实验所用仪器设备，了解仪器设备的原理、构造及操作规程。

➢ 方案设计体现以学生为中心的指导思想，教师先帮助学生理解实验目的、实验内容、实验方法及实验基础不同部分的侧重点和表达方式，之后学生独立完成实验方案设计。

➢ 基于理论课基本理论、原理和典型工艺，学生独立完成实验系统搭建、实验参数确定、实验现象观察、实验数据记录与分析、实验结果讨论等部分。

➢ 分组进行实验，一般每组 2～4 人。在规定的学时内，学生独立操作、分工协作。

➢ 学生应坚持实事求是的科学态度，整理和记录原始数据；原始实验数据需经教师签字确认。

➢ 学生须忠于实验现象，并养成细致、认真的实验态度，以及整洁、严谨的实验习惯。

1.2　自主综合型大气污染控制工程实验设计及组织

1.2.1　实验教学内容

自主综合型大气污染控制工程实验教学的目的是：培养面向社会需求的创新型人才，使实验教学真正成为理论与实践相结合的纽带。综合型实验内容既要符合工程实际，又要融入新技术。自主综合型实验教学内容的建设思路如图 1.1 所示。

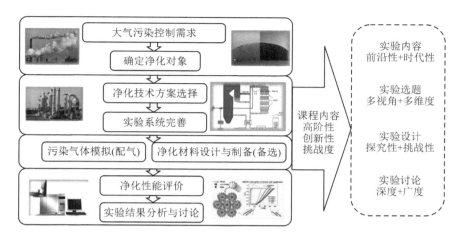

图 1.1 自主综合型实验教学内容的建设思路

学生根据兴趣,选择关注的大气污染问题,结合国内外大气污染控制技术研究的最新进展,从颗粒污染物特征与控制、烟气硫氧化物和氮氧化物控制、烟气二氧化碳捕集、工业废气挥发性有机物控制、机动车尾气污染物控制和室内空气污染物控制等角度,围绕模拟污染净化方案设计与性能评价、污染气体实验室设计与配制、污染净化材料(设备)设计与制备模块进行实验方案设计。基于不同小组选题的汇报与讨论过程,实现学生拓展学习不同实验内容的目的。

➤ **模块 1:污染净化方案设计与性能评价**

不同气态污染物和颗粒态污染物净化方案各有不同。学生应掌握各净化方法的原理和适用性,例如催化、吸附、吸收、过滤、高级氧化等,针对代表性污染物,选择合适的净化方法;掌握净化方法的反应器特点、主要影响参数、性能评价方法、典型污染物的分析方法等;设计和论证整体实验方案。

➤ **模块 2:模拟污染气体设计与配制**

固定源、移动源等不同污染源产生的污染气体特征不同,同一固定源不同的工艺环节或设备产生的污染气体组分及浓度特征也存在显著差异。学生应掌握典型污染源污染气体特征,例如燃烧烟气、工业炉窑尾气、工业有机废气、室内空气、机动车尾气等特征;为了在实验室还原典型污染气体,学生需要掌握污染气体模拟设计、配制相关计算及配气设备的操作使用。

➤ **模块 3:污染净化材料(设备)设计与制备**

污染气体净化材料属于环境工程材料范畴。由于污染气体中各污染物质理化性质差异,不同污染物净化可以选择不同的控制方法,用到的污染净化材料介质也不尽相同。学生应掌握典型污染净化材料的原理及特点,如吸附材料、过滤材料、催化材料、吸收材料的性质与适用性;掌握材料基本制备方法和制备过程所用仪器装备;学有余力的同学可参与材料表征分析或小型催化、吸附、吸收反应器等净化设备的研制。

1.2.2 实验组织形式

自主综合型实验教学充分体现"两性一度":一是学生依据 3 个模块理念设计方案,培养学生解决复杂问题的综合能力,体现"高阶性";二是实验内容反映前沿性大气污染控制技术,教学形式利用虚拟仿真、模拟毕业设计等方式,体现"创新性";三是实验项目设置选做内容,学生可根据能力及科研兴趣,选做有难度的实验内容,需要跳一跳才能够得着,体现"挑战度"。值得注意的是,在实验设计和实验全过程,教师应以顾问和参与者的姿态出现,充分调动学生的实验积极性,激发学生的潜能。对学生的方案和实验过程进行启发或提示,不能对学生的思路进行限制,激发学生自我实现意识。

组织形式具体可分为实验预备、实验方案设计与论证、实验与中期研讨、实验与终期总结4个过程,如图1.2所示。

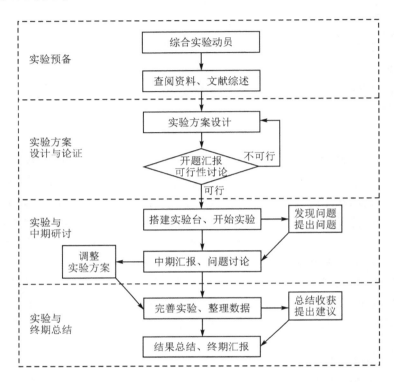

图 1.2　自主综合型实验组织形式

1. 实验预备

以自主综合型实验动员会的形式,将实验课程内容、任务要求、组织方式、时间安排和考核方式布置后,学生进行分组及实验题目的选择。

2. 实验方案设计与论证

① 学生分组和题目确定后,进行文献调研、案例分析,结合资料及实验室基础,明确实验目的,设计实验内容和方案,明确预期成果。

② 进行综合实验开题,通过分组汇报的形式,对实验背景、实验方案、进度安排等内容进行整体展示。教师根据实验方案进行讲评互动,学生根据教师意见完善修改,并确定实验方案。

3. 实验与中期研讨

① 学生根据修订后的实验方案进行实验,针对实验中出现的与实验方案的偏差,及时分析原因并查找解决办法;及时总结分析实验数据,发现问题。

② 进行综合实验中期检查,总结凝练前一阶段实验结果,绘制实验曲线,汇报阶段性进展

及下一阶段安排。教师根据实验结果和进展与学生进行研讨,学生根据研讨结果,继续完善或调整实验方案。

4. 实验与终期总结

① 学生根据中期汇报讨论出的意见和建议,修订实验方案。根据修订后的计划进行第二阶段实验,整理实验数据,绘制图表,讨论分析得出结论。

② 进行综合实验终期总结,从实验背景与意义、实验目标、实验内容、实验技术路线、结果与讨论、实验收获等几个部分总结实验成果,重点介绍实验结果与讨论部分,并提交最终实验报告。

1.2.3　实验考核方式

大气污染控制工程实验重视实践而又强调对理论基础知识的理解,力求使学生通过实验深化对所学理论知识和相关问题的理解,更准确地理解大气污染控制基本概念及基本原理,获取本学科实验研究的基本知识和技能。结合环境工程教育专业认证工作,以工程教育认证的理念为导向,设计面向产出的实验课课程目标达成度定量评价方法。

本实验课程为非考试课,为了实现实验课程目标,成绩评定实行定量评价,总成绩按 100 分计,需要注意的是,本教材实验设计部分有选做实验内容,学有余力的同学完成选做内容提升难度,因此分层次实验项目需对应不同的赋分权重。课程设立了开题报告(A)、实验表现(B)、中期报告(C)、终期报告(D)四部分考核内容。其中,开题报占总成绩的 40%,实验表现占总成绩的 10%,中期报告占总成绩的 10%,终期报告占总成绩的 40%,单项成绩记录时按 100 分记录,根据比例换算出总成绩。实验成绩评定标准及赋分权重如表 1.1 所列。

表 1.1　实验成绩评定标准及赋分权重

环　节	评价观测点	评分标准	
开题报告 (A)40%	能综合运用所学知识进行方案设计 50%	90~100 分	综合分析实验背景,熟悉实验原理,能够针对某一特定的大气污染控制问题,根据实验目的分析、比较并优选实验方法,方案设计清晰合理
		80~90 分	结合教师的指导,考虑安全、绿色清洁和客观实验条件等要素,优选实验方法,方案设计合理
		70~80 分	能够根据实验目的选择实验方法,在选择过程中结合教师的提示与帮助设计各实验影响因素,但因素不充分,实验方案较合理
		70 分以下	针对某一特定的大气污染控制问题设计实验,但实验方法存在不足,实验方案没有相关的对照实验,影响因素等条件考虑欠妥
	具有学术汇报能力、能对实验进行统筹规划和可行性分析 50%	90~100 分	开题展示思路清晰,表达规范,PPT 层次分明,重点突出,格式规范,能够准确回答问题
		80~90 分	开题展示逻辑较清晰,格式较规范,PPT 内容较全面,但层次性有待提高,能够较准确地回答问题
		70~80 分	开题展示逻辑较清晰,格式规范性一般,PPT 内容不够全面,回答问题准确度一般
		70 分以下	开题展示逻辑不够清晰,格式规范性差,PPT 内容不足,不能准确回答问题

环　节	评价观测点	评分标准	
实验表现 (B)10%	出勤率50%	90～100分	出勤率100%
		80～90分	出勤率90%
		70～80分	出勤率80%
		70分以下	出勤率70%
	使用实验装置和分析检测手段综合开展实验的能力50%	90～100分	实验操作规范,能够解决实验过程中遇到的问题,实验数据采集准确。能注意节省实验试剂、耗材,妥善处置废液、废气、废渣
		80～90分	实验操作较规范,实验过程中遇到的问题能够及时寻求解决方案,实验数据采集准确。能注意节省实验试剂、耗材,妥善处置废液、垃圾分类
		70～80分	实验操作规范性不足,实验过程中遇到的问题能够及时寻求他人帮助,实验数据采集较准确。实验试剂、耗材节约性较差,妥善处置废液、垃圾分类
		70分以下	实验操作规范性较差,动手操作差,无法处理实验中出现的问题,出现因操作失误导致仪器设备故障和损坏现象
中期报告 (C)10%	设计方案的实施情况,对实验数据进行分析,获得有效结论80%	90～100分	第一阶段实验进展顺利,阶段性成果丰硕,能够取得翔实数据,利用图表表达实验结果,图表的规范性好。下一阶段安排清晰,预期目标明确
		80～90分	第一阶段实验进展基本符合实验计划,能够将取得的数据利用图表形式清晰表达实验结果,图表的规范性较好。对下一阶段安排较清晰
		70～80分	第一阶段实验进展较缓慢。能够将取得的数据利用图表形式表达实验结果,但规范性一般。对下一阶段安排清晰度不足
		70分以下	第一阶段实验进展滞后。能够将第一阶段取得的数据利用图表形式表达实验结果,但图表的规范性较差。对下一阶段安排不清晰
	具有学术汇报能力、能对实验进行统筹规划和可行性分析20%	90～100分	中期展示思路清晰,表达规范,PPT层次分明,重点突出,格式规范,能够准确回答问题
		80～90分	中期展示逻辑较清晰,格式较规范,PPT内容较全面,但层次性有待提高,能够较准确地回答问题
		70～80分	中期展示逻辑较清晰,格式规范性一般,PPT内容不够全面,回答问题准确度一般
		70分以下	中期展示逻辑不够清晰,格式规范性差,PPT内容不足,不能准确回答问题
终期报告 (D)40%	能够根据实验方案需要,学习新的知识,具有学习和归纳的能力20%	90～100分	终期报告文献综述全面系统深入,实验背景、目标及内容表述明确清晰
		80～90分	终期报告文献综述较全面,对实验背景介绍较清楚,能够合理地引出实验意义
		70～80分	终期报告文献综述不够全面,报告实验背景逻辑不强,实验意义表述不够清晰
		70分以下	终期报告文献综述片面,报告实验背景表述逻辑差,缺乏总结与分析

环 节	评价观测点	评分标准	
终期报告(D)40%	能够对实验数据进行分析,获得有效结论,如实呈现实验结果40%	90～100分	对实验原始数据进行整理、拟合或计算模拟,数据能够以图表形式科学表达。对实验结果开展分析与讨论,得出合理的结论,报告规范性好。报告附录有完整、清晰的实验记录和原始数据
		80～90分	能对实验原始数据进行处理得到实验结果,实验结果能用图表表达出来,图表的规范性较好。能够根据实验结果分析讨论得出合理结论。报告附录有完整的实验记录和原始数据
		70～80分	实验结果分析的数据或参数不完整或存在错误。能用图表形式表达出来,但图表规范性不够,表现力弱。实验结论基本正确。报告附录有实验记录和原始数据,但不完整
		70分以下	数据处理过于简单,图表不规范或不准确,缺少实验分析和讨论,实验结论合理性不好。实验报告数据记录不完整,有涂改或有错误
	具有团队协作与独立思考能力,能够在团队中独立承担任务,合作开展工作30%	90～100分	终期报告展示出合作风格和个人特色,报告质量高。团队相互配合,取长补短,合作协商解决遇到的问题。汇报时密切合作展示和回答问题
		80～90分	终期报告能够展示出合作风格和个人特色,报告质量较高。团队相互配合、合作协商解决遇到的问题。汇报时密切合作展示和回答问题
		70～80分	终期报告体现合作风格和个人特色不足,报告质量一般。团队虽然相互配合,但密切度不高。汇报时展示和回答问题体现的密切合作不够
		70分以下	终期报告质量不高。团队配合度不高,各自为政。汇报时展示和回答问题体现的密切合作较差
	具有学术汇报能力,能对实验进行统筹规划和可行性分析10%	90～100分	终期展示思路清晰,表达规范,PPT层次分明,重点突出,格式规范,能够准确回答问题
		80～90分	终期展示逻辑较清晰,格式较规范,PPT内容较全面,但层次性有待提高,能够较准确地回答问题
		70～80分	终期展示逻辑较清晰,格式规范性一般,PPT内容不够全面,回答问题准确度一般
		70分以下	终期展示逻辑不够清晰,格式规范性差,PPT内容不足,不能准确回答问题
期末成绩		$A\times30\%+B\times10\%+C\times10\%+D\times50\%$	

评定考核的基本原则如下:

➤ 选题:针对大气中需要解决的某些特定的污染问题,或科学研究中为大气污染控制服务的实验题目;

➤ 内容:实验内容、方法、步骤应具有一定的创新性,技术路线合理先进,研究方法具有一定的前沿性;

➤ 基础:了解已具备的实验基础,或经过努力可以实现的实验基础及条件,提倡动手搭建或设计实验系统;

➤ 可行性:要求对实验目的和方案的可行性进行充分论证,对各种风险充分预测;

➤ 结论:实验最终成功与否,不作为实验评价的绝对条件,更注重实验过程学生能力的挖潜和提高学生综合解决问题的能力。

1.2.4 实验报告要求

自主综合型实验报告的编写非常重要,不仅是考核的重要一环,也是实验教学必不可少的组成部分。综合型实验报告更加接近科学论文或科研报告,通常是对一阶段实验工作进行总结和报告的科技文体,具有撰写规范、论证科学、结构合理、逻辑紧密的特点。实验报告是实验者对整个实验活动的基本总结,也是研究成果接受了解、评判、验证或应用的基本途径,不同阶段报告的侧重点不同。

1. 课堂报告及汇报基本要求

课堂开题、中期及终期汇报,是对阶段实验的总结,不是简单地对实验报告的复制粘贴。PPT 的制作要求学生具有较强的主观能动性和独创思维;汇报内容突出重点,增加听众对实验内容的理解程度,培养学生缜密的逻辑思维。教师和同学在听取汇报后能够清晰把握实验进展与结果分析,便于进行研讨。不同阶段汇报侧重点不同,如表 1.2 所列。

表 1.2 实验报告及 PPT 汇报重点

环 节	报告目录	PPT 汇报侧重点
开题报告	1. 实验背景; 2. 实验目的和内容; 3. 研究方案和技术路线(核心部分); 4. 进度安排和预期结果	通过综述国内外相关研究文献,重点阐述问题提出背景,研究意义;提出研究目标,研究内容,研究方案,研究技术路线,各阶段预期成果
中期报告	1. 实验背景; 2. 实验方案; 3. 阶段结果与讨论(核心部分); 4. 下一步工作计划及问题分析(核心部分)	简单回顾实验背景和实验方案,重点围绕前一阶段开展的主要研究工作和阶段性实验成果进行汇报,对遇到的问题与困惑进行讨论,并汇报下一阶段计划
终期报告	1. 实验背景; 2. 实验目的和内容; 3. 实验方案; 4. 实验结果与讨论(核心部分); 5. 实验总结	对实验背景与意义,实验目的和内容、实验方案进行完整汇报。关键核心是实验结果与讨论,应用大篇幅进行结果分析。最后简要介绍结论、收获和建议部分

2. 实验报告模板及具体要求

(1) 报告封面

实验报告分为开题、中期和终期三个阶段,报告封面如图 1.3 所示。

(2) 正文部分

终期实验报告正文 3 000 字以上,正文采用小 4 号宋体字,数字和字母采用 New Time Roman 字体,正文(按 1 2 3;1.1 1.2 1.3;1.1.1 1.1.2 1.1.3;1) 2) 3)的标题结构),图名、表名及表内容均采用 5 号宋体,图名、表名字体加粗。正文标点符号统一采用中文标点符号,参考文献标点符号统一采用英文标点符号。段落格式为两边对齐、1.5 倍行距、首行缩进 2 个字符。

(3) 参考文献

参考文献是实验报告的一部分,需要遵守一些特定的规则。一是在正文中引用参考文献时,要严谨相关,其目的是注明理论、观点、方法、数据的来源,全文引用文献时自上而下排列序号,不能该引用的不引用,不该引用的滥引用。二是参考文献的格式要规范。参考文献必须依

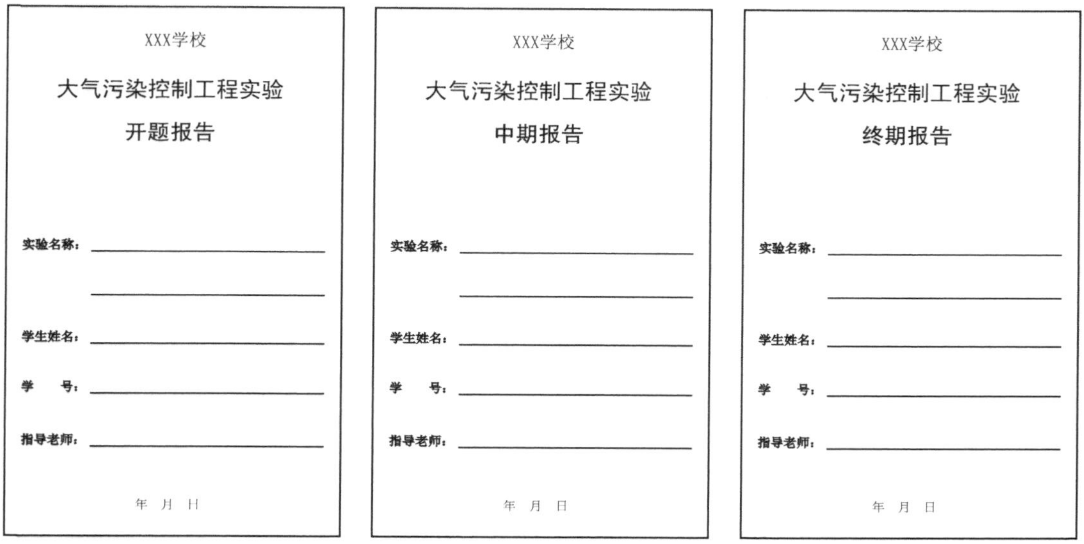

图 1.3 自主综合型实验报告封皮

照类别格式提供完整的引用信息,不可缺项。如有不确定的著录项目,可参考投稿指南和国家标准《信息与文献 参考文献著录规则(GB/T 7714—2015)》中的参考文献著录格式。三是注意多引用近年的文献以及来自不同期刊的文献,鼻祖和最新的文章都是在引用范围中,综述类文章参考文献总数不限。参考文献格式注意事项:① 注意英文文献的作者姓在前,并全部大写,名在后,名为第一个字母的大写缩写;② 作者留三位,中文文献后面为",等.",英文文献后面为", et al.";③ 英文期刊一致,如果写全名就全部都是全名,如果简写就全部简写;④ 英文文章名称可首字母大写,其他小写;⑤ 注意不同类型的文献其类别代码不同;⑥ 出版社前应加出版社所在城市。参考文献的格式要求如表1.3所列。

表 1.3 参考文献的格式要求

类别代码	文献类别	著录格式
M	专著	作者. 专著名(版本)[M]. 出版地: 出版者, 出版年.
	译著	原作者. 译著名:原著版本[M]. 译者, 译.译著版本.出版地:出版者,出版年.
C	会议论文	作者. 文题[C]//会议文集名. 出版地: 出版者, 出版年: 起始页码-终止页码. 作者. 文题[C]//会议文集名. 出版地: 出版者, 出版年: 论文代码.
J	期刊论文	作者. 文题[J]. 刊名, 年, 卷(期): 起始页码-终止页码. 作者. 文题[J]. 刊名, 年, 卷(期): 论文代码.
D	学位论文	作者. 文题[D]. 出版地: 出版者, 发布年份.
P	专利文献	申请者. 专利名:专利号[P]. 发布日期.
S	技术标准	作者. 技术标准名称:技术标准代号[S]. 出版地:出版者, 发布年份.
R	科技报告	作者. 文题:报告编号[R]. 出版地:出版者, 发布年份.
N	报纸文章	作者. 文题[N]. 报纸名, 出版日期(版次).
Z	其他	作者. 文题[Z]. 出版地:出版者, 出版日期.
OL	网络资源	作者. 文题[文献类别/OL]. (上传日期)[引证日期]. http://网址.

实验报告模板

国家标准《信息与文献 参考文献著录规则(GB/T 7714—2015)》

1.3 影响因素实验的设计方法

实验的重要目的之一是研究事物之间的相互关系,发现事物或现象背后客观存在的规律,这些客观规律往往受到各种因素的影响。在明确实验目的和确定实验指标后,要对影响实验结果的因素进行试验,得到影响因素的实验结果。影响因素实验的方法很多,如完全随机设计、随机区组设计、交叉设计、单因素设计、双因素设计、正交设计、重复测量设计等,应根据研究对象的具体情况选择不同的实验方法。下面主要介绍大气污染控制工程实验常用的单因素实验设计、双因素实验设计及正交实验设计。

1.3.1 单因素实验设计

通常将在实验中只有一个影响因素,或者有多个影响因素但只考虑一个对目标影响最大的因素,其他因素尽量保持不变的实验称为单因素实验。单因素优选法首先假定:$y=f(x)$ 是定义在区间 (a,b) 上的目标函数,y 代表实验结果,x 代表因素取值。在实验设计中,$f(x)$ 指的是实验结果,区间 (a,b) 表示实验因素的取值范围。实验过程中用尽量少的实验次数来确定 $f(x)$ 的最大值的近似值。环境工程领域常用的单因素优选法包括:对分法、黄金分割法(0.618 法)、分数法、分批实验法等。

1. 对分法

对分法的特点是每个实验点的位置都在实验区间的中点,每做一次实验,实验区间长度就缩短一半。具体方法为:首先确定实验区间为 (a,b),则第一个实验点设在 (a,b) 的中点 $x_1\left(x_1=\dfrac{a+b}{2}\right)$。若根据实验结果判断好点在 (a,x_1) 这一侧,则去掉 (x_1,b)。第二个实验点安排在 (a,x_1) 的中点 $x_2\left(x_2=\dfrac{a+x_1}{2}\right)$。如果实验结果判断好点在 (a,x_2) 这一侧,则去掉 (x_2,x_1) 这一侧,并在 (a,x_2) 这一侧继续取点,直至选出合适的值。对分法的优点是每次实验将实验范围缩小 1/2,缺点是要求每次实验能确定下次实验的方向。

2. 0.618 法

0.618 法的基本方法为:设实验范围为 (a,b),第一个实验点 x_1 选在实验范围的 0.618 位置上,第二个实验点 x_2 取成 x_1 的对称点,即实验范围的 0.382 位置上,则

$$x_1=a+0.618(b-a) \tag{1.1}$$

$$x_2=a+0.382(b-a) \tag{1.2}$$

如果 $f(x_1)>f(x_2)$,$f(x_1)>f(a)$,$f(x_1)>f(b)$,则极值点在 (x_2,b) 之间,去掉 (a,x_2)。然后在余下的范围内继续寻找好点,直到得出合适的结果,如图 1.4 所示。

例如:在吸收法脱除 NO_2 的实验中,可加入某种吸收剂,最佳投入量为 $20\sim40$ mg/L,通过 0.618 法找到这一点,可先在实验范围的 0.618 处做第 1 次实验,第 1 个实验点 $x_1=20+$

图 1.4 0.618 法示意图

$0.618\times(40-20)=32.36$ mg/L,第 2 个实验点 $x_2=20+0.382\times(40-20)=27.64$ mg/L。比较两次实验结果,如果 x_1 比 x_2 好,则去掉低于 27.64 mg/L 的那一部分,在 (27.64,40) 区间内再找到第 3 个实验点 x_3,这一点 $x_3=27.64+0.618\times(40-27.64)=35.28$ mg/L;如果仍然是 x_1 点效果好,则去掉大于 35.28 的那段,剩下区间 (27.64,35.28) 计算第 4 个实验点,$x_4=27.64+0.382\times(35.28-27.64)=30.56$ mg/L。如果这一点效果比 x_1 好,则去掉大于 32.36 的一段,在留下的区间按相同的方法继续做实验,最终找到最佳点。

3. 分数法

分数法又叫菲波那契数列法,是利用菲波那契数列进行单因素优化实验设计的一种方法。由菲波那契(Fibonacci)数列 (1,2,3,5,8,13,21,34,55,89,144,233,…) 得出分数数列 (1/2,2/3,3/5,5/8,8/13,13/21,21/34,34/55,55/89,…),然后用分数数列来安排实验点的一种优选法。

通常,在实验条件受限只能做几次实验时,采用分数法较好,实验数只能取整数。在使用分数法进行单因素优选时,首先根据实验区间确定分数。

分数法实验点的位置,可用下列公式求得

$$第一个实验点 = (大数 - 小数)\times\frac{F_n}{F_{n+1}} + 小数 \tag{1.3}$$

$$新实验点 = (大数 - 中数) + 小数 \tag{1.4}$$

式中:中数为已实验的实验点数值。

新实验点安排在余下范围内与已实验点相对称的点上,新实验点到余下范围的中点的距离等于已实验点到中点的距离,同时新实验点到左端点的距离也等于已实验点到右端点的距离(见图 1.5),即

$$新实验点 - 左端点 = 右端点 - 已实验点$$

移项后即得式(1.4)。

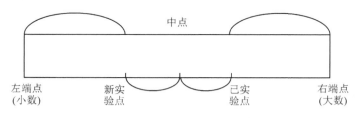

图 1.5 分数法实验点位置示意图

表 1.4 所列为分数法实验点位置与实验次数。

4. 分批实验法

为了缩短实验时间,可采用同一批次多个实验同时进行的方法,即分批实验法。该方法又可分为均分法和比例分割法。

(1) 均分法

具体实验步骤为:如果要做 n 次实验,就把实验范围等分成 $n+1$ 份,在各个分点上做实验,如图 1.6 所示。

表 1.4　分数法实验点位置与实验次数

分数 F_n/F_{n+1}	第一批实验点位置	等分实验范围 F_{n+1}	实验次数
2/3	2/3,1/3	3	2
3/5	3/5,2/5	5	3
5/8	5/8,3/8	8	4
8/13	8/13,5/13	13	5
13/21	13/21,8/21	21	6
21/34	21/34,13/34	34	7
34/55	34/55,21/55	55	8

图 1.6　均分法示意图

做第一批实验,比较实验结果,留下效果好的点及相邻左右一段,然后把这两段都等分为 $n+1$ 段,在分点处继续做第二批实验,直至得出合适的值。均分法的优点是只需要把实验放在等分点上,这样既可以同时安排实验,又可以一个接一个地安排实验;缺点是实验次数较多。

（2）比例分割法

具体实验步骤为:每批设定 $2n+1$ 个实验,先把实验范围划分为 $2n+2$ 段,相邻两段长度为 a 和 $b(a>b)$,长短段比例为

$$\lambda = \frac{1}{2}\left(\sqrt{\frac{n+5}{n+1}} - 1\right) \tag{1.5}$$

在 $2n+1$ 个分点上做第一批实验,比较实验结果,在较好的实验点左右留下一长一短。然后把 a 分成 $2n+2$ 段,相邻两段为 a_1、$b_1(a_1>b_1)$,且 $a_1=b$,如图 1.7 所示,依次划分下去,直至找到合适的值。

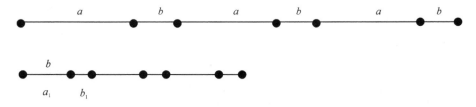

图 1.7　比例分割法示意图

1.3.2　双因素实验设计

对于双因素问题,往往采用把两个因素变成一个因素的方法来解决,也就是先固定第一个因素做第二个因素的实验,然后再固定第二个因素做第一个因素的实验,下面介绍两种双因素实验设计的方法。

1. 从好点出发法

这种方法是先把一个因素,例如 x 固定在实验范围内的某一点 x_1 处,然后用单因素实验设计法对另一因素 y 进行实验,得到最佳实验点 $A_1(x_1,y_2)$;再把因素 y 固定在好点 y_2 处,

用单因素方法对因素 x 进行实验,得到最佳点 $A_2(x_2,y_2)$。若 $x_2 < x_1$,则可以去掉大于 x_1 的部分,反之则去掉小于 x_1 的部分,然后在剩下的实验范围内,再从好点 A_2 出发,把 x 固定在 x_2 处,对因素 y 进行实验,得到最佳实验点 $A_3(x_2,y_1)$,于是再沿直线 $y=y_1$,把不包括 A_3 的部分范围去掉。这样继续下去,能较好地找到最佳点,如图 1.8(a) 所示。

2. 平行线法

如果双因素问题的两个因素中有一个因素不易改变,则宜采用平行线法。具体方法如下:设因素 y 不易调整,就把 y 固定在其实验范围的 0.5(或 0.618)处,过该点做平行于 Ox 的直线,并用单因素法找出另一个因素 x 的最佳点 A_1,再把因素 y' 固定在 0.25 处。用单因素法找出最佳点 A_2,比较 A_1 和 A_2,若 A_1 比 A_2 好,则沿直线 $y=0.25$ 将下面的部分去掉,然后在剩下的范围内将因素 y 固定在 0.625 处。用单因素法找出因素 x 的最佳点 A_3。若 A_1 比 A_3 好,则又可将直线 $y=0.625$ 以上的部分去掉。这样一直做下去即可找到满意的结果,如图 1.8(b) 所示。

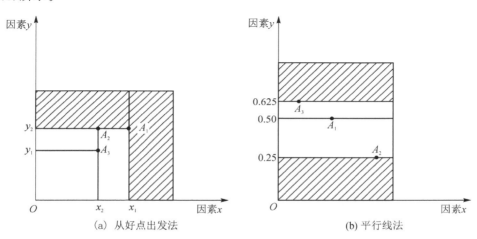

(a) 从好点出发法　　　　　　　　(b) 平行线法

图 1.8　从好点出发法和平行线法示意图

1.3.3　多因素正交实验设计

在实际的科学研究及生产过程中,影响因素往往是复杂多样的。实验结果往往受多个因素的影响,而同一因素,其不同水平也会引起实验结果的变化,将这种实验中需要考虑多个因素,而每个因素又要考虑多个水平的实验问题称为多因素实验。如果将不同因素和水平全面搭配,进行全面实验设计,则实验次数非常多,在有限的时间、人力和物力条件下,将难以完成这样的实验组合。例如,某个实验考察 4 个因素,每个因素 3 个水平,全部实验要 $3^4=81$ 次才能完成,这样实验在短期内是无法实现的。正交实验设计是研究多因素多水平实验的一种高效、快速、经济的实验设计方法,其是一种在优选区内利用正交表科学地安排实验点,通过实验结果的数据分析,缩小优选范围,或者直接得到较优点的实验方法。

1. 正交表

正交表是正交实验设计法中合理安排实验,以及对数据进行统计分析的工具。

常用正交表的形式为

$$L_n(r^m) \tag{1.6}$$

式中:L 为正交表;n 为要做的实验次数;r 为因素的水平数;m 为最多允许安排的因素个数。

正交表可分为如下几种形式。

① 等水平正交表:指各个因素的水平数都相等的正交表。如 $L_4(2^3)$(见表 1.5),如果以 $L_4(2^3)$ 安排实验,则需要做 4 次实验,最多考察 3 个 2 水平的因素。

② 混合水平正交表:指实验中各因素的水平数不相等的正交表。

如果被考察因素的水平不同,应采用混合型正交表。如 $L_8(4\times2^4)$(见表 1.6),其表示有 8 行(即要做 8 次实验)5 列(即有 5 个因素);而括号内的第一项 4 表示被考察的第一个因素是 4 水平,在正交表中位于第一列,这一列由 1、2、3、4 四种数字组成;括号内第二项的指数 4 表示另外还有 4 个考察因素;底数 2 表示后 4 个因素是 2 水平,即后 4 列由 1、2 两种数字组成。用 $L_8(4\times2^4)$ 安排实验时,最多可以考察一个具有五因素的问题,其中一因素为 4 水平,另外四因素为 2 水平,共要做 8 次实验。

表 1.5 $L_4(2^3)$ 正交表

实验号	列 号		
	1	2	3
1	1	1	1
2	1	2	2
3	2	1	2
4	2	2	1

表 1.6 $L_8(4\times2^4)$ 正交表

实验号	列 号				
	1	2	3	4	5
1	1	1	1	1	1
2	1	2	2	2	2
3	2	1	1	2	2
4	2	2	2	1	1
5	3	1	2	1	2
6	3	2	1	2	1
7	4	1	2	2	1
8	4	2	1	1	2

2. 正交设计法安排多因素实验的步骤

① 明确实验目的,确定实验指标。实验前需明确实验需要解决的问题,并确定可以量化的指标。例如在进行液相吸收 SO_2 实验的研究中,其实验目的是提高 SO_2 的吸收效率,实验指标为 SO_2 出口浓度。

② 选择因素,列出因素水平表。在众多影响因素中,需通过文献以及实际情况优选对实验指标影响大的因素,去掉不可控因素并确定每个因素的范围和水平。因素水平选定后,便可列出因素水平表。

③ 选择合适的正交表。常用的正交表有几十个,可结合实验的实际情况灵活选择,尽可能选择较小的正交表。对于等水平实验,正交表的列数大于或等于因素及其交互作用所占列数。对于水平不等的实验,混合正交表的某一水平的列数应大于或等于相应水平的因素数。

④ 表头设计。表头设计就是将因素及其交互作用合理地安排到正交表的各列中。若无交互作用,则各因素可以随意安排。若有交互作用,则各因素需按对应的正交表的交互作用列表安排到相应的列中。

⑤ 确定实验方案。根据表头设计,将正交表每一列(不含交互作用列)的不同水平数字换成对应因素的水平值。

3. 实验结果分析

实验按照正交表进行,记录实验数据,分析每组条件下的评价指标值。通过正交实验结果可以了解因素中哪些影响大,哪些影响小;各影响因素中,哪个水平的结果更好,从而可以找到最佳的实验条件。

一般实验分析步骤如下:

① 计算实验指标评价值。将每组实验数据进行分析处理后,求出相应的评价指标值。

② 计算各列的水平效应值 K_i、$\overline{K}_i$ 和极差 R 值:

$$各列的 K_i = 该列中 i 水平相对应的指标值之和$$

$$各列的 \overline{K}_i = \frac{K_i}{该列中 i 水平的重复次数} \tag{1.7}$$

$$各列的极差 R = 该列的 \overline{K}_i 中最大值和最小值之差$$

极差 R 是衡量数据波动大小的重要指标,R 值越大,因素越重要。

③ 比较各因素的 R 值,根据大小得出因素的主次关系。

④ 比较同一因素下每个水平效应值 $\overline{K}_i$,使指标达到满意结果的值为较理想的水平值,从而确定最佳实验条件。

1.4　实验误差理论及数据处理

大气污染控制工程实验需要进行一系列实验得到大量的数据。实践证明,实验结果可能存在误差,即使同一实验,多次重复完成,也会发现实验结果存在差异。学生在实验过程中,绝对不能认为得到数据就是实验结果,实验还需要对数据进行误差分析,并将数据进行处理。大气污染控制工程实验中误差分析是指对所测实验结果进行分析,估计实验的可靠性,并对数据与被测量真值之间的误差进行分析;数据处理是将所得到的数据进行整理归纳,用一定的方式表达出各数据之间的关系和规律。

1.4.1　实验误差分析

1. 真值与平均值

真值是指实验的真实结果,由于仪器测试方法、环境、实验方法等因素的影响,往往无法测得真值(真实值)。如果对同一考察项目进行无限多次的测试,然后根据误差分布定律正负误差出现的机率相等的概念,可以求得各测试值的平均值,在无系统误差的情况下,此值为接近于真值的数值。通常测试的次数总是有限的,用有限测试次数求得的平均值,只能是真值的近似值。常用的平均值有下列几种:算术平均值、均方根平均值、加权平均值、中位值(或中位数)、几何平均值。

(1) 算术平均值

算术平均值是最常用的一种平均值,当观测值呈正态分布时,算术平均值最近似真值。算术平均值定义为

$$\overline{x} = \frac{x_1 + x_2 + \cdots + x_n}{n} = \frac{1}{n}\sum_{i=1}^{n} x_i \tag{1.8}$$

式中:$\overline{x}$ 为算数平均值;x_i 为各次观测值,$i = 1, 2, 3, \cdots, n$;n 为观测次数。

（2）均方根平均值

均方根平均值应用较少,其定义为

$$\bar{x} = \sqrt{\frac{x_1^2 + x_2^2 + \cdots + x_n^2}{n}} = \sqrt{\frac{\sum_{i=1}^{n} x_i^2}{n}} \tag{1.9}$$

式中符号代表的意义同式(1.8)。

（3）加权平均值

若对同一事物用不同方法测定,或者由不同的人测定,则计算平均值时,常用加权平均值。计算公式如下:

$$\bar{x} = \frac{\omega_1 x_1 + \omega_2 x_2 + \cdots + \omega_n x_n}{\omega_1 + \omega_2 + \cdots + \omega_n} = \frac{\sum_{i=1}^{n} \omega_i x_i}{\sum_{i=1}^{n} \omega_i} \tag{1.10}$$

式中:$\omega_1, \omega_2, \cdots, \omega_n$ 代表与各观测值相应的权;其他符号同式(1.8)。各观测值的权数 ω,可以是观测值的重复次数,观测者在总数中所占的比例,或者根据经验确定。

（4）中位值

中位值是指一组观测值按大小次序排列的中间值。若观测次数是偶数,则中位值为正中两个数的平均值。中位值的优点是能简单直观地说明一组测量数据的结果,且不受两端具有过大误差数据的影响;缺点是不能充分利用数据,因而不如平均值准确。

（5）几何平均值

如果一组观测值是非正态分布,则当对这组数据取对数后,所得图形的分布曲线更对称时,常用几何平均值。几何平均值是一组 n 个观测值相乘并开 n 次方求得的值,计算公式如下:

$$\bar{x} = \sqrt[n]{x_1 \cdot x_2 \cdot x_3 \cdots \cdot x_n} \tag{1.11}$$

也可用对数表示,如下:

$$\lg \bar{x} = \frac{1}{n} \sum_{i=1}^{n} x_i \tag{1.12}$$

式中符号代表的意义同式(1.8)。

2. 误差与误差的分类

在实验中,被测量的数值通常不能以有限位数表示,测量值与真值不完全一致,称为误差。对某一指标进行测试后,观测值与其真实值之间的差值称为绝对误差,用以反映观测值偏离真值的大小,其单位与观测值相同。而绝对误差与平均值(真值)的比值称为相对误差,相对误差用于不同观测结果的可靠性的对比,常用百分数表示。根据误差的性质及发生的原因,误差可分为:系统误差、偶然误差、过失误差。

（1）系统误差（恒定误差）

系统误差又称为恒定误差,是指在测定中由未发现或未确认的因素所引起的误差,这些因素使测定结果永远朝一个方向发生偏差,其大小及符号在同一实验中完全相同。产生系统误差的原因如下:① 仪器状态不佳,如刻度不准、仪器未校正等;② 环境的改变,如外界温度、压力和湿度的变化等;③ 个人的习惯和偏向,如读数偏高或偏低等。这类误差可以根据仪器的性能、环境条件或个人偏差等加以校正克服使之降低。

（2）偶然误差（随机误差）

偶然误差也称为随机误差，单次测试时，观测值总是有些变化且变化不定，其误差时大、时小、时正、时负、方向不定。但是多次测试后，其平均值趋于零。具有这种性质的误差称为偶然误差，因而无法人为控制。偶然误差可用概率理论处理数据而加以避免。

（3）过失误差

过失误差是指由操作人员工作粗心、过度疲劳或操作不正确等因素引起的，是可以避免的。

3. 准确度和精密度

（1）准确度

准确度表示测量或测定结果（X）与真实值（X_T）接近的程度。准确度的好坏可以用误差（E）表示。分析结果与真实值之间的差别叫误差。误差可用绝对误差和相对误差两种方式表示。绝对误差表示测定值与真实值之差，相对误差是指绝对误差在真实结果中所占的百分率，可分别用下面的式子表示：

$$绝对误差 = X - X_T \tag{1.13}$$

$$相对误差 = \frac{X - X_T}{X_T} \times 100\% \tag{1.14}$$

（2）精密度

精密度又称为精度或精确度，是指对同一个样品在同样条件下重复测量所得的测量结果之间的相互接近程度。精密度高有时又称为再现性好。精密度的好坏可以用平均偏差和标准偏差来衡量。

单次测量结果的偏差，用该测定值（x）与其算术平均值（E）之间的差别来表示，具体可用下面 4 种方式来表示：

$$绝对偏差\, d_i = x_i - \bar{x} \tag{1.15}$$

$$相对偏差 = \frac{d_i}{\bar{x}} \times 100\% \tag{1.16}$$

$$平均偏差\, \bar{d} = \frac{\sum\limits_{i=1}^{n} |x_i - \bar{x}|}{n} \tag{1.17}$$

$$相对平均偏差 = \frac{\bar{d}}{\bar{x}} \times 100\% \tag{1.18}$$

标准偏差又称为均方根偏差。当测量次数不多时（$n < 30$），单次测量的标准偏差（s）可按下式计算：

$$s = \sqrt{\frac{\sum\limits_{i=1}^{n}(x_i - \bar{x})^2}{n-1}} \tag{1.19}$$

用标准差表示精密度比用平均偏差好，因为将单次测量的偏差平方之后，较大的偏差就能更显著地反映出来，这样能更好地说明数据的分散程度。

精密度好不能保证准确性好。例如，当分析中存在系统误差时，不影响精密度，但影响准确性。另一方面，测量的精密度可能不太好，但结果的准确性也许是好的（或多或少带有偶然性），但是可以肯定的是精密度越高，测得真实值的机会就越高，为了保证得到高度准确的结果,必须保证结果具有很好的再现性。

1.4.2　有效数据运算规则

实验测定总含有误差,因此表示测定结果数字的位数应适当,不宜太多,也不能太少。太多容易使人误认为测试的精密度很高,太少则精密度不够。数值的准确度大小由有效数字位数来决定。

有效数字是指在具体工作中实际能测量的数字,有效数字的位数表达了与测量精度相一致的测量结果。在有效数字中只有一位不定值,例如,量取线段长度 $L=10.17$ m,有 4 位有效数字,最后一位 7 为不定值。在一个数中,"0"可能表示有效数字,也可能仅起决定小数点位置的作用。值得注意的是,不是测量所得的自然数,就全部视为有效数字。关于有效数字的举例如下:

0.014 2	3 位有效数字,"0"决定小数点位置。
0.067 80	4 位有效数字,最后一位"0"为有效数字。
2.3×10^{3}	2 位有效数字。
2.80×10^{3}	3 位有效数字。
2 900	不确定,有效数字的位数需由实际情况而定。
lg $x=10.00$	$x=1.0\times10^{10}$,2 位有效数字。
pH$=7.85$	2 位有效数字,pH 的有效数字看小数点后有几位数。

在运算过程中有效数字的计算规则为:几个数据相加或相减时,其和或差只能保留一位不确定数字,即有效数字的保留应以小数点后位数最少的数字为依据。例如,将 0.013 45、68.16 及 1.085 33 三个数相加,结果应为 69.26,只有最后一位是不定值;在乘除法中,有效数字取决于相对误差最大的那个数,即有效数字最少的那个数,以这个数为标准确定其他各数和最后结果的有效数字。例如,$\dfrac{24.23\times0.281\,2\times0.032\,00}{1.243\,2}=0.175\,4$。用电子计算器做运算时,可以不必对每一步的计算结果进行位数确定,但最后计算结果应保留正确的有效数字位数。对最后结果多余数字取舍原则是"四舍六入五留双",即当尾数$\leqslant4$时,舍去;当尾数$\geqslant6$时,进位;当尾数等于 5 时,若 5 后面的数字不全为 0 时,进 1;全为 0 时,若进位后得偶数,则进位,否则舍弃。

在整理数据时,常要运算一些精密度不相同的数值,此时要按一定规则计算,这样既可节省时间,又可避免因计算过繁引起的错误。一些常用的规则如下:

➤ 记录观测值时,只保留一位可疑数,其余数一律弃去。

➤ 在加减运算中,运算后得到的数所保留的小数点后的位数,应与所给各数中小数点后位数最少的相同。

➤ 计算有效数字位数时,若首位有效数字是 8 或 9 时,则有效数字位数要多计 1 位。例如,9.35 虽然实际上只有三位,但在计算有效数字时,可作四位计算。

➤ 在乘除运算中,运算后所得的商或积的有效数字与参加运算各有效数中位数最少的相同。

➤ 计算平均值时,若为 4 个数或超过 4 个数相平均时,则平均值的有效数字或位数可增加一位。

1.4.3 实验数据处理

在对实验数据进行误差分析整理,去除错误数据后,还要对实验数据归纳整理,方便进行分析。大气污染控制工程实验常用的实验数据表示方法有列表法、图示法等。

(1)列表法

列表法就是将实验数据列成表格表示,为以后绘制曲线或整理成数据公式做准备。列表法简单易操作、数据容易参考比较,但是对客观规律的反映不如图形法明确,在进行理论分析时较不方便。

(2)图示法

科学作图是环境工程专业实验结果表达的一种重要方法。正确的作图便于从大量的实验数据中提取出丰富的信息,并简洁生动地表达实验结果。利用直角坐标纸和 Excel、Oringe 等计算机作图软件作图是常用的方法。作图时应注意以下这些问题:

① 以主变量为横轴,因变量为纵轴。

② 选择坐标轴比例时要求使实验测得的有效数字与相应坐标轴分度精度的有效数字位数相一致,以免作图处理后各量的有效数字发生变化。坐标轴标值要易读,必须注明坐标轴所代表的量的名称、单位和数值,注明图的编号和名称,在图的名称下要注明主要测量条件。根据作图方便,不一定所有图均要把坐标原点取为“0”。

③ 将实验数据以坐标点的形式画在坐标图上,根据坐标点的分布情况,连接为直线或曲线,不必要求线全部通过坐标点,但要求坐标点均匀地分布在线的两边。最优化作图的原则是使每一个坐标点到达线距离的平方和最小。必须用直尺画直线,画曲线则最好用曲线板以作出光滑曲线。

(3)经验公式的选择

环境工程实验得出的实验数据很难由纯数学方法推导出确定的数学模型,而多采用半理论方法、纯经验方法和由实验曲线形状确定相应的经验公式。

1)半理论分析方法

用因次分析法推求准数关系式,是一种常用的方法。但是如果已经有了微分方程暂时还难以得出解析解,或者又不想用数值解时,也可以从中导出准数关系式,然后由实验来确定其系数值。

2)纯经验方法

根据实验人员长期积累的经验,有时也可决定整理数据时应该采用什么样的数学模型。

3)由实验曲线求经验公式

在整理实验数据时,如果无理论模型又无经验参考,可将实验数据先绘制在普通坐标纸上,得一直线或者曲线。如果是直线,根据直线方程,可以算出直线的斜率和截距。如果不是直线,可将实验曲线和典型的函数曲线相对应,选择与实验曲线相似的典型函数加以计算。

1.5 大气污染控制工程实验室常见器物

大气污染控制工程实验室常用器材分为基础玻璃器皿、基础测量器材、专业设备器材和实验室用水等。

➤ 基础玻璃器皿是指化学分析或化学品储存用到的玻璃器皿,例如漏斗、比色皿、比色管、干燥器、干燥管、玻板吸收管等。

➤ 基础测量器材分为体积测量器材和称量器材。体积测量器材主要用于试样溶液体积的测量、溶剂配制中溶液体积的控制。一类是精量器皿,用于准确地控制或量取液体的体积,如:容量瓶、移液管、滴定管等;另一类是粗量器皿,用于粗糙地控制或量取液体体积,如:烧杯、量筒、滴管等。称量器材主要用于实验室样品的称重。分析天平是实验室称量必备仪器,按照精度可分为万分之一天平、十万分之一天平、百万分之一天平等。称重常规药品通常采用万分之一天平,分析颗粒物采样膜的时候通常采用百万分之一天平。

➤ 专业测量器材通常也指专业测量仪器,通常大气环境样品、污染治理的液体或固体样品具有待测组分和干扰组分共同存在的复杂性,通常需要专业测量器材实现定性或定量分析等。例如,烟气分析仪、臭氧分析仪、酸度计、电导率仪、紫外-可见分光光度仪、红外光谱仪、气相色谱仪、离子色谱仪、液相色谱仪等。此外,还有部分表征仪器,例如小角 X 射线衍射(SAXRD)分析仪、场发射扫描电子显微镜(FE - SEM)分析仪、X 射线能谱(EDS)分析仪、透射电子显微镜(TEM)分析仪、物理吸附仪、傅里叶红外光谱(FTIR)仪、X 射线光电子能谱(XPS)分析仪、热重(TG - DTG)分析仪、色谱-质谱(GC - MS)分析仪等;其他专业器材是指非测量使用的专业仪器,包括烘箱、马弗炉、手套箱等。

➤ 实验室用水,常用水包括蒸馏水、去离子水和电导水。

1.5.1　基础玻璃器皿

大气污染控制工程中常用的基础玻璃器皿如表 1.7 所列。

表 1.7　大气实验室常用基础玻璃器皿

仪器名称	用　途	注意事项	实物图
碘量瓶	(1) 碘量法专用滴定容器; (2) 在其他挥发性物质的滴定分析中作滴定容器; (3) 用于需严防液体挥发和固体升华的反应容器	(1) 瓶和塞要保持原配,不能混用; (2) 不能高温加热,在较低温度加热时,要将瓶塞打开,防止瓶塞冲出或瓶子破碎	
单口烧瓶	(1) 液体和固体或液体间的反应器; (2) 装配气体反应发生器; (3) 蒸馏或分馏液体	(1) 注入的液体不超过其容积的2/3; (2) 加热时使用石棉网,使均匀受热; (3) 蒸馏或分馏要与胶塞、导管、冷凝器等配套使用	
漏斗	用于过滤操作,配合滤纸对液固进行分离	(1) 长颈漏斗下端应插入液面以下; (2) 使用前需检验是否漏水	

续表 1.7

仪器名称	用 途	注意事项	实物图
比色皿	用于比色分析	（1）轻拿轻放； （2）同一比色实验中使用同样规格的比色皿； （3）清洗时不能用硬毛刷刷洗，以免磨伤管壁，影响透光度	
比色管	用于比色分析	（1）不能加热，轻拿轻放； （2）同一比色实验中使用同样规格的比色管； （3）清洗时不能用硬毛刷刷洗，以免磨伤管壁，影响透光度	
多孔玻板吸收管	用于吸收液吸收气体中的特定物质	（1）注意气流由小头进大头出； （2）控制吸收液的量； （3）避光时采用棕色吸收管	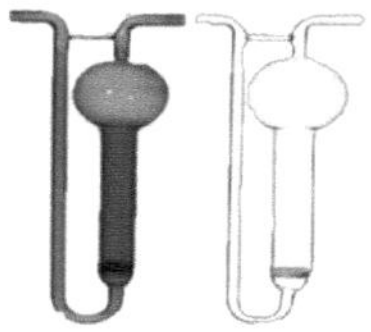
气体吸收瓶	用于气体洗涤，除去气体中的杂质	（1）注意气流进出方向； （2）控制吸收液的量； （3）停止时先停泵，防止倒吸	
干燥过滤筒	用于干燥气体或除去气体中的杂质	干燥管中装固体吸附剂，如硅胶等	
干燥器	存放需干燥的催化剂等材料，可抽真空	（1）干燥剂定期更换； （2）封口处涂少量凡士林，保证密封； （3）开盖时，沿水平方向推移	

1.5.2 基础测量器材

大气污染控制工程中常用的基础测量器材如表 1.8 所列。

表 1.8 大气实验室常用基础测量器材

仪器名称	用 途	注意事项	实物图
烧杯	（1）反应容器； （2）配制溶液； （3）溶解、结晶、蒸发浓缩或加热溶液； （4）盛取溶液和药剂的容器	（1）注入的液体不超过其容积的 2/3； （2）加热时使用石棉网； （3）烧杯外部要擦干后再加热	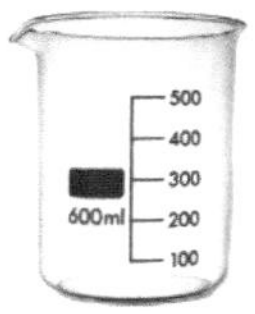

续表 1.8

仪器名称	用 途	注意事项	实物图
量筒	量取一定体积的液体	(1) 量取少量的液体时首选量杯,量取大体积的液体时选用量筒; (2) 不能加热,不能量取热的液体; (3) 不能用作反应容器,不能在其中配制溶液; (4) 操作时应沿内壁加入或倒出液体	
容量瓶	用于配制一定物质量浓度准确的标准溶液	(1) 容量瓶不能加热; (2) 容量瓶不能在烘箱中加热; (3) 热溶液应冷却后再稀释至标线; (4) 容量瓶不能长期储存; (5) 使用后应立即冲洗	
移液管	用于准确移取或量取一定体积的液体	(1) 不应在烘箱中烘干; (2) 不能移取太热或太冷的溶液; (3) 同一实验中应尽可能使用同一支移液管	
滴定管	(1) 滴定分析; (2) 量取一定体积的液体	(1) 滴定管下端不能有气泡,快速放液可赶走酸式滴定管中的气泡; (2) 酸式滴定管不得用于装碱性溶液,碱式滴定管也不得用于装对橡皮管有腐蚀性的溶液; (3) 滴定管不同于量桶,其读数自上而下由小变大	
锥形瓶	(1) 滴定分析中作为滴定容器; (2) 加热容器	(1) 不能在瓶内配制溶液; (2) 取用溶液前要摇匀,手心对准标签	

1.5.3　专业设备器材

大气污染控制工程中常用的专业器材如表 1.9 所列。

表 1.9　大气实验室常用专业器材

仪器名称	用 途	注意事项	实物图
pH计	(1) 精密测量液体介质的酸碱度值; (2) 配上相应的离子选择电极测量离子电极电位	(1) 玻璃电极插座应保持干燥、清洁; (2) 新电极或久置不用的电极在使用前必须在蒸馏水中浸泡数小时; (3) 测量时,电极球泡应全部浸入被测溶液; (4) 使用时,应使内参比电极浸在内参比溶液中; (5) 应该经常添加氯化钾盐桥溶液,保持液面高于银/氯化银丝	

仪器名称	用 途	注意事项	实物图
分光光度计	对物质进行定性、定量分析	(1) 仪器初次使用需检查波长准确度,以确保检测结果的可靠性; (2) 每次检测结束后应检查比色池内是否有溶液溢出,若有溢出应随时用滤纸吸干; (3) 仪器室不得存放酸、碱、挥发性或腐蚀性等物质,以免损坏仪器; (4) 仪器长时间不用时,应定时通电预热,每周一次,每次 30 min	
分析天平	精确的称量仪器,可精确称量至 0.1 mg	(1) 接通电源,预热 60 min 后开启显示器; (2) 称物应先放上称量纸,待显示数稳定下来并出现质量单位后,可读数,并记录读数	
气相色谱	用于气体组分的定性和定量分析	色谱柱内径、长度、载体牌号、粒度、固定液涂布浓度、载气流速、柱温、进样量、检测器的灵敏度等,均可适当改变,以适应试验的要求	
傅里叶红外光谱仪	可以用来对物质结构、表面、纯度及官能团等进行测定	(1) 光谱仪操作时应该确保环境洁净、无震动,并且避免强烈的电磁干扰; (2) 测试过程中,应该注意光源的温度和稳定性,保证仪器的干燥性; (3) 为了准确比较和分析样品的红外光谱,通常需要使用标准品进行参比	
烟气分析仪	用于气相 NO、NO_2、SO_2、CO 的浓度检测	(1) 在使用前后要进行校准、气密性检查; (2) 测量完成后,应继续在清洁空气中保持运行 5~10 min; (3) 定期更换滤芯及冷凝器过滤片,防止灰尘污染传感器,影响数据精度; (4) 工作时放置的位置要远离热源或热辐射,传感器工作有温度要求(22~25 ℃); (5) 对于高浓度烟气或含高浓度粉尘的气体,测量烟气时应加装过滤器过滤烟气	
臭氧分析仪	检测气相臭氧浓度	(1) 应保持干燥状态下使用,避免接触水汽与腐蚀性液体; (2) 仪器应在合适的温度中使用,如果使用环境温度过高可能会导致传感器受损; (3) 空气中存在的粉尘会对仪器造成一定的影响,所以不可以在粉尘浓度高的领域中长期使用	

仪器名称	用　途	注意事项	实物图
马弗炉	用于材料的高温焙烧	(1) 第一次使用或长期停用后再次使用时应先进行烘炉,温度为 200～600 ℃,时间约 4 h; (2) 使用时炉膛温度不得超过最高炉温,也不要长时间工作在额定温度以上; (3) 工作环境要求无易燃易爆物品和腐蚀性气体; (4) 在炉膛内放取样品时,应先关断电源,并轻拿轻放,以保证安全和避免损坏炉膛	
管式炉	用于材料的高温焙烧	(1) 炉周围不能有易燃易爆等危险物,保证良好通风; (2) 使用中要定期检查电炉,控制器等接线是否良好,指示仪是否有卡住滞留情况; (3) 热电偶不要在温度较高时骤然拔出; (4) 保证炉膛清洁,及时清除炉内氧化物及杂物	

1.5.4　实验室用水

在大气污染控制工程实验中,由于实验的任务和要求不同,对水的质量要求也不相同。根据实验室用水的国家标准(GB 6682—1992),将实验用水分为三个等级,如表 1.10 所列。实验室中常用水包括蒸馏水、去离子水和电导水,在 298 K 下,电导率分别为 1 mS/m、0.1 mS/m 和 0.01 mS/m。

表 1.10　实验室用水的级别及主要指标

指标名称	一级	二级	三级
外观		无色透明液体	
pH 值范围(25 ℃)	—	—	5.5～7.5
电导率(25 ℃)/(mS·m^{-1})	≤0.01	≤0.1	≤0.50
可氧化物(以 O 计)/(mg·L^{-1})	—	<0.08	<0.40
吸光度(254 nm,1 cm 光程)	≤0.001	≤0.01	—
可溶性硅(以 SiO$_2$ 计)/(mg·L^{-1})	<0.01	<0.02	—

1.6　大气污染控制工程实验室安全常识

1.6.1　大气污染控制工程实验室安全管理制度

➤ 严禁实验人员将与实验无关的物品带入实验室(有特殊要求的除外)。
➤ 实验人员应熟悉所使用药品的性能,仪器、设备的性能及操作方法和安全注意事项。
➤ 实验应严格按照操作规程和安全技术规程进行,实验人员需掌握各类事故的处理方法。
➤ 实验室内要开启充足的照明和通风。

➢ 进行实验时,实验服、手套、护目镜等保护用具必须穿戴整齐。

➢ 所有药品、样品必须贴有醒目的标签,注明名称、浓度、配制时间以及有效日期等,标签字迹要清晰。

➢ 禁止用手直接接触化学药品和危险性物质,禁止用口尝或鼻嗅的方法去鉴别物质。

➢ 严禁将烧杯等器具用作餐具或用于饮水,严禁在实验室内饮食。

➢ 用移液管吸取有毒或腐蚀性液体时,管尖必须插入液面以下,防止夹带空气使液体冲出。须用橡皮吸球吸取,禁止用嘴代替橡皮吸球。

➢ 易挥发或易燃液体的储瓶,在温度较高的场所或当瓶体温度较高时,应经冷却后方可开启。

➢ 在进行有危险性的工作时,应采取安全措施,参加人员不得少于两人。

➢ 在器具中放置药品加热时,必须放置平稳,瓶口或管口禁止对准别人和自已。

➢ 加热试管内的液体时,管口不得对准面部,加热时要不停地摇晃,以防因温度不均发生沸腾造成烫伤。

➢ 保持实验室门和走廊畅通,最小化存放试剂,未经允许严禁储存剧毒药品。

➢ 及时按废液处理规定处理废弃化学品,实验用固体废弃物应单独放置,生活垃圾不要投放到实验室固体废弃物垃圾桶内。

➢ 实验室严禁吸烟,严禁违章使用明火。

1.6.2　大气污染控制工程实验室安全要点及常识

1. 消防知识和用电安全

(1) 实验室火灾发生的常见原因

① 易燃易爆危险品引起火灾。在实验中,各种化学危险物品普遍使用,种类繁多。这些物品性质活泼,稳定性差,有的易燃,有的易爆,有的自燃,有的相互接触即能发生着火或爆炸,在储存和使用中,稍有不慎,就可能酿成火灾事故。

② 加热设备引起火灾。实验室里常使用酒精灯或酒精喷灯、烘箱等加热设备和器具,增大了实验室的火灾危险性。酒精易挥发、易燃,其蒸气能与空气混合发生爆炸。烘箱若长时间运行,则易出现控制系统故障,发热量增多,温度升高,造成被烘烤物质或烘箱附近可燃物起火燃烧。

③ 违反操作规程引起火灾。实验室经常进行的化学反应,都具有一定的危险性。若操作者没有经验,工作前没有充分准备,操作不熟练或违反操作规则,不听劝阻或未经批准擅自操作等,都易诱发火灾爆炸事故。

④ 电气火花。短路、过载、接触不良是产生电气火花的主要原因。电气线路必须保证绝缘良好,电器检修时应断开电源,防止发生短路。合理配置负载,禁止乱接、乱拉电源线。保持机械设备润滑、消除运转故障,防止电机过载现象发生。经常检查导线连接、开关、触点,发现松动、发热应及时紧固或修理。使用易燃溶剂的场所应按照危险特性使用防爆电器(含仪表)。防爆电器应符合规定级别,安装应符合要求。

(2) 实验室灭火基本方法

大气污染控制工程实验室是一个涉及到很多化学、物理和生物实验的场所,因此灭火需要基于起火原因选择合适的方法,通常由于大气实验室复杂,不采用清水直接灭火,而是采用灭火器。灭火器通常有泡沫、干粉、卤代烷、二氧化碳灭火器等。对于各种不同的火源,需要采用不同的灭火方法,如表 1.11 所列。

表 1.11　常用灭火方式适用范围

火　源	适用灭火方式
活泼金属钠、钾、镁	细沙土覆盖
木材、棉、麻、纸张等,石油制品、油脂等	泡沫灭火器
易燃可燃液体、气体,带电设备	干粉灭火器
电气设备、精密仪器、图书、档案以及范围不大的油类、气体和一些不能用水扑救的物质	二氧化碳灭火器
有机试剂	二氧化碳灭火器、干粉灭火器、沙土覆盖

正确使用灭火器材需要在紧急情况下迅速判断火源种类,必须保持冷静并迅速采取适当的灭火措施,以避免火灾恶化。此外,平时要定期进行检查和维护保养,确保灭火器材的可用性和有效性。

（3）实验室安全用电基本要求

➢ 仪器设备使用前应检查开关、线路、安全接地线、电源插头等各部零件是否完整妥当,运转情况是否良好。

➢ 严禁用潮湿的手或使用湿布擦拭正在通电的设备、插座等,严禁在仪器设备上和线路上洒水。

➢ 使用电器时,应防止人体与电器导电部分直接接触。

➢ 所有装置和设备的金属外壳都应保护接地。

➢ 电线接头间要接触良好、紧固,避免在振动时产生电火花。

➢ 实验室的电气设备和电路不得私自拆动及任意进行修理,也不能自行加接电气设备和电路,必须由专门的技术人员进行。

➢ 每一个实验室都有一个电源总闸,长时间停止工作时,必须把总电闸关掉。

➢ 工作人员离开实验室或遇突然断电时,应及时关闭电源。

2. 危险化学品使用安全

（1）危险化学品的分类、性质与管理

危险化学品是指受光、热、空气、水或撞击等外界因素的影响,可能引起燃烧、爆炸的药品或具有强腐蚀性、剧毒性的药品。常用危险药品按危害性可分为以下几类进行管理。

➢ 爆炸品:如硝酸铵、三硝基甲苯等。这些药品遇高热、摩擦、撞击会引起剧烈反应,放出大量气体和热量,产生猛烈爆炸。注意应存放于阴凉、低温处。使用时注意轻拿、轻放。

➢ 易燃品:包括易燃液体（丙酮、乙醚、甲醇、乙醇、苯等有机溶剂）、易燃固体（赤磷、硫、萘、硝化纤维等）、易燃气体（氢气、乙炔、甲烷等）、遇水易燃品（钾、钠）、自燃品（黄磷、白磷）。这类危险品大多数都是沸点低,燃点低,易挥发,受热、摩擦、撞击、遇火或遇氧化剂,可引起剧烈连续燃烧、爆炸。注意应存放于阴凉处,远离热源。使用时注意通风,不得有明火。钾、钠应保存于煤油中,切勿与水接触。黄磷、白磷应保存于水中。

➢ 氧化剂:如硝酸钾、氯酸钾、过氧化氢、过氧化钠、高锰酸钾等。这类试剂具有强氧化性,遇酸、受热,与有机物、易燃品、还原剂等混合时,会因发生反应引起燃烧或爆炸。不得与易燃品、爆炸品、还原剂等一起存放。

➤ 剧毒品：如氰化钾（钠）、三氧化二砷、汞等。此类物品剧毒，少量侵入人体（误食或接触伤口）就会引起中毒，甚至死亡。需要专人、专柜保管，现用现领，用后的剩余物，不论是固体或液体都要交回保管人，并应设有使用登记制度。

➤ 腐蚀性药品：如强酸、氟化氢、强碱、溴、酚等。此类物品具有强腐蚀性，触及物品会造成腐蚀、破坏，触及人体皮肤会引起化学烧伤。不能与氧化剂、易燃品、爆炸品放在一起。

（2）易燃易爆化学品使用安全

➤ 凡使用与空气混合后能形成爆炸的混合物时，必须在通风橱内进行操作。

➤ 严禁在火源附近进行易燃易爆物质的操作。苯、甲苯、丙酮、汽油等易燃物质，其附近不得有明火。

➤ 禁止将易燃物质（如苯、甲醇、乙醇等）进行明火蒸馏或加热。沸点低于 100 ℃者，应在水浴锅上加热，沸点高于 100 ℃者，应在油浴锅上加热。水浴和油浴应使用闭式电炉，禁止油浴加热到接近油的着火温度。

➤ 加热易燃液体时，必须在带冷却回流器的烧瓶中进行。

➤ 禁止将氧化剂与可燃物品一起研磨，不能在纸上称量氢氧化钠。

➤ 使用爆炸性物品时禁止振动、碰撞和摩擦。

➤ 易发生爆炸危险的操作，应采取安全隔离措施，具有特别危险的操作（如使用放射性物质）应采取特殊防护措施，并在符合规定的隔离室内进行。

➤ 加热操作或实验过程中，如发生着火爆炸，应立即切断电源，对热源和气源进行灭火。

➤ 挥发性有机药品，应放在通风良好的地方、冰箱或铁柜内，低燃点的易燃品，不能放在火源附近，若室温过高，则应备有冷却装置。

（3）腐蚀性、刺激性物质使用安全规范

➤ 稀释浓酸时，必须将酸注入水中，用玻璃棒缓慢不停地进行搅拌，禁止将水直接注入酸中，稀释时应缓慢进行，若温度过高应待冷却后再进行。

➤ 溶解化学物品和稀释浓溶液时，必须在耐热容器和硬质玻璃器具中进行。

➤ 在处理发烟酸和强腐蚀性物品时，要特别谨慎，防止中毒或灼伤。

➤ 当酸、碱溶液、化学试剂灼伤皮肤或溅入眼睛时，应立即用清水冲洗、救护，情况严重的应立即前往医院救治。

➤ 开启盛溴、过氧化氢、盐酸、氢氟酸、发烟酸等物质的瓶塞时，瓶口不得对着人。

➤ 溶解氢氧化钠或氢氧化钾时，要严防沸腾溅出，酸碱中和时应缓慢进行，严防液体飞溅。

➤ 禁止浓硝酸与可燃物接触。

➤ 如需将浓酸或浓碱中和，应先行稀释，绝不许将浓酸、浓碱直接中和。

（4）化学药品的储存与保管

➤ 所有化学药品的容器都应贴上清晰的永久标签，以标明内容及其潜在危险。

➤ 所有化学药品都应具备物品安全数据清单（MSDS）。

➤ 对于在储藏过程中不稳定或易形成过氧化物的化学药品需加注特别标记。

➤ 化学药品储藏的高度应合适，通风橱内不得储存化学药品。

➤ 装有腐蚀性液体容器的储藏位置应当尽可能低，并加垫收集盘。

➤ 将腐蚀性化学品、毒性化学品、有机过氧化物、易自燃和放射性物质分开储藏，标签上标明购买日期,以防这些化学品相互作用,产生有毒烟雾,发生火灾甚至爆炸。

➤ 挥发性和毒性物品需要特殊储藏,密闭容器的盖子。未经允许实验室不得储存剧毒药品。

3. 气瓶使用安全

钢瓶又称高压气瓶,是一种在加压下储存或运送气体的容器,通常由铸钢、低合金钢等材料制成。钢瓶口内外壁均有螺纹,以连接钢瓶启闭阀门和钢瓶帽。瓶外装有两个橡胶制成的防震圈。钢瓶阀门侧面接头具有左旋或右旋的连接螺纹,可燃性气体为左旋,非可燃性及助燃气体为右旋。

➤ 钢瓶应当直立放置,确保单独靠放实验台或墙壁,并用铁索固定以防倾倒。

➤ 钢瓶储放时要避免日晒、雨淋、烘烤、水浸和药品腐蚀。

➤ 钢瓶搬运时要轻拿轻放并戴上瓶帽,防止摔碰或剧烈震动。

➤ 钢瓶应避免被油和其他有机物玷污。

➤ 各种气体的减压表不能混用。

➤ 减压表安装时应特别注意与钢瓶螺纹的方向。

➤ 瓶中气体不可用完,应至少留有 0.5% 表压以上的气体不用,以防止重新灌气时发生危险。

➤ 在使用可燃性气体时一定要有防止回火的装置(有的减压表带有此装置),在管路中加液封也可以起保护作用。

➤ 开启气门时应站在减压表的一侧,以防减压表脱出而被击伤。

➤ 钢瓶应定期试压检验(一般三年检查一次)。逾期未检验或锈蚀严重时,不得使用,漏气的钢瓶不得使用。

➤ 压缩气体钢瓶必须在阀门和调节器完好无损的情况下在通风良好的场所使用。

➤ 实验室必须按照规定限制存放钢瓶数量和压缩气体容量,实验室内严禁存放氢气。

➤ 所有气瓶必须挂气瓶牌,表明使用状态和责任人及电话。

4. 玻璃仪器使用安全

➤ 玻璃仪器在使用前要详细检查,有裂纹或损坏的不得使用。

➤ 搬取有液体的瓶子时,必须一手握住瓶颈部,一手托瓶底,不准单独握住颈部以防因负荷大而崩裂脱落,较大的瓶子宜放在瓶架上搬取。

➤ 在常压下使用的玻璃器皿,温度不得超过 500 ℃(指硬玻璃),正压或负压操作时,不得超过 400 ℃,温度的升降应缓慢进行。

➤ 装碱性溶液的瓶子,宜使用胶皮塞,以免腐蚀粘住。

➤ 清洗装有腐蚀性、危险性物质的器具时,必须将物质除净后,再用水清洗干净。

➤ 非耐热器皿和广口瓶、量筒、表面皿、称量瓶等,禁止用明火直接加热,不得在器皿内进行放热的操作。

1.6.3 大气污染控制工程实验室意外事故处理

在实验过程中接触到玻璃仪器、化学试剂和用电时,由于各种原因而引起的意外事故,可采取如下办法处理:

➤ 玻璃割伤:先取出伤口内的异物,然后在伤口处抹上红药水,必要时撒上消炎粉或敷些消炎膏,并用绷带包扎。若伤口过大,则先用酒精在伤口周围清洗消毒,再用纱布按住伤口压迫止血,立即到医院治疗。

➤ 烫伤:可用稀高锰酸钾冲洗灼伤处,再涂上烫伤膏或红花油,切勿用水冲洗,更不能把烫起的水泡戳破。

➤ 强酸致伤:先用大量水冲洗,再用5%碳酸氢钠溶液(或稀氨水)冲洗,最后用水冲洗。

➤ 强碱致伤:先用大量水冲洗,再用2%醋酸溶液(或3%硼酸溶液)冲洗,最后用水冲洗。如果溅入眼内,则先用2%硼酸溶液洗,再用水冲洗。

➤ 中毒:若因吸入气体中毒,则应立即到室外呼吸新鲜空气。吸入少量氯气、溴蒸气者,可用稀碳酸氢钠溶液漱口;溴灼伤皮肤,应立即用乙醇洗涤,然后用水冲净,涂上甘油或烫伤油膏。溅入口中尚未咽下的毒物应立即吐出来,并用水冲洗口腔;如已吞入,则应根据毒物的性质服解毒剂,并立即送医院急救。

➤ 触电:立即切断电源,将触电者与电源隔离,必要时进行人工呼吸。当发生的事情较严重时,在做了上述急救后应速送医院治疗。

➤ 起火:实验室失火后,要立即组织灭火,同时尽快移开可燃物,切断电源,以防火势扩大。灭火的方法可根据情况而定,一般小火用湿布、石棉布或沙覆盖燃烧物,火势大时可用泡沫或干粉灭火器灭火。但要注意电器设备所引起的火灾,不能用泡沫灭火器,以免触电。需先切断电源,再用二氧化碳或四氯化碳灭火器灭火。若衣服着火时,应立即用石棉布或厚外衣盖熄,火势较大时,可卧地打滚。火势难以控制时,应立即报警;若有伤势较重者,应立即送医。

1.6.4 大气污染控制工程实验室三废处理

大气实验室的三废(废气、废渣和废液)种类繁多,如果对其不加处理而任意排放,就可能污染周围空气、水源和环境,造成危害。因此,对废气、废渣和废液要经过一定的处理后才能排弃。

(1) 实验室的废气

实验室中凡可能产生有毒气体的操作都应在通风橱中进行,有毒气体通过排风设备出口处吸附过滤处理后外排,以免污染空气。产生有毒气体量大的实验必须备有吸收或处理装置,如二氧化氮、二氧化硫、氯气、硫化氢、氟化氢等可用导管通入碱液中,使其吸收后再经过通风橱排出。

(2) 实验室的固废

实验过程产生的有害固废,不能将其与生活垃圾混倒。应在具有明显标识的固定位置存放实验固废垃圾桶,收集后由学校安排专业部门回收处理。实验用化学药剂的空瓶,单独存放,与废液回收一起进行处理。

(3) 实验室的废液

实验室废浓酸、浓碱等废液严禁倒入水池,以防堵塞和腐蚀水管,应经稀释或中和,调pH值至6~8后倒入废液桶。实验室至少存放3个废液桶,分门别类存放废液。需要注意的是,含汞盐废液应先调pH值至8~10后,加适当过量的硫化钠,生成硫化汞沉淀,存放于单独废液桶中,并标注清楚,含汞废液需要有资质的公司单独处理。有机溶剂废液收集后存放于单独废液桶中,并标注清楚。废液定期由学校安排专业部门回收处理。

作为环境专业的学生,一定要增强环保意识,提倡绿色化学,减少和消除对人类健康、生态环境有害物质的乱排放,集中回收,实现废物"零排放",从源头上根除污染。

第 2 章 污染气体净化方案设计与净化性能评价

常见污染气体包括气态污染物和颗粒态污染物两大类。代表性气态污染物包括 SO_2、NO_x、VOCs 等,代表性颗粒态污染物包括粉尘、PM_{10}、$PM_{2.5}$ 等。典型行业污染气体中代表性污染组分不同,实验室污染气体净化方案主要是针对代表性污染组分,筛选出对该组分具有良好选择性的净化方法。因此,筛选出选择性高的净化方案对大气污染控制至关重要。本章从常用的污染气体净化方法原理和适用性出发,引导学生与工程实际相结合,选择可采用的净化方法,设计自主综合实验净化方案。并根据不同污染气体的组成或浓度特征,选择合适的净化性能评价系统与方法。帮助学生熟悉自主综合实验方案设计原则与流程,提高学生分析问题和利用科学方法解决复杂工程问题的能力。

2.1 常用污染气体净化方法

2.1.1 常见气态污染物净化方法

气态污染物净化是指利用化学、物理和生物等方法将污染物从废气中分离或转化成无害、低害、易处理的物质。气态污染物净化方法很多,常用的净化方法包括吸收法、吸附法和催化法等。此外,还有主要应用于挥发性有机物净化的燃烧法、生物法、冷凝法和低温等离子体氧化法等。气态污染物净化涉及的吸收、吸附和催化过程与常规化工单元操作过程并无本质区别,同样包括流体输送、热量传递和质量传递,大多数净化过程也涉及化学或生物反应,需要在特定的反应器内进行。然而,气态污染物净化与化工单元操作在气体性质和操作条件方面存在显著差异。化工单元操作主要针对较纯净的反应原料气,反应温度和压力通常较高。而气态污染物净化对象为组分复杂、气态污染物浓度低的废气,净化过程大多在常压常温下进行,有时在中温(催化燃烧),甚至高温(燃烧法)条件下进行。正因为如此,气态污染物净化对象可看成是理想气体,净化过程特别强调不同污染物的选择性,净化方法选择时应重点考虑方法对典型污染物的选择性。

1. 吸收法净化气态污染物

吸收法是利用气体混合物各组分在溶液中的物理溶解度或化学反应活性差异,使气体混合物的一种或几种气体组分从气相转移至液相,从而实现气体分离的方法。其中,被吸收组分称为吸收质,用于吸收的溶液称为吸收剂或吸收液。对于气态污染物净化,吸收法的吸收质为气态污染物。

按吸收质与吸收液是否发生化学反应分类,分为物理吸收和化学吸收两类。物理吸收是指在吸收过程中,吸收质在吸收液中只是单纯的物理溶解,吸收质与吸收液不发生显著的化学反应,例如水吸收氨气;化学吸收是指在吸收过程中,吸收质与吸收液中的某种活性组分发生化学反应,如用碱性溶液吸收燃烧烟气中的 SO_2、NO_2 等酸性气态污染物。

（1）吸收法原理

吸收剂一般为液相,因此必然发生气相进入液相、液相到气相的传质过程。吸收过程遵照气液相平衡理论,吸收的实质是吸收质以分子扩散的方式通过气液相界面而溶解于吸收液,因此气液相平衡是影响吸收过程的重要因素。在一定温度和压力下,进行气液接触时,吸收质会从气相进入液相,这个过程称为吸收;同时也发生吸收质从液相向气相逸出的过程,这个过程称为解吸。吸收进行时,吸收与解吸同时进行,吸收开始时,吸收速率大于解吸速率,吸收质从气相不断进入液相,当吸收过程的传质速率等于解吸过程的传质速率时,气液两相达到动态平衡,简称相平衡。此时气相中吸收质的分压称为平衡分压,用 P^* 表示;液相中所溶解的吸收质浓度称为平衡溶解度,简称溶解度。

吸收过程进行的方向与极限取决于吸收质在气液两相中的平衡关系。在一定条件下,当气相中吸收质实际分压 P 高于其平衡分压,即 $P > P^*$ 时,吸收质便由气相向液相转移,即发生了吸收过程。P 与 P^* 的差别越大,吸收的推动力越大,吸收的速率也越大;反之,如果 $P < P^*$,吸收质便由液相向气相转移,即发生解吸过程。

（2）吸收法适用性

在大气污染控制工程中,需要处理的废气往往具有气量大、气态污染物浓度低的特点。实际工程中,多采用化学吸收净化气态污染物。常规污染物 NH_3、SO_2、CO_2、H_2S 等气体均适用于吸收法,碱性气体 NH_3 适用于酸性吸收液,而酸性气体 SO_2、CO_2、H_2S 等则适用于碱性溶液吸收。例如,吸收法是烟气脱硫方法中的主要方法之一,吸收法脱硫分类如表 2.1 所列。

表 2.1　吸收法脱硫工艺分类表

脱硫原理	方法分类	吸收剂	脱硫方法
吸收	石灰石/石灰法	$Ca(OH)_2$、$CaCO_3$、CaO	湿式石灰石/石灰-石膏法
			炉内喷钙-炉后活化法
			喷雾干燥法
			烟气循环流化床脱硫法
			直接喷射法
			石灰-亚硫酸钙法
	氨法	NH_3、$(NH_4)_2SO_3$	氨-酸法
			氨-亚硫酸铵法
			氨-硫铵法
		$NH_3 \cdot H_2O$	新氨法
	钠碱法	Na_2SO_3、$NaOH$、Na_2CO_3	亚硫酸钠循环法
			亚硫酸钠法
			钠盐-酸分解法
			钠盐-石膏法
	铝法	碱性硫酸铝	碱式硫酸铝-石膏法
			碱式硫酸铝-二氧化硫法
	海水脱硫法	海水中 CO_3^{2-}、HCO_3^- 等碱性物质	海水脱硫法
	间接石灰石/石灰法	Na_2SO_3 或 $NaOH$	双碱法
		$Al_2(SO_4)_3 \cdot Al_2O_3$	碱性硫酸铝-石膏法
	金属氧化物法	MgO	氧化镁法
		ZnO	氧化锌法
		MnO	氧化锰法

（3）吸收剂的选择原则

吸收剂性能的优劣，是决定吸收操作效果好坏的关键，因此在选择吸收剂时应考虑以下几方面：① 吸收剂应对混合气体中被吸收组分具有良好的选择性和较大的吸收能力；② 饱和蒸气压低，以减少挥发损失，避免吸收液成分进入气相，造成浪费和新的污染；③ 沸点高、热稳定性高，不易起泡；④ 黏性小，能改善吸收塔内的流动状况，提高吸收速率，降低泵的功耗，减小传热阻力；⑤ 化学稳定性高，腐蚀性小、无毒性、不易燃；⑥ 价廉易得、易于解吸再生或产生的富液易于综合利用。实际上，任何一种吸收剂都很难同时满足以上要求，因此可根据所处理的对象及目标，权衡各方面因素进行选择。

2. 吸附法净化气态污染物

吸附法净化气态污染物是利用多孔固体对气体中不同组分吸附能力的差异，使一种或数种气体组分富集于固体表面而从气相分离的方法。用于实现吸附操作的设备称为吸附装置，多孔固体称为吸附剂，被吸附到固体表面的气体组分称为吸附质。对于气态污染物净化来说，吸附质就是气态污染物。吸附过程能够有效脱除其他方法难以分离的低浓度有害物质，具有净化效率高、可回收有用组分、设备简单、易实现自动化控制等优点，其缺点是吸附容量较小、设备体积大。

吸附可分为物理吸附和化学吸附。

① 物理吸附。其利用分子间引力，或称范德华力实现气体从气相到固体表面的转移。特点是：第一，吸附剂和吸附质之间不发生化学反应。第二，吸附过程进行极快，参与吸附的气体在气、固两相之间迅速达到平衡。第三，吸附热较小，相当于被吸附气体的升华热，一般为 20 kJ/mol 左右。第四，吸附过程可逆，无选择性。

② 化学吸附。其是通过固体表面与吸附气体分子间的化学键力起作用的结果。特点是：第一，吸附剂和吸附质之间发生化学反应，并在吸附剂表面生成新的化合物。第二，吸附热比物理吸附大得多，相当于化学反应热，一般为 84～417 kJ/mol。第三，具有选择性，通常是不可逆的。在实际吸附过程中，低温时主要是物理吸附，高温时主要是化学吸附，一般物理吸附发生在化学吸附之前，当吸附剂具有足够高的活性时，才发生化学吸附。也有可能两种吸附同时发生。

（1）吸附法的原理

吸附净化效果取决于吸附平衡和吸附速率，这两方面的因素是设计吸附装置或强化吸附过程的关键。吸附的实质是吸附质以分子扩散的方式到达吸附剂表面而被富集的过程，因此气固相平衡是影响吸附过程的重要因素。在一定温度和压力下，进行气固接触时，吸附质会从气相到达吸附剂表面，这个过程称为吸附。同时也发生吸附质从吸收剂表面向气相逸出的过程，这个过程称为脱附（解吸）。

当单位时间内被吸附剂表面吸附的分子数量与逸出的分子数量相等时，吸附达到平衡。此时，吸附剂失去吸附能力，需要采取一定的措施使吸附在吸附剂表面上的吸附质脱附，才能恢复吸附能力，这个过程称为吸附剂的再生。达到平衡时，吸附质在气相中的浓度称为平衡浓度，吸附质在吸附剂中的浓度称为平衡吸附量，也称静吸附量或静活性，表达为吸附在单位体积（质量）上的吸附质的量。平衡吸附量是吸附剂对吸附质吸附的极限，其数值对吸附设计、操作和过程控制有着重要意义。当吸附达到平衡时，吸附质在气、固两相中的浓度关系一般用吸附等温线表示，通常根据实验数据绘制。

目前研究发现有 6 类等温吸附线，如图 2.1 所示。第 Ⅰ 类吸附等温线呈现微孔填充特征，极限吸附量是微孔容积的一种量度,也出现在能级高的表面吸附中。第Ⅱ类和第Ⅲ类吸附等温线出现在许多无孔或有中孔的粉末表面,可逆等温线代表在多相基质上不受限制的多层吸附。当吸附质与吸附剂相互之间的作用较强时,为第Ⅱ类等温线;当吸附质与吸附剂相互之间的作用微弱时,为第Ⅲ类等温线。第Ⅳ、Ⅴ类等温线的特征具有滞后回线,发生于具有微孔的吸附剂,其原因是吸附时发生了毛细凝聚现象。当吸附质与吸附剂相互作用较强时,为第Ⅳ类等温线;当吸附质与吸附剂相互作用微弱时,为第Ⅴ类等温线。第Ⅵ类等温线与均匀吸附剂表面惰性气体分子分阶段多层吸附相对应。

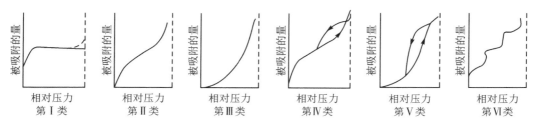

图 2.1　6 类等温吸附线

(2) 吸附法的适用性

吸附法受吸附剂孔结构和表面化学性能、吸附质性质和浓度、吸附操作条件的影响。① 吸附量随吸附剂比表面积增大而增加,而吸附剂比表面积与其孔隙率、孔径及其分布和颗粒度等因素有关。确定吸附剂吸附能力的一个重要概念是"有效表面积",即吸附质分子能进入的表面。根据微孔尺寸分布数据,起吸附作用的主要是直径与被吸附分子大小相当的微孔。气体分子不易渗入比分子直径还要小的微孔。② 就表面化学性质而言,最突出的是吸附剂的极性。一般来说,极性吸附剂对极性吸附质吸附能力强,如分子筛具有良好的吸附 SO_2 和 NO_x 的能力;而非极性吸附剂对非极性或弱极性吸附质吸附能力强,如活性炭具有良好的吸附苯系物等挥发性有机物的能力。③ 吸附质的分子量、沸点和饱和性也会影响吸附量。如用活性炭吸附有机物,对于结构类似的有机物,其分子量越大、沸点越高,被吸附的越多;对结构和分子量都相近的有机物,不饱和性越大,则越易被吸附;普通活性炭对甲醛之类小分子有机物几乎没有吸附作用。吸附质在气相中的浓度越大,吸附量越大;浓度增加会使吸附剂达到饱和状态的时间缩短,因而需要增大吸附剂用量,或造成再生频繁。因此吸附法只适用于净化污染物浓度低、排放标准要求严的废气。

3. 催化法净化气态污染物

催化法净化气态污染物是指利用催化剂的催化作用,使气态污染物转化为无害物质或易被其他方法脱除的物质的方法。催化剂的存在使化学反应速率发生显著改变,但化学平衡并不受影响,而催化剂自身在反应前后并不发生变化。在气态污染物净化中,通常使用固态催化剂,因而发生的是气固相催化反应。

(1) 催化法原理

催化作用的本质是改变反应途径。在催化反应过程中,至少有一种反应物分子与催化剂发生了化学作用,从而改变了反应途径,降低了反应活化能。例如,化学反应 A＋B→AB,所需活化能为 E,在催化剂 C 参与下,反应分成两步进行:A＋C→AC,所需活化能为 E_1;AC＋B→AB＋C,所需活化能为 E_3,且 E_1、E_3 都小于 E,如图 2.2 所示。可见,催化剂 C 只是参与了化学反应,反应结束前后自身并无改变。

气态污染物催化净化发生在气固两相的界面上,催化剂为多孔固体,如图 2.2 所示。整个反应可按下述 7 步进行:

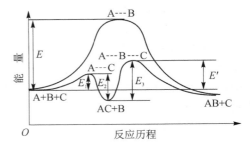

图 2.2 催化反应活化能和反应途径示意图

① 反应物的外扩散——反应物从气流主体向催化剂外表面扩散。

② 反应物的内扩散——反应物从催化剂外表面向催化剂孔内扩散。

③ 反应物的化学吸附——反应物吸附在催化剂表面。

④ 表面化学反应——在催化剂作用下,发生催化反应。

⑤ 产物脱附——催化反应产物从催化剂表面脱附。

⑥ 产物内扩散——催化反应产物从催化剂内表面向催化剂外表面扩散。

⑦ 产物外扩散——催化反应产物从催化剂外表面向气流主体扩散。

在这一系列步骤中反应最慢的一步称为速率控制步骤。化学吸附是最重要的步骤,化学吸附使反应物分子得到活化,降低了化学反应的活化能。因此,若要催化反应进行,必须至少有一种反应物分子在催化剂表面上发生化学吸附。固体催化剂表面是不均匀的,表面上只有一部分点位对反应物分子起活化作用,这些点位被称为活性中心。

(2) 催化剂的稳定性

催化剂的稳定性是指在化学反应过程中催化剂保持活性的能力,包括热稳定性、机械稳定性和化学稳定性 3 个方面。三者共同决定了催化剂的使用寿命,所以常用寿命表示催化剂的稳定性。从理论上说,由于催化剂自身在反应前后并不改变,改变的只是反应历程,所以催化剂的寿命是无限的。然而,实际的反应体系,尤其是气态污染物净化体系,其物理学特性复杂,必然会影响催化剂的寿命。

影响催化剂寿命的因素主要包括老化和中毒两个方面。老化是指催化剂在正常工作条件下逐渐失去活性的过程。这种失活是由低熔点活性组分的流失、催化剂烧结、低温表面积炭焦、内部杂质向表面迁移和冷热应力交替作用等造成的机械性破坏引起的。温度老化影响较大,工作温度越高,老化速度越快。在催化剂对化学反应速度发生明显加速作用的温度范围(活性温度)内,选择合适的反应温度,将有助于延长催化剂寿命。

中毒是指反应物中少量的杂质使催化剂活性迅速下降的现象。导致催化剂中毒的物质称为催化剂的毒性物质。中毒的化学本质是毒性物质比反应物对活性组分具有更强的亲和力。中毒可分为暂时性中毒与永久性中毒。前者毒性物质与活性组分亲和力较弱,可通过水蒸气、加热等措施将毒性物质驱离催化剂表面,使催化剂恢复活性;后者毒性物质与活性组分亲和力很强,催化剂难以再生。

对大多数催化反应来说,HCN、CO、H_2S、S、As、Pb 等都是较强的毒性物质。所以选择催化剂时,除考虑催化剂的活性、选择性、热稳定性和一定的机械强度之外,还应尽量使其具有广泛的抗毒性能。对组成复杂的废气来说,这尤为重要。为了避免催化剂中毒应了解废气中哪些是该反应所用催化剂的毒性物质及致毒剂量。如果含有毒性物质,就需要对废气进行预处理,以去除毒性物质或采取措施改进催化剂的抗毒性能。

(3) 催化剂的选择原则

在气态污染物净化工程中,往往气体量比较大,污染物浓度低,成分复杂,而且气量流速、温度等因素在操作过程中会有波动,因而对催化剂提出了一些特殊的要求:① 活性好。要求催化剂对气态污染物净化效率高,因为废气中所含气态污染物浓度低,只有催化剂的活性很高,才能有效地去除这些有害物质。② 机械强度高。废气处理量往往很大,故要求催化剂具有能承受流体冲刷压力的强度。③ 选择性好。要处理的气体往往成分复杂,在实际工作中往往只要求从废气中去除某一两种有害物质,因此,要求催化剂有高的选择性,例如火电厂烟气中含 N_2、O_2、CO_2、CO、SO_2、NO_x 等,但若只希望催化脱除 NO_x,则选择的催化剂就要求对 NO_x 有好的选择性。④ 稳定性好。废气中通常含有粉尘、重金属、硫氧化物等易使催化剂中毒的物质,因此要求催化剂抗毒能力强、化学稳定性高、寿命长。对于温度变化较大的废气,还要求催化剂的适宜温度范围较宽,或有好的热稳定性。此外,易于制造、价廉、压降低等也是对气态污染物净化催化剂的一般性要求。

4. 生物法净化气态污染物

生物净化气态污染物,是利用微生物的新陈代谢活动将气态污染物转化为 CO_2、H_2O、无机盐和细胞物质等无害或少害物质的方法。与传统的物理化学净化方法相比,具有运行费用低、二次污染少等优点。根据生物处理系统的运转情况和微生物的存在形式,可将废气生物处理工艺分为悬浮生长工艺和附着生长工艺两类。悬浮生长是指微生物及其营养物存在于液体中,气相中的有机物通过与悬浮液接触后转移到液相,从而被微生物降解。典型的反应器形式为鼓泡塔、喷淋塔及穿孔塔等生物洗涤塔。附着生长是指微生物附着生长于固体介质表面,废气通过由滤料介质构成的固定塔层时,被吸附、吸收,最终被微生物降解。典型的反应器形式为土壤、堆肥、填料等材料构成的生物过滤塔。生物滴滤塔则同时具有悬浮生长和附着生长的特性。

(1) 生物净化气态污染物原理

生物净化气态污染物的过程实质就是利用微生物的生命活动将废气中的有害物质作为其生命活动的能源或养分的特性,经代谢降解转化为简单的无机物,如 CO_2、H_2O 等或细胞组成物质。废气中的有害物质首先要经过由气相到液相的传质过程,然后在液相中被微生物降解。废气中的有害物质通过上述过程不断减少,最终得到净化。

(2) 生物法净化气态污染物的适用性

生物法可用于净化的气态污染物包括 $VOCs$,CS_2、H_2S 等含硫废气,NO_x 等。生物净化设施有生物过滤器、生物滴滤器和生物洗涤器三种,工艺性能比较如表 2.2 所列。

表 2.2　生物法工艺特点比较

工 艺	系统类别	适用条件	运行特性	备 注
生物洗涤塔	悬浮生长系统	气量小、浓度高、易溶、生物代谢速率较低的 VOCs	系统压降较大、菌种易随连续相流失	对较难溶气体可采用鼓泡塔、多孔板式塔等气液接触时间长的吸收设备
生物滴滤塔	附着生长系统	气量大、浓度低、有机负荷较高以及降解过程中产酸的 VOCs	处理能力大,工况易调节,不易堵塞,但操作要求较高,不适合处理入口浓度高和气量波动大的 VOCs	菌种易随流动相流失
生物过滤塔	附着生长系统	气量大、浓度低的 VOCs	处理能力大,操作方便,工艺简单,能耗少,运行费用低,对混合形 VOCs 的去除率较高,具有较强的缓冲能力,无二次污染	菌种繁殖代谢快,不会随流动相流失,从而大大提高去除效率

从表 2.2 中可知,不同成分、浓度及气量的气态污染物各有其适宜的生物净化系统。净化气量较小、浓度较大且生物代谢速率较低的气体污染物时,可采用以穿孔板式塔、鼓泡塔为吸收设备的生物洗涤系统,以增加气液接触时间和接触面积,但系统压降较大;对于易溶气体则可采用生物喷淋塔;对于大气量、低浓度的气态污染物可采用过滤系统,该系统工艺简单、操作方便;而对于负荷较高,降解过程易产酸的 VOCs 等气态污染物则采用生物滴滤系统。对成分复杂的 VOCs,由于其理化性能、生物降解性能、毒性等有较大差异,适宜菌种不尽相同,因此建议采用多级生物系统进行处理。

5. 其他净化方法

除了上述常用的净化方法,其他净化方法还包括热氧化法、催化燃烧法、冷凝法、膜分离法、低温等离子体法等,常应用于 VOCs 末端治理技术。本部分主要介绍代表性的 VOCs 末端治理技术。

(1) 热氧化法

蓄热式热氧化技术(Regenerative Thermal Oxidizer,RTO)是把有机废气加热到 760 ℃以上,使废气中的 VOCs 氧化分解成 CO_2 和 H_2O。氧化产生的高温气体流经特制的陶瓷蓄热体,使陶瓷体升温而"蓄热",此"蓄热"用于预热后续进入的有机废气,从而节省废气升温的燃料消耗。

(2) 催化燃烧法

蓄热式催化燃烧法(Regenerative Catalytic Oxidation,RCO)是在催化剂的作用下,使有机废气中的碳氢化合物在温度较低的条件下实现对有机物的完全氧化,迅速氧化成 CO_2 和 H_2O 的方法。其作用过程包括:第一步催化剂对 VOCs 分子的吸附,提高了反应物的浓度;第二步是催化氧化阶段降低反应的活化能,提高了反应速率。借助催化剂可使有机废气在较低的起燃温度下,发生无氧燃烧,分解成 CO_2 和 H_2O,并放出大量的热,与直接燃烧相比,具有起燃温度低,能耗小的特点,某些情况下达到起燃温度后无需外界供热,反应温度在 250~400 ℃。

(3) 冷凝法

冷凝法是利用物质在不同温度下具有不同饱和蒸汽压这一物理性质,采用降低系统温度或提高系统压力的方法,使处于蒸汽状态的污染物冷凝并从废气中分离出来的过程。冷凝法适用于常温、高温、高浓度的场合,尤其适合处理高浓度、中流量 VOCs。

2.1.2 常见颗粒态污染物净化方法

颗粒态污染物净化方法是指从气相介质中分离或捕集固态或液态颗粒物的方法,通常称为除尘技术。常见的颗粒态污染物净化方法可借助重力、离心力、静电力、惯性沉降、扩散沉降等作用力实现。相应的方法包括机械除尘、电除尘、袋式除尘和湿式除尘等。不同作用力下,颗粒物的迁移运动与颗粒尺寸、形状和其他物理性质有关,这些性质也决定了净化方法的选择、设计及使用。

1. 机械除尘

机械除尘法是用机械力(重力、惯性力、离心力等)将尘粒从气流中除去的方法。其特点为结构简单,基建投资和运转费用较低,运维方便,气流阻力较小。但由于其除尘效率不高,通常作为多级串联除尘系统的前级除尘器,起到预除尘作用。

（1）机械除尘的分类

1）重力沉降。重力沉降室是利用重力作用使尘粒自然沉降的除尘装置,含尘气体进入沉降室后,由于沉降室横断面扩大而使气体流速显著降低,在通过沉降室的过程中,较重的颗粒在重力作用下缓慢向灰斗沉降而从气流中分离,净化后的气体从沉降室出口排出。重力沉降室示意图如图2.3所示。

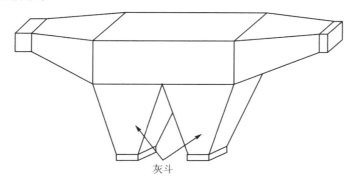

灰斗

图2.3 重力沉降室示意图

2）惯性除尘。惯性除尘器是利用惯性使含尘气流冲击挡板或让气流方向急剧转变,借助尘粒惯性力作用将尘粒从气流中分离的除尘装置,大致可分为碰撞型和回转型两类。气流速度愈高,气流方向转变角度愈大,转变次数愈多,净化效率愈高,但压力损失也愈大。惯性除尘器分离效率明显高于重力除尘器,可捕集10 μm以上的颗粒。其不足为当遇到较大气流速度时,对挡板或叶片磨损严重。此外,黏结性和纤维性粉尘,因存在惯性小的问题,所以不适合惯性除尘器。惯性除尘器示意图如图2.4所示。

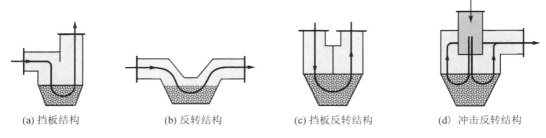

(a)挡板结构　　　(b)反转结构　　　(c)挡板反转结构　　　(d)冲击反转结构

图2.4 惯性除尘器示意图

3）旋风除尘。旋风除尘器是使含尘气流做旋转运动,借助离心力将尘粒从气流中分离出来。在旋风除尘器内实际气流运动非常复杂,除了切向和轴向运动外,还有径向运动。其各个部件都有一定的尺寸比例,每一个比例关系的变动,都能影响旋风除尘器的效率和压力损失,其中除尘器直径、进气口尺寸、排气管直径为主要影响因素。按进气方式,旋风除尘器可分为切向式和轴向式两种。轴向进入式气流分布均匀,主要用于多管旋风除尘和处理气量大的场合。为了提高除尘效率或增大处理气体量,往往将多个除尘器串联或并联使用。多管旋风除尘器示意图如图2.5所示。

（2）机械除尘的适用性

机械除尘器具有结构简单,制造、安装和维护管理容易,投资少,体积和占地面积小等优点。在颗粒物管控初期,机械除尘器是各类机械加工和工业锅炉烟气的主流除尘设备,目前仍

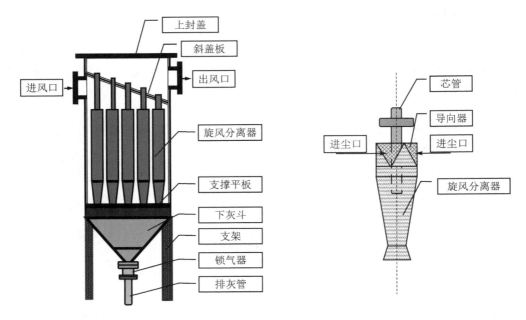

图 2.5　多管旋风除尘器示意图

然是机械加工行业粉尘处理以及各类烟尘预处理的主要设备。

2. 电除尘

电除尘器是利用静电力实现颗粒与气流分离的一种除尘装置。电除尘器与其他除尘器的根本区别在于,静电力直接作用在颗粒物上,而不是作用于整个气流,因此气流阻力小(200～400 Pa)、能耗低。由于作用在颗粒上的静电力相对较大,即使亚微米级颗粒也能有效荷电和迁移运动,因此除尘效率高。此外,电除尘器还具有处理能力大,可应用于高温和强腐蚀性含尘气体处理等优点,目前得到广泛应用。其不足在于结构较复杂,安装维护要求较高,一次性投资较高。

电除尘器种类和结构很多,但均基于相同的工作原理。电除尘器由高压供电系统和电除尘器本体两大部分组成。电除尘器本体中部是两端固定的金属导线,作为放电极(电晕极),放电极接高压直流电源的负极。两边的平板为集尘极,接电源正极。在电场作用下,空气中的自由离子要向两极移动,且电压愈高,电场强度愈大,离子运动的速度愈快。由于离子的运动,极间形成了电流,开始时,空气中的自由离子少,电流较小。当电压升高到一定数值(几万伏或十几万伏)后,放电极附近的离子获得了较高的能量和速度,去撞击空气中的中性原子,使中性原子分解成正、负离子,这种现象称为空气电离。空气电离后,由于连锁反应,使极间运动的离子数大大增加,表现为极间的电流(称电晕电流)急剧增加,空气便成了导体,放电极周围的空气全部电离后,在放电极周围可以看见一圈淡蓝色的光环,这个光环称为电晕。放电极周围(电晕区)的负离子和电子在电场力的作用下向正极移动,途中和烟气中的飞灰尘粒互相撞击,并黏附在飞灰尘粒上。因此,带负电荷的飞灰尘粒在静电场力作用下移向正极,中和后灰粒沉积在集尘极上。在放电极上也会集中少量获得正电荷的灰粒,会使放电极线变粗,影响除尘效果,所以需定期进行振打清除。当集尘极上的灰粒达到一定厚度后将由振打装置进行周期性的振打,使灰粒落到灰斗中。

3. 袋式除尘

袋式除尘是利用织物材料制作的袋状过滤元件捕集含尘气体中的固体颗粒,采用过滤技术将气体中的固体颗粒物进行分离。袋式除尘主要依靠含尘气流通过滤袋纤维产生的筛分截留、碰撞、直接拦截、扩散、静电和重力 6 种效应进行净化,其中以"筛分截留效应"为主。袋式除尘机理示意图如图 2.6 所示。

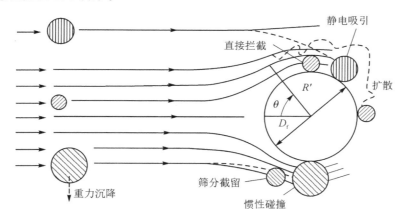

图 2.6　袋式除尘机理示意图

当含尘气体通过洁净的滤袋时,由于滤料本身的网孔较大一般为 $20\sim50\ \mu m$,表面起绒的滤料为 $5\sim10\ \mu m$,因而新鲜滤料的除尘效率不高,大部微细粉尘会随着气流从滤袋的网孔中通过,而较大的颗粒靠筛分截留、惯性碰撞和拦截被阻留。随着滤袋上截流粉尘的加厚,细小的颗粒靠扩散、静电等作用也被纤维捕获,并在网孔中产生"架桥"现象。随着含尘气体不断通过滤袋的纤维间隙,纤维间粉尘"架桥"现象不断加强,一段时间后,滤袋表面积聚成一层粉尘,称为粉尘初层。在以后的除尘过程中,粉尘初层便成了滤袋的主要过滤层,允许气体通过而截留粉尘颗粒,此时滤布要起着支撑骨架的作用,随着粉尘在滤布上的积累,除尘阻力(压损)增加,处理能力降低。当滤袋两侧的压力差很大时除尘器阻力过大,系统的风量会显著下降,以致影响生产系统的排风,此时要及时进行清灰,但清灰时必须注意不能破坏粉尘初层,以免降低除尘效率。近年来,随着排放要求不断提高,对滤料提出了更高要求,新型滤料不断出现,滤料的网孔变得更小。

4. 湿式除尘

湿式除尘器是借助分散成液滴或液膜的洗涤液与气体接触,使尘粒从含尘气体中分离出来,并进入洗涤液的一种除尘方法。湿式除尘通常利用水作为洗涤液或除尘介质,除尘过程实质上是尘粒从气流转移到洗涤液的过程,这一过程通过液滴、液膜和气泡 3 种接触介质实现。使尘粒与水接触的作用机制主要有惯性碰撞、拦截、扩散和凝聚,影响尘粒从气流转移到水中的主要因素是气体与水滴之间的接触面积、气体与液体之间的相对运动以及尘粒与气体之间的相对运动。一般来说,水滴小且多,接触表面积就大;尘粒的密度和粒径以及与水滴的相对运动速度越大,碰撞概率就越高;而液体的黏度、表面张力越大,水滴直径越大,水滴分散得不均匀,碰撞概率就越低。

湿式除尘器的优点是:① 设备简单,制造容易,占地较小,特别适用于处理高湿、易燃易爆气体。② 兼具除尘、降温、增湿的效果,可以同步处理气态污染物。③ 相对类似结构的干式除尘器,除尘效率更高。④ 只要保证供应一定的水量,就可连续运转,而且工作稳定可靠。

湿式除尘器的主要缺点是：① 耗水量较大，需配套给水、排水和污水处理设备。② 泥浆处理不当会造成收集和输送管道或设备黏结、堵塞，或造成二次污染。③ 处理有腐蚀性含尘气体时，设备和管道防腐要求高，在寒冷地区使用存在冻结隐患。④ 不适用于憎水性粉尘和水硬性粉尘的分离。⑤ 排气温度低，不利于烟气的抬升和扩散。

5. 其他除尘方法

为了应对环保标准的日益提高，新型节能高效除尘器应用越来越广泛。有机集成不同技术可帮助实现节能高效除尘。

(1) 电袋复合除尘

电袋复合除尘是利用静电除尘和过滤除尘两种除尘机理的新型节能高效除尘方法。电袋复合除尘利用粉尘"荷电集尘＋拦截过滤"机理，含尘烟气由烟道进入喇叭口，通过气流分布板，将烟气均匀地带入电场区，颗粒物在电场力的作用下荷电，随后向一侧集尘板迁移沉积，每隔一段时间进行一次清灰。

(2) 湿式电除尘

湿式电除尘器(WESP)直接将水通过喷嘴雾化喷向放电极与电晕区，由于水的比电阻相对较小，水滴在电晕区与粉尘结合后，使得高比电阻粉尘的比电阻下降。在直流高电压的作用下水雾荷电分裂并进一步雾化。电场力、荷电水雾通过碰撞拦截、吸附凝并，捕集粉尘粒子，粉尘粒子在电场力的驱动下到达集尘极，而喷在集尘极表面的水雾形成连续水膜，流动的水将捕获的粉尘冲刷到灰斗中随水排出。湿式电除尘器对微细的、黏性的或高比电阻粉尘及烟气中硫酸雾、气溶胶、重金属(汞 Hg、砷 As 等)等污染物的排放有理想的脱除效果，可以作为高效除尘的终端精处理设备。

2.2　污染气体净化方案设计

2.2.1　设计原则

① 科学性原则。实验方案设计前，学生应做好文献综述，确定某污染物作为净化目标，熟悉其物理化学性质，分析技术的科学性。技术选择符合化学反应动力学等科学原理，符合科学性。

② 可行性原则。选择的实验技术和装备需能够在实验室内完成，且实验室有条件满足实验的硬件和软件需求。

③ 前沿性原则。综合实验的方案设计，要充分体现前沿创新性，不同于基础实验，内容设计中更注重技术的前沿性和创新性，学生跳一跳才够得到。

2.2.2　设计流程

实验室进行自主综合实验的方案设计流程，主要是培养学生分析和解决复杂问题能力。通常来说，净化方案设计有以下几个阶段：

1. 收集资料

根据学生的实验兴趣，首先确定污染物种类，结合污染物种类的实际场景和条件参数，学生进行查阅手册和文献综述，了解现有净化技术的现状，不同技术国内外研究进展，确定可用的净化方法。可根据综述列出多个备选技术。

2. 技术对比

结合综述内容,将备选的不同技术的优缺点和适用性进行横向对比,对比的维度可考虑技术在实验室的可行性、复杂度、前沿性、技术难度等因素。

3. 需求配对

对备选技术的优缺点、适用性及可行性做全面对比分析后,结合污染物种类、原污染物浓度、净化目标、预期净化效率等参数,选择一个最适合的技术进行设计。

4. 参数确定

明确技术的影响因素有哪些,分析影响因素中哪些因素是核心因素,确定考察因素。结合单因素、双因素和正交实验等手段,确定影响参数实验。

5. 方案编辑

在技术和参数确定后,编辑实验方案,内容应包括实验目的、实验内容、实验步骤、技术路线、可行性分析及进度安排。

2.3　污染气体净化性能评价

污染气体净化性能评价,是基于实验室搭建的性能评价系统,利用不同的评价方法对所选择的污染气体净化方法进行性能考察和净化效率评价。不同污染物、不同技术所选择的系统与方法均有一定的区别,应根据实际情况对系统与方法进行调整,一般情况下,评价系统包括配气系统、净化系统和检测系统三部分。实验室评价系统包括微系统和中型系统。微系统主要是指自行搭建的实验系统,中型系统主要是指商业成品的实验系统。在大气污染控制工程实验中,部分中型系统由于用气量大、影响因素固定、不易改造等原因,常常用于验证性实验。本节主要介绍实验室常用的几大类性能评价的系统与方法。

2.3.1　吸附法/催化法性能评价

1. 吸附法/催化法性能评价系统

吸附和催化性能评价系统相类似,均是将吸附剂或者催化剂装载到固定床石英反应器中进行,依靠温控器对反应管进行程序升温,在不同的温度下进行吸附或者催化过程。吸附/催化系统流程图如图 2.7 所示,由配气系统、反应系统和检测系统三部分构成。

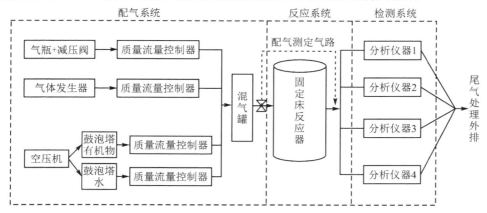

图 2.7　吸附/催化性能评价系统

实验系统可采用自行搭建的微系统,也可采用商业成品的中型系统。商业成品的中型系统将配气系统和固定床反应器集合,并可增加工程化标识,包含设备位号、管路流向箭头及标识、阀门位号等,帮助学生认知工程化标识,培养学生工程化理念。吸附/催化微型和中型性能评价系统示意图如图 2.8 所示。

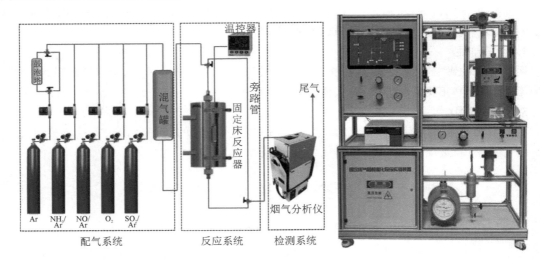

图 2.8 吸附/催化微型和中型性能评价系统示意图

(1) 配气系统

该系统可提供模拟污染气体,一般由气瓶、减压阀、质量流量计、三通阀、鼓泡塔、混气罐等组成。根据模拟气体各组分浓度选用不同的气瓶气或者是气体发生器,可采用鼓泡塔的方式发生挥发性有机物或者增加湿度。

(2) 反应系统

装载吸附剂或催化剂的反应管为 L 形或者 U 形石英管(内径为 6～10 mm),模拟气体从反应管的上端进入,与吸附剂或催化剂接触并发生反应后从反应管的出口端排出。依靠温控器对反应管进行程序升温,在不同的温度下进行吸附或催化反应。

(3) 检测系统

检测系统包括不同原理及用途的分析仪器,例如红外气体分析仪、烟气分析仪等,先将反应系统的气路调到旁路,使混合后的气体不经固定床反应器直接通入气体分析仪,记录初始模拟气体各组分浓度,即入口气体浓度。然后改变气路方向,使模拟气体通入反应器,根据设定因素,反应体系达到稳定状态后记录各气体浓度,为出口气体浓度。

2. 吸附法性能评价方法

(1) 吸附量

吸附量是指吸附剂在一定条件下吸附某种物质的能力,通常用单位体积吸附剂所能吸附的物质的质量或物质的量来表示。吸附质的吸附量根据下式计算:

$$Q = \frac{F_A \cdot \int (C_{in} - C_{out}) dt}{10^6 \cdot W} \tag{2.1}$$

式中:Q 为吸附量,mg/g;F_A 为气体流量,mL/min;W 为吸附剂的质量,g;C_{out} 和 C_{in} 分别表示出口和入口处吸附质的浓度,mg/m³。

（2）吸附速率

吸附速率是指单位时间内被吸附的吸附质的量（kg/s），是吸附过程设计与操作的重要参数。Yoon - Nelson（Y - N）方程可以用来对气体的穿透曲线进行拟合，拟合得出的速率常数可以用来评价吸附质的吸附速率：

$$t = t_0 + \frac{1}{k} \ln \frac{C_{out}}{C_{in} - C_{out}} \tag{2.2}$$

式中：t_0 代表吸附质分子出口浓度等于入口浓度一半，即 $C_{out}/C_{in} = 1/2$ 时的时间，min；k 为速率常数，min^{-1}。

3. 催化法性能评价方法

催化剂的性能主要指其活性、选择性和稳定性。

（1）催化剂的活性

催化剂的活性是衡量催化剂效能大小的指标。在气态污染物净化中，催化剂的活性常用单位体积（或质量）催化剂在单位时间，以及一定温度、压力和反应物（气态污染物）浓度条件下，达到特定净化效率时所处理的气量来表达，即

$$A = \frac{Q}{W} \tag{2.3}$$

式中：A 为催化剂活性，$m^3/(h \cdot kg)$；Q 为处理气量，m^3/h；W 为催化剂质量，kg。

催化剂活性也可用另外一种表达方式。在一定的催化剂装填量、温度、压力和反应物（气态污染物）浓度条件下，对应特定处理气量时，用单位时间内污染物的转化率来表达，即

$$\eta = \frac{m_i - m_o}{m_i} \times 100\% \tag{2.4}$$

式中：η 为污染物转化率，%；m_i 为单位时间内进入催化反应器的污染物质量或摩尔数；m_o 为单位时间内从催化反应器排出的污染物质量或摩尔数。

（2）催化剂的选择性

催化剂的选择性是指当化学反应在热力学上有几个反应方向时，催化剂在一定条件下只对其中的特定反应起加速作用的特性，用 S 表示，即

$$S = \frac{单位时间内反应所得目标产物的质量或摩尔数}{单位时间内反应消耗的反应物的质量或摩尔数} \tag{2.5}$$

活性与选择性是催化剂本身最基本的性能指标，是选择和控制反应参数的基本依据。两者均可度量催化剂加速化学反应速度的能力，但反映问题的角度不同。在气态污染物净化中，活性反映催化剂对于污染物转化的促进作用，选择性则反映催化剂对于污染物转化为无害或低害物质的促进作用。

（3）空　速

空速是指在规定的条件下，单位时间、单位体积的催化剂处理的污染气体量，单位为 $m^3/(m^3 \cdot h)$，可简化为 h^{-1}。

$$体积空速 = \frac{气体流量}{催化剂体积} \tag{2.6}$$

式中：体积空速，h^{-1}；气体流量是气体体积流量，m^3/h；催化剂体积是反应器中填装的催化剂的体积，m^3。

体积空速实际上是反映污染气体在催化剂床层的停留时间，空速越大，停留时间越短，反

应深度降低,但处理量增大;空速越小,停留时间越长,反应深度增高,但处理量减小。

2.3.2 吸收法性能评价

1. 吸收法性能评价系统

吸收性能评价系统,是将吸收液装到储液罐中,通过蠕动泵引入填料塔或鼓泡塔反应器中进行反应。利用伴热带或热水浴对反应塔进行控温,模拟不同温度污染气体进行气液吸收反应过程。系统流程图如图2.9所示,由配气系统、反应系统和检测系统三部分构成。

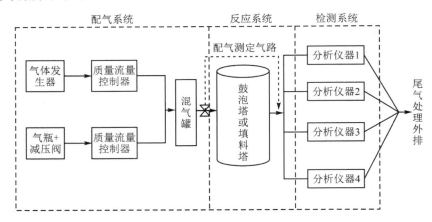

图2.9 吸收性能评价系统(吸收法)

(1) 配气系统

该系统可提供模拟污染气体,一般由气瓶、减压阀、质量流量计、三通阀、鼓泡塔、混气罐等组成。根据模拟气体各组分浓度选用不同的气瓶气或者是气体发生器。

(2) 反应系统

反应系统主体一般为填料塔或鼓泡塔。根据实验设计,可增加 pH 值、温度、ORP 等指标探头。

对于填料塔,模拟气体从填料塔下端进入,吸收液从填料塔的顶端由喷嘴喷出,气体与吸收液逆向接触并发生气液反应后从填料塔顶端出口端排出。

对于鼓泡塔,鼓泡塔内填充一定量的吸收液,模拟气体从鼓泡塔底部的曝气头进入鼓泡塔,在吸收液中形成气泡,并发生气液反应,反应后的气体从鼓泡塔顶端出口端排出。

(3) 检测系统

检测系统包括不同原理及用途的分析仪器,例如红外气体分析仪、烟气分析仪等,先将反应系统的气路调到旁路,使混合后的气体不经填料塔或鼓泡塔直接通入气体分析仪,记录初始模拟气体各组分浓度,即入口气体浓度。然后改变气路方向,使模拟气体通入填料塔或鼓泡塔,根据设定因素,反应体系达到稳定状态后记录各气体浓度,为出口气体浓度。

2. 吸收法性能评价方法

吸收法可吸收不同的污染物,吸收率可定义为吸收液吸收气态污染物的效率,通过检测吸收塔入口和出口污染物的浓度进行计算获取。吸收率公式如下:

$$\Phi（\%）=\frac{C_{污染物,in}-C_{污染物,out}}{C_{污染物,in}}\times100\% \tag{2.7}$$

式中:Φ 为气态污染物的吸收效率;$C_{污染物,in}$ 为液相吸收前的气态污染物浓度;$C_{污染物,out}$ 为液相吸收后的气态污染物浓度。

2.3.3　静电法/过滤法性能评价

1. 静电法/过滤法性能评价系统

静电/过滤实验系统,通常用于颗粒物的去除。因此,系统常采用风道式反应系统,核心包括气溶胶发生系统和静电组件或者过滤组件。系统流程图如图 2.10 所示,由气溶胶发生系统、反应系统和检测系统三部分构成。

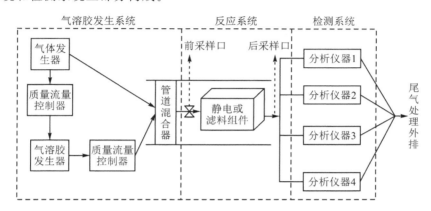

图 2.10　静电法/过滤法性能评价系统

① 气溶胶发生系统:由发生塔与控制器两部分构成,细颗粒物在发生塔内部模拟产生,控制器通过转子流量计控制雾化气与干燥气流量从而实现对所发生的细颗粒物质量浓度、数目浓度及粒径分布的调节。

② 反应系统:反应系统主体放置于风道中,为可更换的静电组件、滤料组件或其他反应组件。根据实验设计,可更换不同滤料或不同电极配置及结构尺寸的静电组件。

③ 检测系统:其包括不同原理及用途的分析仪器,例如细颗粒物采集器、细颗粒物监测仪、荷电低压撞击器(ELPI+)等,风道系统在组件前后分别设置前采样口和后采样口,分别测定入口颗粒物浓度和出口颗粒物浓度。

2. 静电法/过滤法性能评价方法

颗粒物分离效率是颗粒物净化性能的重要技术指标。颗粒物分离效率是指在同一时间,净化捕集的颗粒物质量占入口颗粒物质量的占比。颗粒物分离效率分为总分离效率和分级效率两个指标。

① 总分离效率,表示净化方法的总体性能,即

$$\eta = \frac{G_1 - G_2}{G_1} \times 100\% = \left(1 - \frac{Q_2 C_2}{Q_1 C_1}\right) \times 100\% \tag{2.8}$$

式中:η 为细颗粒物总分离效率,%;G_1 为入口颗粒物流量,g/s;G_2 为出口颗粒物流量,g/s;Q_1 为入口气体流量,m³/s;Q_2 为出口气体流量,m³/s;C_1 为入口颗粒物质量浓度,g/m³;C_2 为出口颗粒物质量浓度,g/m³。

② 分级效率,表示净化方法对不同粒径颗粒物的不同净化性能,即分离效率与颗粒物粒径之间的关系。分级效率 η_i 表示某一粒径颗粒物的除尘效率,即

$$\eta_i = \frac{G_{i1} - G_{i2}}{G_{i1}} \times 100\% \tag{2.9}$$

式中：η_i 为细颗粒物第 i 级颗粒的分级分离效率，%；G_{i1} 为第 i 级颗粒在静电分离模块关闭状态下的细颗粒物的初始质量浓度，mg/m^3；G_{i2} 为第 i 级颗粒在经过分离后的质量浓度，mg/m^3。

2.3.4　低温等离子体性能评价

1. 低温等离子体性能评价系统

低温等离子体发生器可生成臭氧、自由基等活性氧化物种，与气体中的污染物发生氧化反应。低温等离子体技术也常与后续催化等其他控制技术联合使用。低温等离子体可以通过低压下的辉光放电（Glow Discharge）、射频放电（Radio Frequency Discharge）、微波放电（Microwave Discharge）或者常压下的脉冲电晕放电（Pulsecorona Discharge）、介质阻挡放电（Dielectric Barrier Discharge，DBD）等多种方式获得。系统流程图如图 2.11 所示，由配气系统、反应系统和检测系统三部分构成。与吸附/催化性能评价系统相比，低温等离子体性能评价系统最大的差别是反应系统由固定床反应器更换成了低温等离子体反应器。

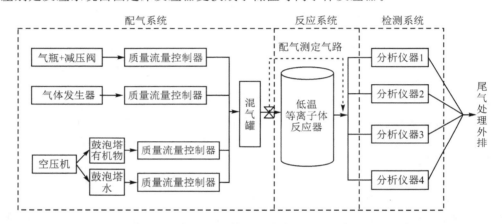

图 2.11　低温等离子体性能评价系统

（1）配气系统

配气系统一般由气瓶、减压阀、质量流量计、三通阀、鼓泡塔、混气罐等组成。低温等离子体性能评价系统的配气系统，可通过鼓泡塔发生不同浓度的有机污染物和湿度。

（2）反应系统

反应系统主体一般为等离子体发生器，或等离子体发生器＋固定床反应器。等离子体协同催化净化按催化剂引入方式的不同，非热等离子体协同催化处理体系分为"内置式等离子体-催化"（催化剂置于放电区内部，In-Plasma Catalysis，IPC）和"后置式等离子体-催化"（催化剂置于放电区后部，Post-Plasma Catalysis，PPC）两种，如图 2.12 所示。

（3）检测系统

检测系统包括不同原理及应用的分析仪器，例如红外气体分析仪、烟气分析仪等，先将反应系统的气路调到旁路，使混合后的气体不经反应器直接通入气体分析仪，记录初始模拟气体各组分浓度，即入口气体浓度。然后改变气路方向，使模拟气体通入等离子反应器或低温等离子体-催化反应器，根据设定因素，反应体系达到稳定状态后记录各气体浓度，为出口气体浓度。

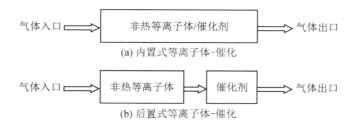

图 2.12　非热等离子体协同催化处理体系示意图

2. 低温等离子体性能评价方法

① 低温等离子体的放电能量密度(Energy Density，ED)定义为注入单位体积反应气中的放电能量(J/L)，可由下式计算得到：

$$\text{ED} = \frac{U \times I}{Q} \times 60 \tag{2.10}$$

式中：U 为放电电压，kV；I 为放电电流，mA；Q 为气体流量，L/min。

② 污染物转化率，即

$$\eta = \frac{m_i - m_o}{m_i} \tag{2.11}$$

式中：η 为污染物转化率，%；m_i 为单位时间内进入低温等离子体/低温等离子体-催化反应器的污染物质量或摩尔数；m_o 为单位时间内从低温等离子体/低温等离子体-催化反应器排出的污染物质量或摩尔数。

③ 碳氧化物选择性，用来描述 VOCs 的矿化程度，用 CO_2、CO 和 CO_x(CO_2＋CO)的产率(Y_{CO_2}、Y_{CO} 和 Y_{CO_x})表征，计算方法如下：

$$Y_{CO_2} = \frac{C_{CO_2}/44}{\sum n_i \times \eta_i C_{\text{inlet}(t)}/M_i} \times 100\%$$

$$Y_{CO} = \frac{C_{CO}/28}{\sum n_i \times \eta_i C_{\text{inlet}(t)}/M_i} \times 100\%$$

$$Y_{CO_x} = Y_{CO_2} + Y_{CO} \tag{2.12}$$

式中：C_{CO_2} 和 C_{CO} 分别为反应生成的 CO_2 和 CO 的浓度，mg/m³；44 和 28 分别是 CO_2 和 CO 的摩尔质量，g/mol；n_i 为 VOCs 的碳原子数，例如甲醛、苯、甲苯和对二甲苯分别为 1、6、7 和 8；M_i 为 VOCs 的摩尔质量，例如甲醛、苯、甲苯或对二甲苯的摩尔质量，g/mol。

2.3.5　臭氧氧化协同吸收法性能评价

1. 臭氧氧化协同吸收法性能评价系统

臭氧氧化属于高级氧化技术，在大气污染控制工程实验中，利用臭氧将低溶解性的污染物氧化成高溶解性的污染物，然后利用吸收液进行吸收。该技术可用于烟气中 NO 污染物的脱除。臭氧协同吸收性能评价系统如图 2.13 所示。

(1) 配气系统

配气系统一般由气瓶、减压阀、质量流量计、三通阀、混气罐等组成。臭氧协同吸收性能评价系统的配气系统与其他系统相比，最大的区别在于增加了一台臭氧发生器，臭氧通过质量流

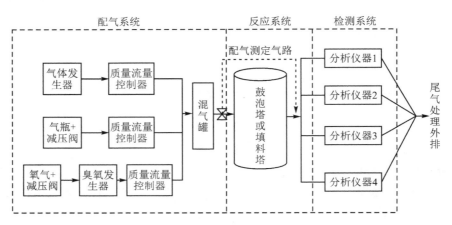

图 2.13 臭氧协同吸收性能评价系统

量控制器调控其入口浓度。

（2）反应系统

臭氧协同吸收反应系统主体分为两部分：一是臭氧氧化部分，包括可加热的混气罐；二是吸收反应器，可以与前面讲的吸收法反应器一致，也可以设计成其他形式。

（3）检测系统

检测系统包括不同原理及应用的分析仪器，例如红外气体分析仪、烟气分析仪等，与前面讲的检测系统没有本质区别。

经过上述系统的学习可以发现，大气污染控制工程实验室的反应系统均包含配气系统、反应系统和检测系统三大类，万变不离其宗，性能评价系统的搭建根据技术和待测指标的不同可进行相应调整。

2. 臭氧氧化协同吸收法性能评价方法

① 低价态污染物氧化效率指臭氧将污染物氧化的程度。

$$\gamma = \frac{C_{污染物,in} - C_{污染物,out}}{C_{污染物,in}} \times 100\% \tag{2.13}$$

式中：γ 为 NO 的氧化效率；$C_{污染物,in}$ 为污染物初始浓度；$C_{污染物,out}$ 为污染物氧化后的浓度。

② 污染物吸收效率。由于吸收液的净化能力，可能出口会检测到两种污染物，因此吸收效率指低价态污染物和高价态污染物总的污染物吸收效率。

$$\eta = \frac{(C'_{低价态污染物,in} + C_{高价态污染物,in}) - (C'_{低价态污染物,out} + C_{高价态污染物,out})}{C'_{低价态污染物,in} + C_{高价态污染物,in}} \times 100\% \tag{2.14}$$

式中：η 为污染物的去除效率；$C'_{低价态污染物,in}$ 和 $C'_{低价态污染物,out}$ 分别为液相吸收前后低价态污染物浓度；$C_{高价态污染物,in}$ 为氧化后的高价态污染物浓度；$C_{高价态污染物,out}$ 为经过液相吸收后的高价态污染物浓度。

2.4 思考题

1. 由于 VOCs 废气成分及性质的复杂性，单一治理技术具有局限性，难以达到预期治理效果，试设计一种多技术联用 VOCs 净化技术，绘制出其技术路线图。

2. 生物法净化气态污染物已得到规模化应用，请设计实验室生物法性能评价系统及方法。

第3章 污染气体实验室设计与配制

典型污染气体包括化石燃料燃烧烟气、工业炉窑烟气、垃圾焚烧烟气、工业有机废气、室内空气等。不同污染气体特征差异较大,同一排放源不同工艺环节或不同设备产生的污染气体组分及浓度特征也存在显著差异。本章从典型污染气体特征出发,介绍实验室用到的污染气体配制装备,以及配制典型污染气体的方法。通过本章的学习,学生可自主设计不同污染气体的配制方案,熟练掌握模拟气体配制相关计算及配气装备的操作,实现长周期、连续性的气态污染物控制实验,为学生开展后续自主综合实验打下基础。

3.1 典型污染气体特征

3.1.1 燃料燃烧烟气特征

燃料是一种烃或烃的衍生物的混合物,是用以产生热量或动力的可燃性物质。燃料按形态可以分为 3 种:固体燃料(如煤、炭、木材、页岩),其燃烧状态受氧分子向燃料中固定碳表面的扩散控制;液体燃料(如汽油、煤油、重油),其燃烧状态受液体向气体蒸发过程所控制;气体燃料(如天然气、煤气、沼气、液化气、焦炉煤气等),其燃烧状态受空气与燃料的扩散与混合所控制。

燃料燃烧是可燃物快速氧化的过程,多数燃料完全燃烧的产物是 CO_2 和水蒸气。但是由于空气、温度、时间、燃料和氧气的混合条件等因素影响,会发生不完全燃烧现象。不完全燃烧过程将会产生黑烟、CO 和其他氧化产物等大气污染物。若燃料中有 S 和 N,则生成 SO_2 和 NO_x。此外,若燃烧温度较高,则空气中的 N_2 也会被氧化生成热力型 NO_x。燃料燃烧产生的 SO_2、NO_x、颗粒物和重金属、有机物等各污染物形成的机理不同。SO_2 形成的机理主要包括燃料中 S 的氧化、H_2S 的氧化、单质 S 和有机 S 的氧化;燃煤烟尘是由燃料含有的不可燃矿物质微粒或未完全燃烧产生的黑烟造成的;有机污染物形成是由未燃尽的碳氢化合物释放造成的;CO 的形成机理是由含碳燃料在氧气不充足的情况下发生不完全燃烧而生成的;汞的形成是由燃料中不同形式的汞燃烧形成颗粒态汞、单质汞和二价气态汞。由于各污染物生成机理与条件不同,烟气组成及污染物浓度也有差异。

3.1.2 工业炉窑烟气特征

工业炉窑是指利用燃烧反应把物料加热的装置,不同于 3.1.1 小节的燃料燃烧,工业炉窑是利用燃烧产生的热量煅烧各类生产原料,其产品非二次能源,而是各类生产原料所生产的钢铁、水泥、玻璃等产品。工业炉窑按煅烧物料品种可分为陶瓷窑、水泥窑、玻璃窑、搪瓷窑、石灰窑等。工业炉窑烟气按煅烧物料品种可分为烧结烟气、水泥窑尾烟气、玻璃炉烟气等,不同炉窑由于工艺不同,烟气组成及污染物浓度及烟气产生的过程也有差异。

以烧结烟气为例,钢铁生产中烧结工艺中产生的废气有多个过程,主要涉及原料加工过程、混合制粒过程、抽风烧结过程和破碎筛分过程。其中抽风烧结过程是指混合料在烧结时产生的高温废气,即烧结烟气。烧结烟气由于烟气流量大且气体污染物浓度高,因此需要经过净化处理才能排放。

烧结烟气具有以下特点:① 烟气流量大,一般为 4 000~6 000 Nm³/t 成品烧结矿。② 烟气温度波动大。随工艺操作状况的变化,烟气温度一般在 100~200 ℃。③ 烟气携带粉尘含量大,含尘量一般在 0.5~25 g/m³。④ 烟气水分含量大。原料中将近 10% 的水分在烧结过程中全部脱除,形成了过湿烟气,烧结烟气中水分的体积分数一般在 10% 左右。⑤ 烟气具有轻微的腐蚀性。烧结烟气中含有 SO_2、NO_x 等酸性气态污染物,遇水形成稀酸,对金属部件造成持续性腐蚀。⑥ SO_2 排放量大。烧结过程能够脱除混合料中 80%~95% 的硫,烧结车间的 SO_2 初始排放量为 6~8 kg/t(烧结料),且原料中的硫含量差异较大,烟气中 SO_2 的初始浓度一般为 800~1 500 mg/m³,高的可达 3 000~5 000 mg/m³。

3.1.3 垃圾焚烧烟气特征

垃圾焚烧不同于常规化石燃料燃烧,其燃烧过程中由于垃圾成分的复杂性和不均匀性,在焚烧过程中发生了许多不同的化学反应。在产生的烟气中除包括过量的空气和 CO_2 外,还含有对人体和环境有直接和间接危害的成分。根据污染物性质的不同,可将其分为颗粒物、酸性气体、重金属和有机污染物四大类。垃圾焚烧排放气体组成包括 CO_2、CO、SO_2、NO、NO_2、HCl、HF、NH_3、H_2O、O_2、有机氯化物(如二噁英、呋喃)、重金属(如 Hg、Cd、Pb)等。

垃圾焚烧烟气具有以下特点:① 污染物危害大。除了常规污染物以外,垃圾焚烧烟气颗粒物中含有多种有毒物质,需要进行无害处理(如烧结、融化结晶、水泥固化、药剂中和等),才可填埋或作为路基材料使用;酸性气体具有剧烈腐蚀性和刺激性,影响生态环境;有机氯化物中,二噁英是剧毒致癌物质;重金属元素直接危害人体健康。② 垃圾焚烧烟气湿度高、露点和温度高。生活垃圾自身含水分较高并且多变,其含湿量较高,一般为 25%~35%,最高可达 50%~60%。同时由于烟气中含有酸性气体,因此烟气露点温度高达 130~140 ℃。③ 烟气温度变化范围大。由于垃圾成分、热值、含水率的多变以及燃烧工况的不稳定,造成烟气温度大幅度波动。④ 烟尘颗粒细、密度小,并且有较强的吸湿性。垃圾焚烧烟尘的平均粒径为 20~30 μm,小于 30 μm 的占 50%~60%,真密度为 2.2~2.3 g/cm³,堆积密度仅为 0.3~0.5 g/cm³。⑤ 腐蚀性强。垃圾焚烧烟气中含有 HCl、SO_x、HF、NO_x 等多种酸性气体以及水分。

3.1.4 有机废气特征

有机废气显著区别于以二氧化硫(SO_2)、二氧化氮(NO_2)、可吸入颗粒物(PM_{10})为主要污染物的烟气,有机废气的主要污染物是挥发性有机污染物 VOCs,其具有种类繁多、性状不一的特点。VOCs 浓度一般非常低,小于 0.1%,但是危害极大。VOCs 性质差异大,对于不同的 VOCs 其净化技术有一定差异。有机废气按照物质化学结构进行分类,可分为 8 类:烷类、烯类、芳香烃类、卤代烃类、醛类、酮类、酯类和其他物质;按照其挥发性强弱,可分为极易挥发性有机物(VVOC)、挥发性有机物(VOC)、半挥发性有机物(SVOC),通常 C1~C6 为 VVOC,C7~C16 为 VOC,C16~C28 为 SVOC。工业废气代表性 VOCs 如表 3.1 所列。

有机废气成分复杂、来源广泛,不同污染源或产物环节的代表性 VOCs 组分与浓度均有显著不同。有机废气排放源分类和典型排放过程如表 3.2 所列。

表 3.1 工业废气中代表性的挥发性有机物

分 类	代表性挥发性有机物
烷类	正己烷(n - Hexane)、环己烷(Cyclohexane)、戊烷(n - Pentane)
烯类	1,3-丁二烯(1,3 - Butadiene)、丙烯(Propylene)、丁烯(Butylene)
芳香烃类	苯(Benzene)、甲苯(Methylbenzene)、二甲苯(Dimethylbenzene)
卤代烃类	二氯甲烷(Dichloromethane)、四氯化碳(Carbon tetrachloride)
醛类(含氧)	甲醛(Formaldehyde)、乙醛(Acetaldehyde)
酮类(含氧)	丙酮(Acetone)、丁酮(2 - Butanone)、环己酮(Cyclohexanone)
酯类(含氧)	乙酸乙酯(Ethyl acetate)、乙酸丁酯(n - Butyl acetate)
其他物质	甲硫醇(Methyl)、二甲二硫(Methyl disulfide)、乙醚(Ether)

表 3.2 有机废气排放源分类和典型排放过程

VOCs 排放源	类 别	子类别	典型排放过程
人为源	工业源	产品生产	炼油、炼焦、化学品制造、合成制药、食品加工等行业的产品生产过程
		溶剂使用	油漆、表面喷涂、干洗、溶剂脱脂、油墨印刷、人造革生产、胶粘剂使用、冶金铸造等
		废物处理	污水处理、垃圾填埋与焚烧
		存储运输	含 VOCs 原料和产品的储存、运输
		燃料燃烧	煤燃烧、生物质燃烧
	交通源	交通运输	交通工具尾气排放
	农业源	畜禽养殖	养鸡、养猪、养牛等
		农田释放	作物和土壤释放
	生活源	产品使用	室内装修、家具释放、日化用品等
自然源	—	—	植物释放、森林火灾、火山喷发

3.1.5 室内空气特征

室内空气污染(Indoor Air Pollution,IAP),是指室内污染源释放的有害物质或者随室外空气进入室内的有害物质,其浓度达到一定水平,且停留足够的时间,造成室内空气质量下降,继而引起人的一系列不适症状,影响人的生活、工作和健康的现象。本小节室内空气污染主要关注的是化学性污染,即化学物质引起的污染,如甲醛、苯及其同系物、苯并[a]芘、可吸入颗粒物、氨气、一氧化碳、二氧化碳、二氧化硫和氮氧化物等。

室内空气污染有自身的特征,与其他污染气体最大的不同在于污染物种类多且浓度很低,主要表现在以下几个方面:

➤ 污染物类型多。室内污染物来源广泛,种类繁多,有物理性污染物、化学性污染物、生物性污染物、放射性污染物等。与此同时,这些污染物还可相互作用形成二次污染物。

➤ 污染物浓度较低。GB/T 18883—2022《室内空气质量标准》中规定了污染物的排放限值,污染物浓度为小于 0.6 mg/m³,甚至更低。修订后标准增加了细颗粒物(PM$_{2.5}$)、三氯乙烯和四氯乙烯等 3 项化学性指标及要求,室内空气质量指标由原来的 19 项变为 22 项,化学性指标占 15 项。标准中化学性指标及其限值如表 3.3 所列。

表 3.3 室内空气质量标准中化学性指标及其限值

指标分类	指 标	单 位	限 值
化学性	臭氧 O_3	$\mu g/m^3$	160
	二氧化氮 NO_2	$\mu g/m^3$	200
	二氧化硫 SO_2	$\mu g/m^3$	500
	二氧化碳 CO_2	%	0.1
	一氧化碳 CO	mg/m^3	10
	甲醛 HCHO	mg/m^3	0.08
	氨 NH_3	mg/m^3	0.2
	苯 C_6H_6	mg/m^3	0.03
	甲苯 C_7H_8	mg/m^3	0.2
	二甲苯 C_8H_{10}	mg/m^3	0.2
	总挥发性有机物 TVOC	mg/m^3	0.6
	苯并[a]芘 BaP	ng/m^3	1
	可吸入颗粒物 PM_{10}	$\mu g/m^3$	150
	细颗粒物 $PM_{2.5}$	$\mu g/m^3$	75
	三氯乙烯 C_2HCl_3	$\mu g/m^3$	6
	四氯乙烯 C_2Cl_4	$\mu g/m^3$	120

➤ 对人体作用时间长。人的一生有 70%~90% 的时间是在室内度过的,当人们长期暴露在有污染的室内环境时,污染物对人体的作用时间自然也相应很长。

➤ 短期污染浓度高。刚刚做完装饰装修的建筑物,由于装饰装修和建筑材料释放污染物的速率大,若通风不畅,则大量污染物蓄积在室内,会造成很高的室内污染物浓度,严重时可超出室外数十倍,甚至上百倍。

➤ 污染物释放周期长。从材料本身散逸出的污染物通常有一个很长的释放期,如甲醛,即使在通风充足的条件下,释放周期也可达十几年之久,而对于放射性污染物,因大多与基础材料和所处大环境有关,其释放时间通常更长。

3.2 污染气体实验室配气装备

3.2.1 气体发生装备

大气污染控制实验中气体发生装备包括大宗气体发生装备和气态污染物发生装备。大宗气体发生装备包括空气发生器、氮气发生器、氢气发生器等;气态污染物发生装备包括颗粒态污染物发生装备、液体 VOCs 汽化装备、含湿气态污染物发生装置等。

1. 大宗气体发生装备

（1）空气发生器

大气污染控制实验室的空气发生器是用来产生洁净、干燥、不含碳氢化合物空气的装备，可为标准检测范围和痕量检测范围内的气相色谱提供检测器助燃气，也可作为增加湿度或发生颗粒物的载气。

其工作原理是以自然空气为原料，无油空气压缩机为动力，通过水气分离、干燥、催化、物理吸附等不同手段除去自然空气中的 H_2O、CO_2、CH_4 等杂质，最终得到干燥洁净的空气。空气发生器的组成包括空气压缩冷却系统、除水系统、再生干燥系统、除 CH/CO 反应系统和终级除颗粒物零级空气输出系统，输出流量一般在 $0 \sim 35$ L/min。

空气压缩冷却系统：将常温常压的空气，压缩为有较高压力和湿度的空气，在这种高压低温条件下，空气的相对湿度达到最高，一般大气条件下，空气会达到过饱和状态。

除水系统：使过饱和的空气经过水滴过滤器实现水气分离，将空气中的液态水分从空气中分离出来。

再生干燥装置：进一步除去空气中的气态水分，使得干燥空气的残留水分常压露点不高于 $-60\,^{\circ}\mathrm{C}$；

除 HC/CO 反应系统：在催化剂作用下，反应温度为 $380\,^{\circ}\mathrm{C}$，将空气中少量的碳氢化合物转化成 CO_2 和 H_2O，将 CO 转化为 CO_2。空气发生器系统气路与实物图如图 3.1 所示。

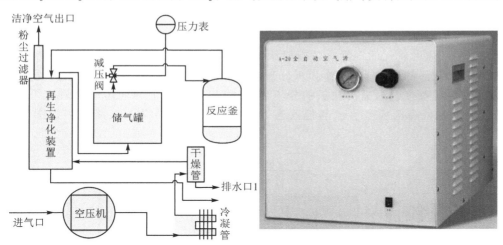

图 3.1　空气发生器系统气路与实物图

（2）氮气发生器

氮气发生器是实验室产生高纯氮气的装备，可为气相色谱使用提供载气，也可用于增加湿度或发生颗粒物的载气。其工作原理分为三种：电化学法制氮、膜分离制氮、变压吸附（PSA法）制氮。大气实验室主要采用电化学法制氮，该装备以纯净的空气为原料气，采用电催化法进行空气分离制氮。

仪器中的电解池是利用燃料电池的逆过程设计而成的。压力稳定且纯净的原料空气进入到电解池中，空气中的氧在阴极被吸附而获得电子，与水作用生成氢氧根离子并迁移到阳极，最后在阳极处失去电子析出氧气，空气中的氧不断被分离，只留下氮气随气路输出。一般氮气输出流量可在 $0 \sim 500$ L/min 范围内，纯度要求含氧量 $< 3 \times 10^{-6}$。氮气发生器由空气预处理

系统、分离系统、储氮罐、控制系统组成。氮气发生器系统气路与实物图如图 3.2 所示。

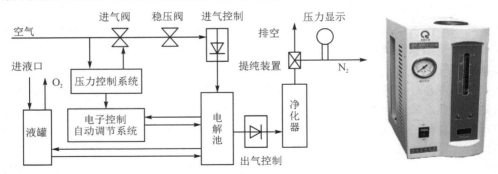

图 3.2 氮气发生器系统气路与实物图

(3) 氢气发生器

氢气发生器的工作原理是电解水产生氢气,目前的氢气发生器有电解碱性水溶液、固态电解质(SPE)膜电解水两种电解方式。

碱性溶液电解法通常采用质量分数 10% 的氢氧化钾溶液作为电解质,电解时阳极产生氧气排入大气,阴极产生氢气;SPE 膜电解采用纯水作为电解质,电解时水电离出的氧负离子在阳极生成氧气排入大气,氢质子以水合离子($H^+ \cdot x H_2O$)的形式,在电场力的作用下,通过 SPE 离子膜,到达阴极吸收电子形成氢气。

氢气从发生器阴极排出后,进入汽水分离器,除去大部分的水分,含有微量水分的氢气经过干燥后使用。通常氢气的干燥方法有吸附法和扩散干燥法。吸附法是采用干燥剂吸收水分,一般采用活化后的 4A 分子筛作为水分吸附剂。在分子筛的中间加入变色硅胶作为指示剂,当发现变色硅胶变色时需更换新的分子筛,选用的分子筛干燥剂需活化后方可使用,否则会造成吸水容量降低或者引入其他气态杂质。氢气发生器系统气路与实物图如图 3.3 所示。

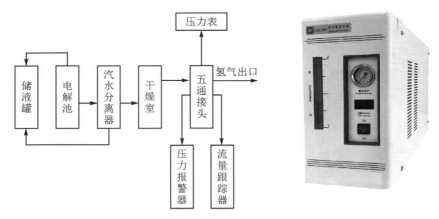

图 3.3 氢气发生器系统气路与实物图

2. 气态污染物发生装备

(1) 鼓泡气态污染物发生装置

鼓泡气态污染物发生装置是将液体物质通过鼓泡方式汽化,从而模拟发生气态污染物的装置,由低温恒温槽和鼓泡塔组成。其工作原理是利用液态污染物的闪点原理,以液态形式的污染物,如液氨、甲醛溶液(分析纯,含量 37.0%～40.0%)或分析纯的液态 VOCs(如甲苯)作为标准物质,放置于鼓泡塔中,鼓泡塔置于低温恒温槽中。鼓泡塔内形成液相区与气相区,以空气或 N_2 为载气进入鼓泡塔液相区,液态污染物在闪点温度下挥发变成蒸气,随载气混合进入气相。通过调节载气流量和流速,实现改变注入气体污染物浓度。鼓泡塔也可用于水的汽化,为污染气体定量增加湿度。鼓泡气态污染物发生装置示意图如图 3.4 所示。

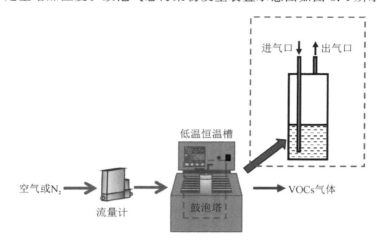

图 3.4　鼓泡气态污染物发生装置示意图

（2）微量注射泵气态污染物发生装置

微量注射泵气态污染物发生装置是以微量注射泵作为主体,将液态形式的污染物,如液氨、甲醛溶液(分析纯,含量 37.0%～40.0%)或分析纯的液态 VOCs(如甲苯),通过气流加热进行汽化,并实现定时定量定浓度向外输送的装置。其工作原理为:在空气泵作用下,空气经过滤后进入恒温加热管,加热至 100 ℃(适合甲苯)或 150 ℃(适合甲醛)等温度,被加热的空气经过微量注射泵的针头,将针头上的液态污染物快速蒸发至空气中,发生恒定浓度的气体污染物。该方法根据程序控制微量注射泵,注射量可程序控制,可随时改变注入浓度。微量注射泵也可用于水的汽化,为污染气体定量增加湿度。微量注射泵气态污染物发生装置如图 3.5 所示。

图 3.5　微量注射泵气态污染物发生装置

（3）热脱附气态污染物发生装置

热脱附的工作原理是应用经过加热的高温惰性载气流(高纯氮气或高纯氦气)经过正在加热的样品或吸附管,将样品或者吸附管内可被加热解析出来的挥发性和半挥发性的有机物质输送到分析仪器中进行分析测定。第一步,采用大体积采样将化合物保留在高容量的吸附管(采样管)中,然后加热解析到下一级毛细聚焦管中(一级解析);第二步,富集在毛细聚焦管中的样品再次加热解析后导入气相色谱毛细管中(二级解析)。采用毛细聚焦管二级富集解析,只需较小的载气量就可以把富集在毛细聚焦管中的分析物导入分析仪器中。热解析技术示意图如图 3.6 所示。

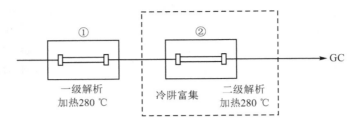

图 3.6　热解析技术示意图

3. 颗粒态污染物发生装备

模拟颗粒物发生的装备很多,可采用液体盐溶液、固体矿物质等作为原料发生气溶胶,气溶胶发生的方法主要有雾化法、剪切法、凝集法等。

(1) 液体微生物气溶胶发生器

液体微生物气溶胶发生器的主要工作原理是压缩气体通过过滤器、流量计后,高速喷出时会在出口区域产生负压(伯努利效应),从而将已经配置好的液体抽吸至高速气流中,液体被破碎成小液滴,当液体蒸发后,剩余的固体小颗粒便形成了粒径较小的细微颗粒物。BGI 品牌气溶胶发生器实物图如图 3.7 所示。

(2) 干盐气溶胶发生器

干盐气溶胶发生器是一种利用高压喷雾技术将盐溶液喷雾化成微小颗粒,然后通过加热、干燥、电离等处理方式,将其转化为干盐气溶胶。其工作原理为:由无油空气压缩机产生的洁净压缩空气分为两部分,一部分作为雾化气体经过主机雾化器流量计后到达发尘塔顶部,借助文丘里管喉管部位的吸力引入氯化钠等盐溶液使之经过雾化喷嘴后雾化盐溶液,在发尘塔顶部形成微小盐性液滴,由于受到重力作用从发尘塔顶部在塔内部自上而下运动;另一部分气体经过主机干燥器流量计后被加热器加热后作为干燥气进入发尘塔底部。发尘塔底部干燥器入口为斜向上,因此干燥气从发尘塔底部自下而上运动。自上而下运动的微小盐性液滴与自下而上的干燥热空气由于运动方向相反在发尘塔内相遇,干燥热空气使液滴水分蒸发,从而形成多分散盐性固态细颗粒。干盐气溶胶发生器实物图如图 3.8 所示。

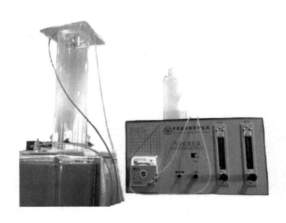

图 3.7　BGI 品牌气溶胶发生器实物图　　　　图 3.8　干盐气溶胶发生器实物图

（3）粉尘发生器

粉尘发生器是将无黏性粉末作为原料,其工作原理是:将粉末样品装入圆柱形存储器中,通过活塞输送到旋转刷,旋转刷将准确数量的粉尘输送到扩散头;另一方面,载气被高速喷嘴加速到 180 m/s 喷出。高速气流将扩散头的粉末带出,利用高速气流的湍流和剪切力使团聚的粉末在气流中被充分扩散,从而形成一定浓度的粉尘。粉尘发生器实物图如图 3.9 所示。

（4）冷凝气溶胶发生器

凝集法是将液态气溶胶蒸发成过饱和蒸气,然后突然冷却,最终使饱和蒸气冷凝成气溶胶粒子。该方法主要包括自凝结和异核凝结两类,其中异核凝结应用范围较广,技术较为成熟。例如,可用于模拟发生特定场景颗粒物,从整体石墨中产生冷凝气溶胶,所得的碳附聚物在粒度分布方面类似于柴油机烟雾。凝集法冷凝气溶胶发生器实物图如图 3.10 所示。

图 3.9 粉尘发生器实物图   图 3.10 凝集法冷凝气溶胶发生器实物图

3.2.2 气体储存装备

气体储存装备是大气污染控制工程实验室常用装备之一,包括标准气瓶和非标储气罐(液氮罐、大型氩气罐等)。需要关注的是,大气污染控制工程实验室用到的储气装备较多,根据实验室安全管理规范,同一地点气瓶放置数量超过 5 瓶,小于 20 瓶时,实验室应有防火防爆措施;超过 20 瓶以上时,必须设置二级气瓶库。

1. 标准气瓶

标准气瓶指正常环境温度($-40\sim60$ ℃)下使用的、公称工作压力大于或等于 0.2 MPa(表压),且压力与容积的乘积大于或等于 1.0 MPa·L 的盛装气体、液化气体和标准沸点等于或低于 60 ℃的液体气瓶。大气污染控制工程实验室常用容积为 8 L 和 40 L 的气瓶。为避免各种钢瓶混用,我国规定了统一的瓶身及标字的颜色,如表 3.4 所列。

表 3.4 气体钢瓶类别及相应颜色

气体名称	钢瓶颜色	标字颜色	气体名称	钢瓶颜色	标字颜色
压缩空气	黑	白	二氧化碳	铝白	黑
氮	黑	黄	石油气体	灰	红
氧	天蓝	黑	纯氩	灰	绿
氢	深绿	红	乙炔	白	红
氯	草绿	白	氨	黄	黑
其他可燃气体	银灰	红	其他不可燃气体	银灰	黑

气瓶使用注意事项:

➤ 搬动存放气瓶时,须装上防震垫圈,旋紧安全帽,以保护开关阀,使用特制小推车,也可以用手垂直转动,但绝不允许用手执着开关阀移动。

➤ 接触后有可能引起燃烧、爆炸的不同气体气瓶,如氢气瓶和氧气瓶,不能同处存放。

➤ 气瓶必须分类、分处保管,直立放置时要用气瓶架固定稳妥。

➤ 气瓶应远离热源,避免曝晒和强烈振动。除特殊情况,实验室内同种气瓶不得超过两瓶。

➤ 气瓶上选用的减压器要分类专用,安装时螺纹要旋紧,防止泄漏;开关阀时,动作必须缓慢。

➤ 使用后的气瓶应按规定留 0.05 MPa 以上的残余压力。可燃性气体应剩余 0.2~0.3 MPa(2~3 kg/cm² 表压);氢气应保留 2 MPa,以防重新充气时发生危险,不可用完用尽。

➤ 氢气应单独存放,最好放置在室外气瓶间、报警气瓶柜内以确保安全。氧气瓶禁止放于阳光曝晒的地方。

2. 非标储气罐

非标储气罐是指用于储存液体或气体的钢制密封容器为钢制储罐,在大气实验室包括液氮罐、大型氩气罐等,其容积一般在 100 L 以上。小于 0.1 MPa 的液氮罐不属于特种设备;但是大于 0.1 MPa 的储气密闭气罐,由于具有一定的压力,因此应按照特种设备进行管理。非标储气罐实物图如图 3.11 所示。

非标储气罐(有压力)使用注意事项:

➤ 属于特种设备的储气罐,需严格遵守特种设备安全规章制度。在使用前,需按照要求进行特种设备登记备案,一般是当地的质检所或者特检所。

➤ 储气罐使用时的环境温度如果在储气罐设计使用温度范围外的,需要做温度保护,确保产品在有效使用温度范围内。

➤ 有严格的压力容器安全管理制度,包括对储气罐的安全巡检规章以及操作人员培训等。

➤ 压力容器储气罐应进行定期检验,评估安全性能。不得擅自进行改装、维修等。

图 3.11 非标储气罐实物图

➤ 安全阀、压力表应进行定期校验或者更换;罐体周围严禁明火。

3. 气体混合罐

气体混合罐,又称混气罐,是指用于实验室不同气体混合的钢制密封容器罐,根据气体的流量可定制混气罐的大小。其工作原理是将待混合的二元或多元气体通过单向阀进入两级或多级压力平衡装置,平衡输入压差,从而保证混合前组分气体和稀释气体的压力相同,然后调节流量控制阀,根据所需的气体混合比调节各种气体的流量。配气时,应采用动态混气方式,即混即用,这样可以保证混合气体的均匀性、重现性好以及比例稳定。实验室用的气体混合罐相对较小,原理较简单。实验室混气罐结构与实物图如图 3.12 所示。

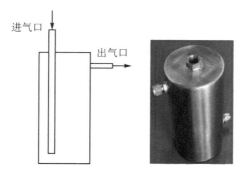

进气口

出气口

图 3.12　实验室混气罐结构与实物图

3.2.3　流量调节与检测装备

　　流量调节与检测装备是实验室污染气体配制的重要设备,具备流量测量、流量控制等重要功能,用于实验室模拟特定气体流量和浓度的污染气体。实验室常用装备有玻璃转子流量计、质量流量控制器、皂膜流量计、热球风速仪、其他流量调节和测量装备等。

1. 玻璃转子流量计

　　玻璃转子流量计是简易的流量控制原件,在工程中或中试反应系统中应用较多,适宜用来测量流量较大的单相非脉动的液体或气体流量。其结构简单,主要测量元件包括一根垂直安装的下小上大锥形玻璃管和在内可上下移动的浮子。

　　玻璃转子流量计的工作原理为:当流体自下而上经锥形玻璃管时,浮子上下之间产生压差,浮子在此差压作用下上升。流体动能在浮子上产生的升力和流体的浮力使浮子上升,当升力与浮力之和等于浮子自身重力时,浮子处于平衡,稳定在某一高度位置上,锥管上的刻度指示流体的流量值。玻璃转子流量计原理和实物图如图 3.13 所示。

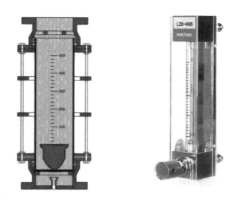

图 3.13　玻璃转子流量计原理和实物图

2. 质量流量控制器

　　质量流量控制器(Mass Flow Controller, MFC)用于对气体的质量流量进行精密测量和控制,通常由放大控制电路板、流量控制调节阀、流量控制传感器、进出气管路接头、分流器管道、机壳、显示器等部件组成。热式质量流量控制器及显示器实物图如图 3.14 所示。

　　质量流量控制器的工作原理如下:

　　① 气流进入进气管路接头后大部分流过分流器通道,其中一小部分进入流量传感器内部的毛细钢管。由于分流器通道的特殊结构,可以实现这两部分气体流量成正比例关系。

　　② 流量传感器经过预热,内部温度高于气流温度,此时通过毛细钢管传热和温差量热法原理测量这一小部分的质量流量。测出的流量可以忽略温度和压力的影响,之后将传感器测得的流量检测信号输入电路板,经过放大后输出,就完成了流量输出信号。

图 3.14　热式质量流量控制器及显示器实物图

③ 将传感器测得的流量检测信号与用户给出的设定信号进行比较后自动调节流量控制调节阀,使流量检测信号与设定信号相等,实现流量测量和流量控制的功能。

热式质量流量控制器工作原理图如图 3.15 所示。

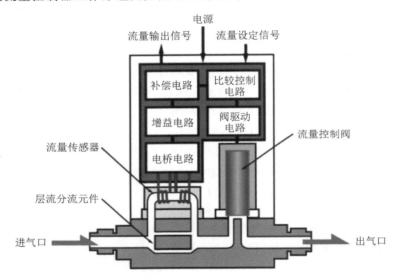

图 3.15　热式质量流量控制器工作原理图

数字流量显示仪为气体质量流量控制器(MFC)提供工作电源、操作控制、瞬时流量的数字显示。流量显示仪由电源、数据采集系统芯片、瞬时流量显示器、按键和通信部件等部分组成。由质量流量控制器送来的流量检测电压,经数据采集系统芯片转换为数字信号,再进行运算处理后,将瞬时流量值送到四位 LED 数码管显示,显示单位为:SCCM(标准毫升每分)和SLM(标准升每分);或者 SLM(标准升每分)和 SKLM(标准千升每分)。

3. 皂膜流量计

质量流量控制器可实现精密测量和控制,实验室中需要对质量流量控制器进行校准,常用到皂膜流量计。

(1) 玻璃皂膜流量计

玻璃皂膜流量计是一种体积式流量计,由透明玻璃吹制成型。其工作原理是通过测量气体流经一定容积的时间来计算气体的流量,并利用皂膜来识别气体流量。皂膜式流量计结构简单,气体由玻璃下端入口进入管内,流经发泡液球出口处,用手捏动液球使玻璃管内产生皂膜。皂膜在压力的作用下,沿标有刻度的玻璃管由下向上移动,同时用秒表测量流经一定刻度的时间,就可以计算出被测气体的流量。玻璃皂膜流量计示意图如图 3.16 所示。

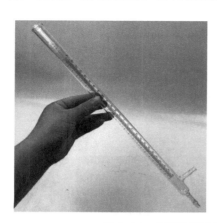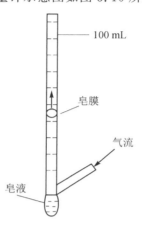

100 mL

皂膜

气流

皂液

图 3.16　玻璃皂膜流量计示意图

由于皂膜厚度薄、质量小、对气体流动阻力小,同时皂膜又具有一定的表面张力,沿玻璃管内壁流动可持续一段时间,因此足以用来测量气体体积的流量。通过监测流过玻璃管的气体温度和压力就可以计算出质量流量。该流量计具有阻力小、测量精度高等特点,适用于测量低压力的流量,有 1 mL、10 mL、50 mL、100 mL、500 mL、1 000 mL 等规格。

（2）电子皂膜流量计

电子皂膜流量计是适用于任何气体或液体流量检测的仪器,通过其内部的微处理机与敏感元件相结合来测量和计算皂膜或液面经过玻璃管内一段体积的起止时间,利用微处理机计算出流量,并通过显示屏直观地显示出来。

电子皂膜流量计的工作原理是利用皂液在管道中形成的薄膜来测量流量。当液体通过管道时,会与皂液混合形成一层薄膜。薄膜会在管道中形成一个阻力,使得液体通过管道时产生一个压力差。这个压力差与流量成正比,因此可通过测量压力差来确定流量。该方法所用的皂液与日常生活所用的皂液不同,是一种特殊的液体,具有很好的表面张力和黏度,可以在管道中形成一个稳定的薄膜。电子皂膜流量计实物图如图 3.17 所示。

图 3.17　电子皂膜流量计实物图

4. 风速仪

通常测量风速的仪器有三种:热球式风速仪、叶轮式风速仪和皮托管风速仪。

（1）热球式风速仪

热球式风速仪是一种便携式、智能化、多功能的低风速测量仪表,其测定范围为 0.05～10 m/s,适合低风速测定。热球式风速仪由热球式传感器和测量仪表两部分组成。传感器的头部有一微小的玻璃球,球内绕有加热玻璃的镍铬丝线圈和两个串联的热电偶。热电偶的冷端连接在磷铜质的支柱上,直接暴露在气流中,当一定大小的电流通过镍铬丝线圈后,玻璃球的温度升高,升高的程度和气流的速度有关,流速小时升高的程度大,反之升高的程度小。升高程度的大小通过热电偶产生的电势在电表上指示出来。因此在校准定标后,即可用电表读数表示气流的速度。热球式风速仪实物图如图3.18所示。

（2）叶轮式风速仪

叶轮式风速仪一般由叶轮和计数机构组成。叶轮风速仪根据其计数机构可分为两种:自记叶轮风速仪和不自记叶轮风速仪,适合5～40 m/s的中风速流速测定。不自记叶轮风速仪在使用时,应先关闭风速仪的开关,并将风速仪指针的原始读数记录下来,然后将风速仪放在选定的测点上,使风速仪的表面垂直于气流的方向,转动数分钟,当风速仪叶轮回转稳定后,把风速仪的开关和秒表同时开启,经一定时间(1 min)后,再同时关闭,然后根据风速仪的读数和秒表所记的时间即可计算风速。叶轮式风速仪实物图如图3.19所示。

图3.18　热球式风速仪实物图　　　　图3.19　叶轮式风速仪实物图

（3）皮托管风速仪

皮托管流量计是一根弯成直角的双层空心复合管,带有多个取压孔,能同时测量流体总压和静压力,与差压变送器、流量显示仪配套使用。其工作原理是在皮托管头部迎流方向开有一个小孔称为总压孔,在该处形成"驻点",在距头部一定距离处开有若干垂直于流体流向的静压孔。各静压孔所测静压在均压室均压后输出,由于流体的总压和静压之差与被测流体的流速有确定的数值关系,因此可以用皮托管测得流体流速从而计算出被测流量的大小。皮托管风速仪适用于中、大管径管道的流量测量,适合40～100 m/s的大风速流速测定。皮托管风速仪原理及实物图如图3.20所示。

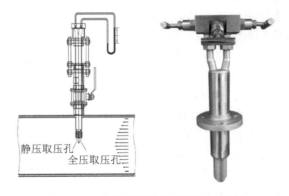

图3.20　皮托管风速仪原理及实物图

3.2.4　阀门管件及其连接

实验室气路连接、阀门设置及管路连接方式也是污染气体配气的重要环节,阀门管件是核心组件。有条件的实验室应设置实验室气路系统,利用不锈钢电解无缝钢管,沿天花板下方或墙壁进行整体布局,气路系统的优势在于可手动或自动在气瓶间切换,保证气体的连续供给,充分使用钢瓶中的气体,减少残余余量,降低成本,气瓶集中存放,易于管理等。

1. 常用阀门

大气污染控制工程实验室常用的阀门包括气瓶减压阀、单向阀、球阀、截止阀、电磁阀和微调阀等。大气污染控制工程实验室气路系统示意图如图 3.21 所示,大气污染控制工程实验室常用阀门如表 3.5 所列。

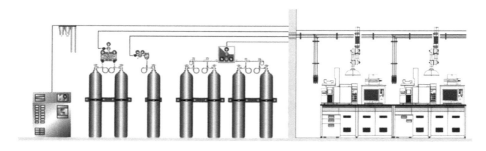

图 3.21　大气污染控制工程实验室气路系统示意图

表 3.5　大气污染控制工程实验室常用阀门

名称及用途	图　片	名称及用途	图　片
减压阀:将进口压力减至某一需要的出口压力,使出口压力自动保持稳定		卡套式截止阀:控制流量,开启或切断管道通路	
卡套直通球阀:控制管路开闭		电磁阀:调整介质的方向、流量、速度等参数	
卡套二通直角球阀:适用于管道转弯处的连接		微调阀:精确控制向真空容器内导入气体的流量	
卡套三通球阀:通过自由切换三接头,控制流体方向		单向阀:带单向自封阀芯,防止流体反向逆流	

2. 常用管材

通常,实验室配制气体会用到高纯气体、腐蚀性气体、特种气体等,因此对于管材也有较高的要求,常用的管材有两类:聚四氟乙烯管和不锈钢管。

(1) 聚四氟乙烯管

聚四氟乙烯管材(PTFE)具有极优的化学稳定性,能耐所有强酸、强碱、强氧化剂,使用温度范围较广,常压下可以长期应用于 $-180\sim250\ ℃$ 的温度环境,PTFE 无极性,不吸水,还具有优良的耐老化性,不黏性及不燃性,适用于实验室各类气体的传输。聚四氟乙烯管规格齐全,且容易裁剪,在自主综合实验中经常用到,大气污染控制工程实验室常用规格为直径 $6\ mm$,即 $\phi6$ 的管材。

(2) 不锈钢管

不锈钢管材表面处理方式不同,类别也不同,包括酸洗钝化(Acid pickling Passivation,AP)、机械抛光(Mechanical Polishing,MP)、光亮退火(Bright Annealing,BA)和电解抛光(Electro Polishing,EP)处理工艺等管材。大气污染控制工程实验室常用电化学抛光管,也称光亮退火管,又叫不锈钢 BA 管。

聚四氟乙烯管和不锈钢管如图 3.22 所示。

聚四氟乙烯管

不锈钢管

图 3.22　聚四氟乙烯管和不锈钢管

3. 接头配件

管路连接方式一般分为焊接连接和卡套连接,大气污染控制工程实验室常用的是卡套连接,其具有使用方便、不用焊接、不用扩口等优点。卡套连接是利用螺母、卡套、接头体等基本部件组成的不同类别接头,将相同内径的管件或不同内径的管件连接起来的方式。除了卡套连接,实验室还经常用到快速接头,搭配密封生料带,将气路进行连接。

常用的管路接头配件如表 3.6 所列。

表 3.6　大气污染控制工程实验室常用管路连接配件

名称及用途	图　片	名称及用途	图　片
螺母:又称螺帽,与螺栓、螺杆拧在一起用来起紧固作用的零件		卡套:将无缝钢管插入卡套内,利用卡套螺母锁紧卡套,卡套内刃均匀切入无缝钢管,形成有效密封	

续表 3.6

名称及用途	图　片	名称及用途	图　片
接头体：是连接的桥梁，当管路有连接、变径、改变方向等需求时，可利用不同类别的接头体		卡套式直通接头：用于连接两段气路，或气路变径	
卡套式三通接头：用于三条气路连接，可用于改变流体方向或对气路进行分支		卡套式四通接头：用于四条气路连接，可用于改变流体方向或对气路进行分支	
密封垫片：常用 NBR 丁腈橡胶或 FPM 氟橡胶材质，用于气路接头密封		气动快速接头：用于空气配管的快速接头，可用在经常装卸的工作位置上	

对于常用的卡套有两种连接方式：一是双卡套连接，常用于一般气体，包括惰性气体管路的接头，如图 3.23 所示；二是 VCR 接头（内螺纹螺母＋接管＋垫片＋外螺旋螺母），常用作特种气体或高纯气体管路的接头，VCR 连接示意图如图 3.24 所示，VCR 安装示意图如图 3.25 所示。

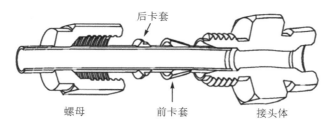

图 3.23　卡套连接示意图

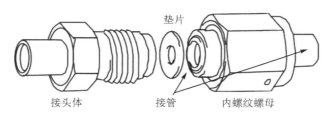

图 3.24　VCR 连接示意图

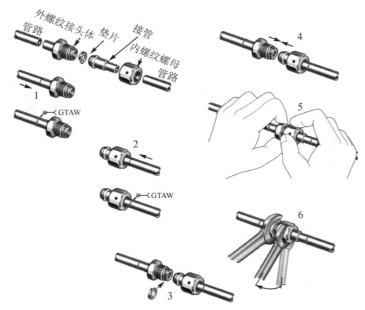

1—管路焊接阀体；2—管路、内螺纹螺母安装接管；
3—将垫片放在中间；4—对接；5—手指扭紧；6—工具扭紧

图 3.25　VCR 安装示意图

3.3　典型污染气体模拟配制

　　实验室污染气体模拟过程,实际上是根据工程中污染气体各污染组分质量浓度占比,进行成比例缩减的过程。在确定典型污染气体特征及各污染物质量浓度占比后,第一步确定实验气体总气量;第二步确定实验室气源各污染组分浓度;第三步计算出各污染物气体流量,利用质量流量控制器调整各气路的气量。混合气的配气方法一般包括静态混合法、动态混合法等。静态混合法指气体按所需比例先后充入储气袋中,混匀后,使用时由储气袋放出即可。动态混合法指将待混合的各种气体分别通过流量计准确测出各自的流量,然后混合在一起,各气体的流量比就是混合后的分压比。动态混合法是实验室常用的混合气的配气方法。

3.3.1　污染气体配制方法

　　在大气污染控制工程实验中,污染气体模拟通常根据不同污染组分实际占比,分别计算各组分质量浓度占比,再根据计算结果配制还原不同的污染气体,其中实验目标污染物组分是配气的关键,不参与反应或不起关键作用的气体,可利用 N_2 等非活性气体按比例替代。污染气体配制系统,又称配气系统,通常由制气与储气装备、流量调控与显示装备、混气罐、常用阀门管件及连接管线等组成。实验室典型气体配制系统如图 3.26 所示。

3.3.2　燃煤烟气模拟配制

　　某燃煤干烟气组成为 $13.14\%CO_2 + 0.21\%SO_2 + 80.54\%N_2 + 6.11\%O_2$。实验计划模拟配制 4 L/min 的混合烟气,实验室气源为钢瓶气,各钢瓶气组成如下:O_2(浓度为 99%)、

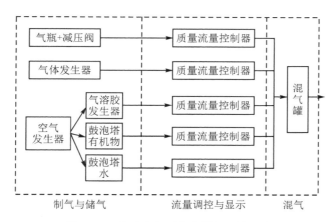

图 3.26　实验室典型气体模拟系统组成

SO_2(浓度为 2%,混合气为 Ar)、N_2(工业纯)、CO_2(浓度为 99%)。通过计算出各气体组分的气体流量,再通过校准后的质量流量控制器进行控制即可完成配制。

O_2(99%)的气体流量:

$$Q_{O_2} = \frac{6.11\% \times 4}{99\%} = 0.25 (L/min)$$

SO_2(2%,Ar)流量:

$$Q_{SO_2} = \frac{0.21\% \times 4}{2\%} = 0.42 (L/min)$$

CO_2(99%)流量:

$$Q_{CO_2} = \frac{13.14\% \times 4}{99\%} = 0.53 (L/min)$$

N_2(工业纯)流量:

$$Q_{N_2} = 4 - 0.25 - 0.42 - 0.53 = 2.8 (L/min)$$

配气方案:利用质量流量控制器分别控制四路气体的流量为 0.25 L/min,O_2(99%);0.42 L/min,SO_2(2%,Ar);0.53 L/min,CO_2(99%);2.8 L/min,N_2(工业纯)。四路气体经配气柜到混合罐混合后配制完成。

3.3.3　汽车尾气模拟配制

以某汽车尾气为例,其组成为 $12.4\%CO_2 + 2\%CO + 0.12\%NO + 77.2\%N_2 + 8.23\%O_2 + 0.05\%HC$,实验计划模拟配制 4 L/min 汽车尾气,配气过程如下:实验室 O_2(99%)、NO(2%,Ar)、N_2(工业纯)、CO_2(99%)、CO(10%)、C_3H_8(以 C_3H_8 代替 HC,10%)均来自钢瓶气体。通过计算出各气体组分的气体流量,再通过校准后的质量流量控制器进行控制即可完成配制。

O_2(99%)流量:

$$Q_{O_2} = \frac{8.23\% \times 4}{99\%} = 0.33 (L/min)$$

NO(2%,Ar)流量:

$$Q_{NO} = \frac{0.12\% \times 4}{2\%} = 0.24 (L/min)$$

CO_2（99％）流量：

$$Q_{CO_2} = \frac{12.4\% \times 4}{99\%} = 0.5(\text{L/min})$$

CO（10％）流量：

$$Q_{CO} = \frac{2\% \times 4}{10\%} = 0.8(\text{L/min})$$

C_3H_8（10％）流量：

$$Q_{C_3H_8} = \frac{0.05\% \times 4}{10\%} = 0.02(\text{L/min})$$

N_2（工业纯）流量：

$$Q_{N_2} = 4 - 0.33 - 0.24 - 0.5 - 0.8 - 0.02 = 2.11(\text{L/min})$$

配气方案：利用质量流量控制器分别控制六路气体的流量为 0.33 L/min，O_2（99％）；0.24 L/min，NO（2％，Ar）；2.11 L/min，N_2（工业纯）；0.5 L/min，CO_2（99％）；0.8 L/min，CO（10％）；0.02 L/min，C_3H_8（10％）。六路气体经配气柜到混合罐混合后配制完成。

3.3.4 水泥窑尾气模拟配制

以某水泥窑尾干烟气为例，其组成为 15.1％CO_2＋0.08％NO＋76.72％N_2＋8.1％O_2，实验计划模拟配制 5 L/min 的混合烟气，配气过程如下：实验室 O_2（99％）、NO（2％，Ar）、N_2（工业纯）、CO_2（99％）均来自钢瓶气体。通过计算出各气体组分的气体流量，再通过校准后的质量流量控制器进行控制即可完成配制。

O_2（99％）流量：

$$Q_{O_2} = \frac{8.1\% \times 5}{99\%} = 0.41(\text{L/min})$$

NO（2％，Ar）流量：

$$Q_{NO} = \frac{0.08\% \times 5}{2\%} = 0.2(\text{L/min})$$

CO_2（99％）流量：

$$Q_{CO_2} = \frac{15.1\% \times 5}{99\%} = 0.76(\text{L/min})$$

N_2（工业纯）流量：

$$Q_{N_2} = 5 - 0.41 - 0.2 - 0.76 = 3.63(\text{L/min})$$

配气方案：利用质量流量控制器分别控制四路气体的流量为 0.41 L/min，O_2（99％）；0.2 L/min，NO（2％）；0.76 L/min，CO_2（99％）；3.63 L/min，N_2（工业纯）。四路气体经配气柜到混合罐混合后配制完成。

3.3.5 工业有机废气模拟配制

以某工业有机废气干烟气为例，假设其组成为 0.1％CH＋78.4％N_2＋21.5％O_2，实验计划模拟配制 3 L/min 的混合气体，配气过程如下：实验室 O_2（99％）、C_7H_8（以 C_7H_8 代表 HC，2％）、N_2（工业纯）均来自钢瓶气体。通过计算出各气体组分的气体流量，再通过校准后的质量流量控制器进行控制即可完成配制。

O_2（99％）流量：

$$Q_{O_2} = \frac{21.5\% \times 3}{99\%} = 0.65(L/min)$$

$C_7H_8(2\%)$ 流量：

$$Q_{C_7H_8} = \frac{0.1\% \times 3}{2\%} = 0.15(L/min)$$

N_2（工业纯）流量：

$$Q_{N_2} = 3 - 0.65 - 0.15 = 2.20(L/min)$$

配气方案：利用质量流量控制器分别控制三路气体的流量为 0.65 L/min，O_2（99%）；0.15 L/min，C_7H_8（2%）；2.20 L/min，N_2（工业纯）。三路气体经配气柜到混合罐混合后配制完成。

3.3.6　室内空气模拟配制

以某房间室内空气为例，假设其组成为 0.000 5% CH＋78.495% N_2＋21.5% O_2，实验计划模拟配制 3 L/min 的混合气体。配气过程如下：实验室 O_2（99%）、C_7H_8（以 C_7H_8 代表 HC，0.1%）、N_2（工业纯）均来自钢瓶气体。通过计算出各气体组分的气体流量，再通过校准后的质量流量控制器进行控制即可完成配制。

O_2（99%）流量：

$$Q_{O_2} = \frac{21.5\% \times 3}{99\%} = 0.65(L/min)$$

C_7H_8（0.1%）流量：

$$Q_{C_7H_8} = \frac{0.000 5\% \times 3}{0.1\%} = 0.015(L/min)$$

N_2（工业纯）流量：

$$Q_{N_2} = 3 - 0.65 - 0.015 = 2.335(L/min)$$

配气方案：利用质量流量控制器分别控制三路气体的流量为 0.65 L/min，O_2（99%）；0.015 L/min，C_7H_8（0.1%）；2.335 L/min，N_2（工业纯）。三路气体经配气柜到混合罐混合后配制完成。

3.4　思考题

1. 尝试绘制臭氧催化氧化 VOCs 净化技术的配气系统构成图。
2. 对比燃煤烟气与工业炉窑烟气的组分差异，分析氧气浓度的差异与原因。

第4章 污染气体净化材料设计与制备

大气污染控制工程实验中,净化材料主要包括吸附材料、催化材料、过滤材料和吸收材料等。其研发和应用目标是基于某种污染气体特性,有针对性地使用某种净化材料,且材料本身尽可能地对环境友好、不产生二次污染。污染气体净化材料属于环境材料范畴。由于大气污染物中各物质的物理化学性质存在差异,因此不同污染物的净化方案可以选择不同的材料介质。在学生自主综合实验过程中,部分实验直接选用净化材料,以碱液吸收法脱硫实验为例,根据处理对象 SO_2 的特性,直接选用不同的吸收剂;部分实验用到催化或吸附材料,学有余地的同学可自行设计并制备材料,提高实验的挑战度。

4.1 污染气体净化材料设计

4.1.1 吸附材料

吸附法是利用物质吸附饱和度的差异来分离大气污染物的方法,性能优异的吸附材料是实现高效、大容量吸附的基础。在大气污染控制工程实验中,代表性的吸附实验包括吸附法净化 VOCs 实验、吸附法捕集烟气中 CO_2 实验。吸附技术净化污染气体的关键在于吸附材料的选择。

吸附材料总体上可分为三类:含氧吸附材料、碳质吸附材料以及聚合物吸附材料。含氧吸附材料包括硅胶、沸石、金属氧化物等;碳质吸附材料包括活性炭、炭黑、石墨、石墨烯、碳纳米管等。聚合物吸附材料主要是利用聚合物的表面官能团来吸附不同吸附质,常用的聚合物材料包括离子交换树脂、亲和层析树脂、分子筛等。

吸附材料按孔径大小可分为微孔、介孔和大孔材料;按材料来源可分为天然黏土、人工无机多孔材料、多孔炭材料、有机无机骨架、多孔有机材料以及复合材料等。其中天然黏土又包括凹凸棒土、蒙脱石、硅藻土等;人工无机多孔材料包括微孔氧化物(氧化铝、氧化硅等)、微孔分子筛(ZSM-5、Beta 等)、介孔分子筛(MCM-41、SBA-15)等;多孔炭材料包括椰壳活性炭、煤基活性炭、高分子活性炭(酚醛树脂炭化而成)、碳分子筛等;有机-无机骨架材料包括固态胺(MOF、MIF 等);多孔有机材料包括聚酰胺、有机凝胶等;此外,还有复合吸附材料,包括活性炭复合黏土、活性炭复合分子筛、活性炭复合树脂等吸附材料。常见吸附材料可吸附的气态污染物种类如表 4.1 所列。

基于吸附材料的多样性,在大气污染控制工程实验中,最常用的吸附材料有活性氧化铝、Y 分子筛、ZSM-5、MCM-41、活性炭、MOF 等,实验时应根据吸附剂特点及适用场合,选择吸附材料对空气中的有害气体进行净化。在进行自主综合实验吸附材料的选择和设计时,应首先遵循以下理念:① 吸附材料应具有巨大的比表面积和疏松的结构;② 吸附材料对不同气体的吸附作用存在差异,具有一定的吸附选择性;③ 吸附材料具有足够的机械强度、化学与热稳定性;④ 吸附材料的吸附容量足够大;⑤ 吸附材料来源广泛、造价低廉;⑥ 吸附材料应具有良好的再生性能,也就是一定条件下容易解吸。

表 4.1　净化气态污染物的常用吸附材料

吸附剂种类	可吸附的污染物
活性炭	苯、甲苯、二甲苯、丙酮、乙醇、乙醚、甲醛、汽油、煤油、光气、苯乙烯、恶臭物质、H_2S、Cl_2、CO、CO_2、SO_2、NO_x、CS_2、CCl_4、H_2CCl_2、$HCCl_3$
浸渍活性炭	烯烃、胺、酸雾、碱雾、硫醇、SO_2、H_2S、Cl_2、HF、HCl、NH_3、Hg、HCHO、CO_2、CO
活性氧化铝	SO_2、H_2S、H_2O、HF、C_mH_n
浸渍活性氧化铝	酸雾、Hg、HCHO、HCl
硅胶	SO_2、H_2O、NO_x、C_2H_2
沸石分子筛	SO_2、CS_2、Cl_2、C_mH_n、NH_3、H_2S、CO_2、CO
泥煤、褐煤、风化煤	恶臭物质、NH_3、NO_x
浸渍泥煤、褐煤、风化煤	SO_2、SO_3、NO_x
焦炭粉粒	沥青烟
白云石粉	沥青烟
蚯蚓粪	恶臭物质

　　吸附材料的吸附能力与材料表面结构特征、材料表面化学性质以及污染物性质具有直接关系。以活性炭吸附净化 VOCs 实验为例，① 材料表面结构特征：活性炭的比表面积、孔径分布以及孔形状等孔结构性质直接影响净化效率，通常认为活性炭的比表面积越大、孔容越大、微孔越多对 VOCs 的吸附性能越好。但研究表明，对于高浓度 VOCs 的吸附，比表面积越大吸附容量越大，而对于低浓度 VOCs 的吸附结果却恰恰相反。② 材料表面化学性质：活性炭的表面化学性质主要指活性炭的润湿性、导电性及酸碱性等，这些性质是由活性炭表面的化学官能团、杂原子和化合物决定的。例如含氧官能团的存在使活性炭表面的电荷分布不均，影响到活性炭对极性和非极性 VOCs 的吸附行为。活性炭表面含氧官能团越少，活性炭对苯和甲苯的吸附量越高，这是因为含氧官能团的减少增强了活性炭石墨层上 π 电子与苯系物芳香环的相互作用力，提高了吸附性能。③ 污染物性质：污染物种类繁多，物质的相对分子质量、分子大小、沸点、饱和蒸气压、偶极矩等特性各异且差别较大，因此会对吸附产生较大的影响。吸附质分子大小不同，因而对于同一种活性炭，其有效孔径范围不同，进而会导致其吸附容量的差异。相对分子质量越大的 VOCs 更易吸附。但若结构类似且相对分子质量相近，则不饱和性越大的 VOCs 越易被吸附。常用吸附剂的主要物理性质如表 4.2 所列。

表 4.2　常用吸附剂的主要物理性质

吸附剂类型	活性炭	活性氧化铝	硅　胶	沸石分子筛		
				4A	5A	13X
堆积密度/($kg \cdot m^{-3}$)	200~600	750~1 000	800	800	800	800
空隙率/%	0.33~0.55	0.40~0.50	—	0.30	0.30	0.40
比表面积/($m^2 \cdot g^{-1}$)	600~1 400	210~360	600	600~1 000	600~1 000	600~1 000
微孔体积/($cm^3 \cdot g^{-1}$)	0.5~1.4	0.3~0.8	—	0.4	0.5	0.6
平均孔径·10^{10}/m	20~50	40~120	22	4	5	13
比热容/($kJ \cdot kg^{-1} \cdot K^{-1}$)	0.84~1.05	0.88~1.00	0.92	0.794	0.794	—
再生温度/K	373~413	473~523	393~423	473~573	473~573	473~573
操作温度上限/K	423	773	673	873	873	873

4.1.2　催化材料

催化材料是指一种能够降低化学反应所需能量、加速化学反应速率的物质。相比于过滤和吸附，催化可以快速地将有害气体进行氧化分解，变成无害气体，无二次污染，可达到彻底净化效果，而不是简单拦截和吸附。大气污染控制工程实验所关注的催化剂包括 SCR 脱硝催化剂、汽车尾气净化催化剂、有机废气净化催化剂、室内空气净化催化剂等；根据材料自身组成分类，有贵金属催化剂、碱金属催化剂、过渡金属催化剂、稀土金属催化剂、复合金属氧化物等；根据使用温度分类，有常温催化剂、低温催化剂和高温催化剂。大气污染控制工程实验中常用的包括常温催化剂和高温催化剂，目前中低温催化剂也逐渐开始推广使用。

气固相催化反应所用的固体催化剂一般由主催化剂（活性组分）、助催化剂和载体三部分组成：

> 主催化剂，是对加速化学反应起主要作用的成分，也叫活性组分，可作为催化剂单独使用，例如净化苯系物时用到的贵金属催化剂，是将贵金属 Pt 负载于 Al_2O_3 载体上得到的催化剂。如果没有 Pt，只有 Al_2O_3 载体，则不发生苯系物氧化反应，因此判断 Pt 是活性组分。

> 助催化剂，其本身无活性或活性不高，但是能显著提高活性组分的活性、选择性或稳定性，增强催化剂的催化效果。并不是所有催化剂都含有助催化剂，也可能是一种或多种助催化剂同时加入。助催化剂的种类、用量及加入方法不同，其影响效果也有所差别。助催化剂分为结构性助催化剂、调变性助催化剂和选择性助催化剂。结构性助催化剂可帮助增大催化剂表面，提高主催化剂分散性，防止活性组分的晶粒长大烧结，增强主催化剂结构稳定；调变性助催化剂的作用是改变主催化剂的化学组成、电子结构、表面性质和晶型结构，从而提高催化剂的活性及选择性；选择性助催化剂可选择性地屏蔽能引起副反应的活性中心，从而提高反应的选择性。许多反应的主催化剂都是固定的，可以通过改变助催化剂而设计出新的催化剂。

> 载体，起承载活性组分的作用，使催化剂具有合适的形状与粒度，从而增加表面积、增大催化活性、提高热稳定性、提供反应活性中心、提高催化剂抗中毒能力、与活性组分作用生成新的化合物、节约活性组分用量，并有传热、稀释和增强机械强度的作用。载体种类很多，大气污染控制工程实验中常用的是高比表面积载体，包括氧化铝、分子筛等。

大气污染控制工程实验发生的催化反应是气固相反应，属于多相反应，也叫非均相反应。催化材料的设计一般遵循以下顺序：① 文献调查气固相反应的热力学数据、前人研究成果、反应类型、作用机制等内容；② 设想反应的全部化学反应式；③ 假设反应的机理；④ 基于反应要求及有关经验选择催化剂活性组分；⑤ 制备催化剂并进行性能评价；⑥ 选择载体；⑦ 制备负载型催化剂并进行性能评价；⑧ 选择催化剂次要组分，对现有催化剂进行改性；⑨ 制备改性负载型催化剂并进行性能评价；⑩ 确定最佳催化剂基本组成；⑪ 优化制备工艺条件。

净化气态污染物的常用催化材料如表 4.3 所列。为了满足降低阻力、均布气流和防止磨损等多样化的应用需求，商用催化剂需要成型为颗粒状、蜂窝状和波纹形。部分催化剂还需要负载在惰性多孔载体材料的表面，以适应特定的应用环境。例如，室内空气净化中，为了提高净化效率，降低气流阻力，催化剂最好制备成蜂窝状。

催化材料设计时应符合以下理念：① 具有较大比表面积，对反应分子的吸附性能强；② 活性组分分散度好，对特定气体的催化作用明显；③ 在气固相反应中表现出优异的活性、选择性和稳定性;④ 抗中毒能力强;⑤ 催化剂表面有合适的酸碱性和表面官能团;⑥ 具有良好的再生性能;⑦ 具有特定的晶格缺陷和暴露晶面。

表 4.3 净化气态污染物的常用催化材料

用　途	主要活性物质	载　体	助催化剂
SO_2 氧化为 SO_3	V_2O_5,6%～12%	SiO_2	K_2O 或 Na_2O
HC 和 CO 氧化为 CO_2 和 H_2O	Pt、Pd、Rh	Ni、NiO	—
	CuO、Cr_2O_3、Mn_2O_3 和稀土类氧化物	Al_2O_3	—
苯、甲苯氧化为 CO_2 和 H_2O	Pt、Pd 等	Ni 或 Al_2O_3	—
	CuO、Cr_2O_3、MnO_2	Al_2O_3	—
汽车排气中 HC 和 CO 的氧化	V_2O_5,4%～7%;CuO,3%～7%	Al_2O_3-SiO_2	Pt,0.010%～0.015%
NO_x 还原为 N_2	Pt 或 Pd 0.5%	Al_2O_3-SiO_2,Al_2O_3-MgO,Ni	—
	$CuCrO_2$	Al_2O_3-SiO_2,Al_2O_3-MgO	

1. 常温催化材料

常温催化材料就是一种在常温常压下使多种有害有味气体分解成无害无味物质,通过催化分解将甲醛、苯、二甲苯、甲苯等有害气体氧化成水和二氧化碳,是继光催化空气净化材料之后的又一种新型空气净化材料。常温催化材料通过催化氧化反应处理污染气体,在反应前后其催化剂组成不会变化,因此可以长期使用。根据活性组分的组成不同,常温催化材料主要分为贵金属催化材料和金属氧化物催化材料。贵金属催化材料是将 Pt、Pd、Rh、Au、Ag 等贵金属负载在不同类型的载体上(如 TiO_2、SiO_2、Al_2O_3)制得的催化剂,而金属氧化物催化材料是将 MnO_2、CeO_2 等非贵金属氧化物负载在不同类型的载体上制得的。目前,常温催化材料也存在一些缺点:贵金属催化剂的高昂价格使其不适于大规模商用;金属氧化物催化剂价格便宜但催化活性较低且易失活。因此,降低贵金属的使用量及提高金属氧化物催化材料的催化活性是常温催化材料的研究重点。

2. 高温催化材料

高温催化材料是指在高温条件下通过催化反应降解气体污染物的催化剂。催化材料多具有针对性,实际应用中以汽车三元催化、柴油尾气及烟气脱硝催化、工业除 VOCs 催化等为代表。汽车三效催化剂由蜂窝多孔陶瓷为载体,载体表面涂覆铈锆固溶体负载 Pd、Pt、Rh 组成,通过催化反应使汽油车排放的 CO、HC、NO_x 三种有害成分同时得到净化;由于 Pd 的价格在贵金属中最低,因此开发 Pd-Rh 配方催化剂代替 Pt-Rh,开发单 Pd 型催化剂也是当前研究热点之一,所研究的催化剂包括 $Ce_{0.6}Zr_{0.4-x}Pr_xO_2$($x = 0.05, 0.10, 0.15$)、$Ce_{0.6}Tb_{0.1}Zr_{0.3}O_2$、$Pd/Ce_{0.6}Zr_{0.4-x}Y_xO_2$($x = 0, 0.03, 0.05, 0.1$)、$Pd/Al_2O_3 + CeO_2 - ZrO_2 - MnO_x$ 等都是三效催化剂研究的热点。

柴油机尾气中硫含量较高,因此对贵金属催化剂的低温催化活性和抗硫性提出了更高的要求,为了改进催化剂的性能,学者们试图通过研究双金属催化剂来提高单 Pt 催化剂的催化性能,例如三维大孔的 Pt - Au/CeO$_2$ 催化剂、Mo 改性的 Pt/Ce - Zr 催化剂、Ce$_{0.64}$Mn$_{0.13}$R$_{0.23}$O$_x$ (R＝La,Zr 和 Y)催化剂等。

在 NH$_3$ - SCR 脱硝系统中,催化剂是高效、选择性地将 NO$_x$ 转化为 N$_2$ 的技术核心。为保证脱硝效率及降低运行成本,催化剂需要满足较高的热稳定性、机械强度、N$_2$ 选择性等要求。目前,金属氧化物催化剂是脱硝催化剂的研究重点。SCR 脱硝催化剂最常用的催化剂为 V$_2$O$_5$ - WO$_3$(MoO$_3$)/TiO$_2$ 系列(TiO$_2$ 作为主要载体,V$_2$O$_5$ 为主要活性成分,WO$_3$、MoO$_3$ 为抗氧化、抗毒化辅助成分)。钒基催化剂作为中高温催化剂(350～450 ℃)具有温度窗口,然而钢铁、水泥、垃圾焚烧这些非电行业的烟气温度普遍较低(<300 ℃),无法满足使用需求,且钒基催化剂还有操作窗口狭窄、钒有生物毒性、易碱金属中毒、高温生成 N$_2$O 等缺点。因此,目前对于研发环境友好、操作温度宽的脱硝催化剂有迫切需求。研究发现,混合型的 Ce - Ti、Ce - W、Ce - Mn 和负载型的 Ce/Ti、Ce/Al、Ce/Zr 等催化剂均表现出良好的脱硝活性,有望开发出中低温 SCR 催化剂。

4.1.3 过滤材料

过滤是指在推动力或者其他外力作用下,含固体颗粒气体中的气体透过介质、固体颗粒及其他物质被过滤介质截留,从而使固体及其他物质与气体分离的过程。在大气污染控制工程实验中,用作烟尘净化的袋式除尘器及室内空气颗粒物过滤所采用的粗、中、高效过滤器都采用了不同的过滤材料。可以说,过滤材料是袋式除尘器和空气净化器的核心部分,对过滤性能影响很大。以袋式过滤器材料为例,按材料成分分为天然纤维、无机纤维和合成纤维等;按结构分为滤布和毛毡两类。不同的过滤材料适合不同颗粒物情况使用,净化粉尘的常用过滤材料如表 4.4 所列。

表 4.4　净化粉尘的常用过滤材料

纤维种类	粉尘种类	清灰方式	过滤气速/ (m·min^{-1})	粉尘比阻力系数/ [N·min·(g·m)$^{-1}$]
玻璃、丙烯酸	电炉	逆气流、机械振动	0.46～1.22	7.5～11.9
聚酯	硫酸钙		2.28	0.067
玻璃、诺梅克斯、聚四氯乙烯、丙烯酸	炭黑	逆气流、机械振动	0.34～0.49	3.67～9.35
聚酯	白云石	逆气流	1.00	112
玻璃	飞灰(焚烧)	逆气流	0.76	30.00
棉、丙烯酸	石膏	机械振动	0.76	1.05～3.16
诺梅克斯	氧化铁		0.64	20.17
玻璃	石灰窑	逆气流	0.70	1.50
聚酯	氧化铅	逆气流、机械振动	0.30	9.50
玻璃	烧结灰	逆气流	0.70	2.08
玻璃、聚四氯乙烯	飞灰(焚烧)	逆气流、脉冲喷吹、机械振动	0.58～1.8	1.17～2.51
玻璃	飞灰(焚烧)	逆气流	1.98～2.35	0.79
玻璃、丙烯酸、聚酯	水泥	机械振动	0.46～0.64	2.00～11.69
玻璃、丙烯酸	铜	逆气流、机械振动	0.18～0.82	2.51～10.86

　　过滤材料设计时应符合以下理念：① 材料设计应结合含尘气体的特征，如颗粒和气体性质（温度、湿度粒径和含尘浓度等）。② 过滤材料尽量具有以下特点，纤维具有一定细度、比表面积大、空隙率高、过滤阻力小、容尘量大、吸湿性小、使用寿命长。③ 过滤材料的机械性能应符合耐热、耐磨、耐腐蚀和机械强度高的要求。④ 过滤材料表面结构应在考虑范围内，例如表面光滑容尘量小，但清灰方便，适用于含尘量低、黏度大的粉尘，过滤速度不宜过高；而表面起毛的过滤材料，容尘量大，颗粒物能深入滤料内部，可以采用较高的过滤速度，但必须及时清灰。

　　纤维以其比表面积大、体积蓬松、价格低廉、容易加工成型等特点自始至终占据了过滤材料的绝大部分市场，而其中的非织造纤维材料以其成布工艺短，可省去纺纱、整经、织造等多个程序，成本低且过滤性能好，成为空气过滤材料的主导产品。非织造过滤材料的主要原料有聚丙烯、聚酯、聚酰胺、聚苯硫醚、聚四氟乙烯、芳族聚酰亚胺、偏芳族聚酰胺、三聚氰胺等有机纤维，以及玻璃纤维、陶瓷纤维、金属纤维等无机纤维。

1. 有机纤维

　　有机纤维根据原料不同，可分为聚丙烯、聚酯、聚酰胺、聚苯硫醚、聚四氟乙烯、芳族聚酰亚胺、偏芳族聚酰胺、三聚氰胺等过滤材料。以聚丙烯（PP）过滤材料为例，其属于熔喷非织造材料，具有纤维超细、比表面积大、孔隙小、空隙率高等特点，在一般性过滤中能够发挥高效、低阻、节能的优势，达到良好的滤除粉尘和细菌等有害颗粒的目的。影响聚丙烯过滤材料过滤性能的因素有纤网自身因素，如纤维直径、纤网孔径、厚度和纤网密度等；同时也有测试条件因素，如气溶胶颗粒物、过滤风速和气溶胶浓度等。在使用过滤材料时，应根据周围的空气环境选用合适组成的聚丙烯过滤材料，以达到节能增效、经济环保的目的。

2. 玻璃纤维

　　玻璃纤维应用至今已有 80 多年的历史。我国的玻璃纤维过滤材料研究可分为 6 大类：圆筒布过滤材料、平幅布过滤材料、膨体纱过滤布、针刺毡过滤材料、复合毡过滤材料和覆膜过滤材料。玻璃纤维过滤材料在国内各个工业部门的高温烟气除尘领域已得到广泛应用，对高温烟气除尘、环境保护、产品回收等做出了积极贡献。玻璃纤维滤材在高效和超高效空气过滤器生产中也占有重要地位，可用这些纤维制作高效空气过滤器（HEPA）和超高效空气过滤器（ULPA）。但玻璃纤维耐折和耐磨性差，毡与基布的剥离强度低，在使用过程中因频繁清灰而容易磨损、折断，影响其使用寿命。因而玻璃纤维不宜单独应用，通常与其他高温滤料复合后应用于除尘。

3. 陶瓷纤维

　　陶瓷纤维过滤技术是近年来发展较快的过滤技术之一，脱硝除尘陶瓷纤维管是以陶瓷纤维复合材料为支撑，通过负载一种环境友好型稀土贵金属氧化物体系的纳米脱硝催化剂，而制备的除尘脱硝一体化的过滤元件，可在建材、化工、冶金及垃圾焚烧领域应用，以满足国家大气污染综合排放标准中对粉尘、氮氧化物、硫化物的排放要求。其优点在于孔隙率高、气阻小、过滤精度高、不易燃烧、性能稳定、耐酸碱腐蚀、使用寿命长、可内部负载催化剂。

4. 静电纺纳米纤维

　　静电纺丝技术是目前制备纳米纤维最重要的方法，静电纺纳米纤维作为一种发展日益成熟的新型纤维材料，其与传统的纤维材料相比具有高比表面积、直径小、质量轻、孔隙率高以及吸附力强的优点。静电纺纳米纤维在空气颗粒过滤中具有优势，将逐步取代传统纤维应用于各种高效空气过滤装置中。

4.1.4 吸收材料

吸收法是利用吸收液与污染物的特异性作用（如溶解、络合、化学反应等）以达到去除气态污染物的目的，是溶质从气相传递到液相的相际间传质过程，该技术是工业大气污染控制常用的一类技术。在大气污染控制工程实验中，选用吸收法时，应针对不同的污染物反应特征，选择不同吸收材料，目前吸收法主要应用于净化甲醛、VOCs、NO_x、SO_2、CO_2 等气体领域。

1. 甲醛吸收材料

甲醛吸收材料主要指与甲醛进行络合、氧化、加成等反应的各类吸收液，甲醛具有还原性，其可与具有强氧化性的无机物反应，常见的强氧化剂有过氧化氢、次氯酸、二氧化锰、过硫酸氢钠、过硼酸钠等；醛类中的碳氧双键易与亲核试剂发生亲核加成反应。能和甲醛发生亲核加成反应的物质主要有氨类、胺类衍生物、酚类物质和甲基上有活泼氢的物质等四大类，包括：尿素、氨基脲等；含有胺基的有机物质如羟氨、肼、苯肼、2,4-二硝基苯肼以及氨基脲等物质；含有间苯二酚结构的酚类物质；乙酰乙酸甲酯、丙二酸二甲酯等。此外，市场上热门的光触媒和生物酶液体也可作为甲醛吸收材料。

2. 有机废气吸收材料

根据有机物相似相溶原理，常采用沸点较高、蒸气压较低的柴油、煤油作为溶剂，使 VOCs 从气相转移到液相中，然后对吸收液进行解吸处理，回收其中的 VOCs，同时使溶剂得以再生。当吸收剂为水时，采用精馏处理就可以回收有机溶剂；当吸收剂为非水溶剂时，从降低运行成本考虑，常需进行吸收剂的再生。阴离子表面活性剂十二烷基苯磺酸钠（Sodium Dodecyl Benzene Sulfonate，SDBS）、非离子表面活性剂 Tween20（Polyethylen Eglycol Sorbitan Mono-laurate）等一种或多种表面活性剂也可作为不同种类工业废气的吸收材料。柠檬酸钠溶液对于甲苯废气也有较好的吸收效果。

3. NO_x 吸收材料

氮氧化物（NO_x）主要包括 N_2O、NO、N_2O_3、NO_2、N_2O_4、N_2O_5 等化合物，其中造成大气污染的主要是 NO 和 NO_2，NO_x 组成中占到 90%～95% 的是不易溶于水的 NO。因此吸收法脱硝时，往往采用液相或气相氧化法将 NO 氧化成高价态的 NO_x，之后再利用吸收材料进行吸收。吸收法主要包括碱液吸收法、液相还原吸收法和液相络合吸收法等几大类。

① 碱液。碱性溶液和 NO_2 反应生成硝酸盐和亚硝酸盐，碱性溶液和 N_2O_3（$NO+NO_2$）反应生成亚硝酸盐。碱性溶液可以是钠、钾、镁、铵等离子的氢氧化物或弱酸盐溶液，例如氢氧化钠、碳酸钠等。

② 还原剂。该法用液相还原剂将 NO_x 还原为 N_2，即湿式分解法。常用的还原剂有亚硫酸盐、硫化物、硫代硫酸盐、尿素水溶液等。

③ 络合剂。液相络合吸收法是利用液相络合剂直接同 NO 反应的方法。目前研究过的 NO 络合吸收剂有 $FeSO_4$、$Fe(II)-EDTA$ 和 $Fe(II)-EDTA-Na_2SO_3$ 等。

4. SO_2 吸收材料

SO_2 性质活泼，极易溶于水，并与水发生反应，因此特别适合湿法工艺，近年研究较多的有湿法烟气脱硫，较为成熟的技术有：石灰石-石膏法、碱式硫酸铝法、有机胺法等。此外，有机溶剂也可作为 SO_2 吸收材料，如二甲基亚砜 $DMSO-Mn^{2+}$、有机胺等。

5. CO_2 吸收材料

吸收法捕集 CO_2 分为物理吸收和化学吸收。物理吸收是利用 CO_2 在吸收材料中的溶解度随压力而改变的原理吸收 CO_2 气体;化学吸收法则是利用 CO_2 与吸收剂在吸收塔内进行化学反应而形成一种弱联结的中间体化合物,然后在再生塔内加热富 CO_2 吸收液使 CO_2 解吸出来,同时吸收剂得以再生。物理吸收剂包括水、甲醇、碳酸丙烯酯等;化学吸收剂包括醇胺类吸收剂以及热碳酸钾水溶液等,其中醇胺类吸收剂中的乙醇胺(MEA)是目前使用范围最广的吸收剂种类。

4.2　污染气体净化材料制备方法

制备方法随净化材料应用目标的变化也不尽相同,即使是同样化学组成的材料也因具体要求不同而具有多种多样的制备及控制步骤。在大气污染控制工程实验中,过滤材料和吸收材料一般直接选用成品材料,实验室制备的净化材料主要为吸附剂和催化剂两种。本节主要介绍催化剂和吸附剂的实验室制备方法。

4.2.1　催化材料制备方法

催化材料也称催化剂。不同催化材料制备方法不同,同种催化材料制备方法也存在差异。催化剂的制备一般包括一些连续的基本阶段或单元操作,如沉淀、结晶、老化、干燥、成型、焙烧等。对于某些催化剂的制备,将某单元操作的两种或两种以上按照一定方式或顺序进行组合,就形成了催化剂制备的具体制备工艺路线。因此,制备方法多种多样。常用的催化剂制备方法包括溶胶凝胶法、沉淀法、水热法、微乳液法、模板法、浸渍法、喷涂法、冷冻干燥法、混合法、熔融法、微波法等,本小节主要介绍代表性的制备方法,其中沉淀法、水热法、模板法等方法也用于制备吸附剂等其他材料,模板法将在 4.2.2 小节中进行介绍。

根据所制备催化剂的特点分类,可将催化剂制备方法的类型分为无载体催化剂和负载型催化剂。无载体催化剂是指完全由活性物质组成的催化剂,负载型催化剂是指将活性组分负载于氧化铝、硅胶、分子筛等载体上。两种催化剂的传统制备方法及所需要的基本单元操作如表 4.5 所列。

表 4.5　催化剂传统制备方法及所用单元操作

无载体催化剂		负载型催化剂	
可选制备方法	单元操作示例	可选制备方法	单元操作示例
溶胶-凝胶法	沉淀与共胶	浸渍法	浸渍
沉淀法	老化	吸附法	吸附
水热合成法	洗涤	离子交换法	离子交换
热分解法	过滤	均相催化剂负载法	干燥
熔融法	干燥		焙烧活化
微乳液法	成型		
	焙烧活化		
	还原活化		

1. 溶胶-凝胶法

溶胶-凝胶法(Sol - Gel 法,简称 S - G 法)是指有机金属化合物或无机盐经过溶液、溶胶、凝胶而固化,再经热处理而成为氧化物或其他固体化合物的方法。溶胶是一种特殊的分散体系,是由溶质和溶剂组成的亚稳定体系。溶胶-凝胶法的基本过程是将易于水解的金属化合物,如无机盐或金属醇盐或酯,作为前驱体在液相下均匀混合,进行水解、聚合反应,在溶液中形成透明溶胶体系,溶胶经过一段时间老化或干燥处理,胶粒间缓慢聚集,形成连续的三维空间网络结构,网络间充满失去流动性的溶剂,形成凝胶。凝胶由固体骨架和连续相组成,经干燥除去液相后凝胶收缩成干凝胶,干凝胶经焙烧后即制得所需材料或粉体。简单来说,可分为以下几个步骤:前驱体制备、水解反应与聚合反应、老化、干燥、焙烧。该技术的关键在于获得高质量的溶胶和凝胶。溶胶-凝胶法具有生产成本相对较低、镀膜效率高、镀膜均匀性好等优点,是一种制备纳米材料的先进技术。

溶胶-凝胶法的不足之处在于:① 所用原料多数为有机化合物,成本高且对人体有害;② 工艺过程长,反应涉及大量操作变量,如温度、浓度、pH 值等,对过程难以完全掌握;③ 凝胶后处理条件对制品影响较大,如干燥条件控制不好,所得半成品容易开裂,若焙烧条件控制不好,则材料容易残留碳,使材料变黑。溶胶-凝胶法工艺流程图如图 4.1 所示。

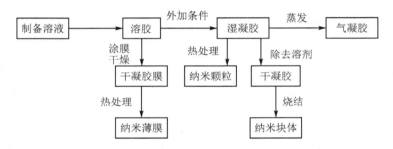

图 4.1　溶胶-凝胶法工艺流程图

2. 沉淀法

沉淀法在工业中几乎是所有固体催化剂制备过程中都离不开的操作,大多是在金属盐的水溶液中加入沉淀剂,制成水合氧化物或难溶或微溶的金属盐类结晶或凝胶,从溶液中沉淀、分离,再经洗涤、干燥、焙烧等工序处理制得,即使是用浸渍法制备负载型催化剂,也会用到沉淀操作。共沉淀法是沉淀法中最常用的方法之一,是指在溶液中含有两种或多种阳离子,其以均相存在于溶液中,加入沉淀剂(如 OH^-、CO_3^{2-} 等),经沉淀反应后,可得到各种成分的均一的沉淀,经过过滤、洗涤、干燥、灼烧等过程得到产物,该方法是制备含有两种或两种以上金属元素的复合氧化物超细粉体的重要方法。

沉淀的形成是一个复杂的过程,并有许多副反应发生。一般情况下,沉淀的形成会经过晶核形成和晶核长大两个过程,如图 4.2 所示。

图 4.2　沉淀形成过程示意图

生成沉淀是晶形还是非晶形,取决于沉淀过程的聚集速率及定向速率的相对大小。如果聚集速率大,定向速率小,即离子很快聚集起来生成大量沉淀微粒,来不及进行晶格排列,则得到非晶形沉淀,反之得到晶形沉淀。沉淀法广泛用于制备高含量的金属氧化物、非贵金属及金属盐催化剂,也用于制备氧化铝、硅胶等常用的催化剂载体。制备工艺如图 4.3 所示。

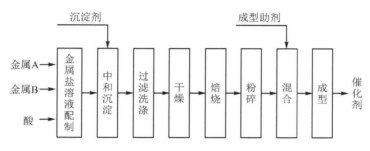

图 4.3　共沉淀法工艺流程图

3. 水热法

水热法是在特制的密闭反应容器(高压釜)里,采用水溶液作为反应介质,通过加热反应容器,创造一个高温($100\sim1\,000\,℃$)、高压($1\sim100\,MPa$)的反应环境,使得通常难溶或不溶的物质溶解并晶化或转晶。水热法是一种重要的无机合成方法,可用于合成沸石分子筛、介孔分子筛、纳米催化材料及水晶单晶等新型材料。按照处理对象的不同,水热法可分为水热合成法、水热反应、水热处理、水热晶体生长及水热烧结等,分别用于生长各种单晶,或制备超细、无团聚或少团聚、结晶完好的粉体催化材料或其他功能性材料。

水热法晶体生长主要是利用高温反应釜上下部分溶液之间存在的温度差,使反应釜内溶液产生强烈对流,将未饱和溶液从高温区带到低温区,形成过饱和溶液。因此,根据经典的晶体生长理论,水热条件下晶体生长包括以下步骤:

① 前驱体在水热介质里溶解,以离子、分子团形式进入溶液(溶解阶段);

② 由于体系中存在十分有效的热对流及溶解区和生长区之间的浓度差,这些离子、分子或离子团被输送到生长区(输运阶段);

③ 离子、分子或离子团在生长界面上的吸附、分解与脱附;

④ 吸附物质在界面上的运动;

⑤ 结晶(步骤③~⑤均为结晶阶段)。

一般来说,水热法合成的单元操作程序取决于材料的性质,其工艺流程大致可分为:① 选择所需原料;② 确定反应配方;③ 摸索并决定加料顺序,混料搅拌;④ 装入反应釜;⑤ 确定反应工艺条件(温度、压力、反应时间等);⑥ 进行反应;⑦ 冷却,开反应釜;⑧ 过滤、干燥;⑨ 材料性能评价、表征与分析。水热法工艺流程如图 4.4 所示。

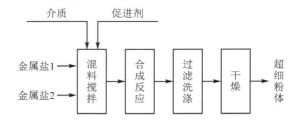

图 4.4　水热法工艺流程图

4. 微乳液法

一般将颗粒大小在 $0.2\sim50\,\mu m$ 之间,呈乳白色、不透明的液状体系称为乳状液。微乳液通常由表面活性剂、助表面活性剂、溶剂和水(或水溶液)组成。在此体系中,两种互不相溶的连续介质被表面活性剂双亲分子分割成微小空间形成微型反应器,其大小可控制在纳米级范围,反应物在体系中反应生成固相粒子。由于微乳液能对纳米材料的粒径和稳定性进行精确控制,限制了纳米粒子的成核、生长、聚结、团聚等过程,从而形成的纳米粒子包裹有一层表面活性剂,并有一定的凝聚态结构。微乳液法与传统的制备方法相比,具有明显的优势和先进性,是制备单分散纳米粒子的重要手段。微乳液具有以下特性:分散相质点大小在 0.01～0.1 μm,质点大小均匀,显微镜不可见;质点呈球状;微乳液呈半透明至透明,热力学稳定,如果体系透明,流动性良好,且用离心机 100g 的离心加速度分离 5 min 不分层,则即可认为是微乳液;与油、水在一定范围内可混溶。分散相为油、分散介质为水的体系称为 O/W 型微乳状液,反之称为 W/O 型微乳状液。微乳液一般需加较大量的表面活性剂,并需加入辅助表面活性剂(如极性有机物,一般为醇类)方能形成。微乳液法工艺流程如图 4.5 所示。

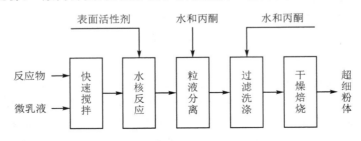

图 4.5 微乳液法工艺流程图

微乳液法的关键是配方,其性质只与配方有关,与制备方法和条件无关。其不足之处在于溶液的配制烦琐,纳米材料产率不高。

5. 浸渍法

将预先制备或选定的固体粉末或一定形状及尺寸的已成型的固体(载体或含主体的催化剂)浸泡在含有活性组分(主、助催化组分)的可溶性化合物溶液中,接触一定的时间。在浸渍平衡后,把剩余的液体除去,再经过干燥、焙烧、活化等步骤,使得活性组分以离子或化合物的形式均匀分布在固体上,这种制备方法称为浸渍法。浸渍法主要用于负载型催化剂的制备,广泛应用于汽车尾气净化等负载型催化剂的制备,尤其适用于贵金属催化剂或需要高机械强度的催化剂。

活性溶液必须浸在载体上,常用的多孔性载体有氧化铝、氧化硅、活性炭、硅酸铝、硅藻土、浮石、石棉、陶土、氧化镁、活性白土等,载体可以用粉状的,也可以用成型后的颗粒状的。浸渍法的基本原理:一方面是因为固体的孔隙与液体接触时,由于表面张力的作用而产生毛细管压力,使液体渗透到毛细管内部;另一方面是活性组分在载体表面上的吸附。为了增加浸渍量或浸渍深度,有时可预先抽空载体内空气,使用真空浸渍法;提高浸渍液温度(降低其黏度)和增加搅拌,效果相近。沉积在催化剂载体上金属的最终分散度取决于许多因素的相互作用,这些因素包括浸渍方法、吸附的强度,以及加热与干燥时发生的化学变化等。浸渍法工艺流程及影响因素如图 4.6 所示。

浸渍法具有以下优点:

➤ 可以用即成外形与尺寸的载体,省去催化剂成型的步骤。国内外均有市售的各种催化剂载体供应。

➤ 可选择合适的载体,提供催化剂所需物理结构特性,如比表面、孔半径、机械强度、导热率等。

➤ 负载组分多数情况下仅仅分布在载体表面上,利用率高,用量少,成本低,这对铂、钯、铱等贵金属催化剂特别重要。

正因为如此,浸渍法可以说是一种简单易行而且经济的方法,广泛用于制备负载型催化剂,尤其是低含量的贵金属负载型催化剂。其缺点是其焙烧分解工序常产生废气污染。

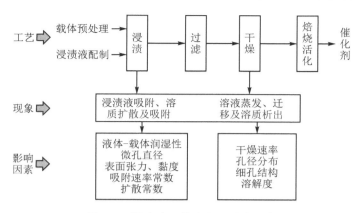

图 4.6　浸渍法工艺流程及影响因素

4.2.2　吸附材料制备方法

目前常用的吸附剂有活性炭、沸石分子筛、多孔黏土矿石、硅胶、活性氧化铝和高聚物吸附树脂等。由于各种吸附剂材料组成不同、形貌结构各异、吸附性能不同。不同吸附材料的制备方法也不同，氧化铝、硅胶等使用上一小节介绍的沉淀法制备，分子筛可使用上一小节介绍的水热法制备。本小节主要介绍活性炭制备方法以及分子筛有机分子模板制备方法。

1. 活性炭制备方法

活性炭制备方法有两种，化学活化法和物理活化法。

（1）化学活化法

化学活化法就是通过将各种含碳原料与化学药品均匀混合后，在一定温度下，经过炭化、活化、回收化学药品、漂洗、烘干等过程制备活性炭。磷酸、氯化锌、氢氧化钾、氢氧化钠、硫酸、碳酸钾、多聚磷酸和磷酸酯等都可作为活化剂，不同活化剂发生的化学反应不同，有些对原料有侵蚀、水解或脱水作用，有些起氧化作用，但都对原料的活化有一定的促进作用，其中最常用的活化剂为磷酸、氯化锌和氢氧化钾。化学活化法的活化原理尚不清楚，一般认为化学活化剂具有侵蚀溶解纤维素的作用，并且能够使原料中的碳氢化合物所含有的氢和氧分解脱离，以 H_2O、CH_4 等小分子形式逸出，从而产生大量孔隙。此外，化学活化剂能够抑制焦油副产物的形成，避免焦油堵塞热解过程中生成的细孔，从而可以提高活性炭的吸收率。

（2）物理活化法

物理活化法通常又称气体活化法，是将已炭化处理的原料在 $800 \sim 1\,000\ ℃$ 的高温下与水蒸气、烟道气（水蒸气、CO_2、N_2 等的混合气）、CO 或空气等活化气体接触，从而进行活化反应的过程。物理活化法的基本工艺过程主要包括炭化、活化、除杂、破碎（球磨）、精制等工艺，制备过程清洁，液相污染少。

实验室制备活性炭大多期望得到纯净的低灰分活性炭，因此主要方法是将工业制备方法的实验室化或者是将工业活性炭进行活化再处理。

2. 有机分子模板法

有机分子模板法是合成新型分子筛的重要方法之一。模板法是将某些有机分子（主要是表面活性剂）作为模板，通过物理或化学的方法将相关材料沉积到模板的孔中或表面而后移去模板，得到具有模板规范形貌与尺寸的材料的过程。

用此方法合成分子筛时,受模板剂性质的制约,模板剂可与成凝胶的无机物之间相互作用,达到实现电性匹配和结构导向的作用,从而控制合成分子筛的结构、形状、孔大小。模板法合成纳米材料与直接合成相比具有诸多优点,主要表现为:① 以模板为载体,可精确控制纳米材料的尺寸和形状、结构和性质。② 实现纳米材料合成与组装一体化,同时可以解决纳米材料的分散稳定性问题。③ 合成过程相对简单,很多方法适合批量生产。

最常用的合成分子筛的模板剂是各种类型的表面活性剂,其中离子型表面活性剂应用最多,如三乙胺、二正丙胺、二异丙胺、多种混合类模板剂等。其制备过程为:① 将水与磷酸按一定比例混合放入三口瓶中,搅拌均匀后加入铝源,待铝源加入完毕后,搅拌一定时间,加入一定量的有机模板剂,再搅拌一定时间,然后加入硅源,经过一定时间的搅拌后,测定乳液的 pH值。② 将乳液装入不锈钢高压釜中密封,在自生压力、晶化温度下晶化一定时间。③ 晶化产物经过滤、洗涤,在一定温度下干燥一定时间后,即得分子筛原粉;可通过调节分子筛的用量和配比的方式来调变分子筛的晶形。以合成有序介孔碳为例,其路径示意图如图 4.7 所示。

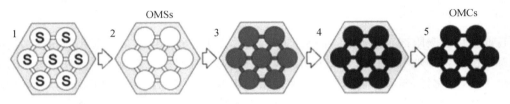

1—硅源和表面活性剂的自组装;2—将模板剂去除后获得有序介孔硅模板剂;3—碳源填充在模板剂的孔道中;
4—碳源在孔道中炭化;5—用氢氟酸溶液或者氢氧化钠溶液去除硅模板后获得有序介孔碳

图 4.7　硬模板法合成有序介孔碳的路径

4.3　污染气体净化材料制备常用装备

实验室催化剂的制备包括一些连续的基本阶段或单元操作,如加热搅拌、水热反应、沉淀、结晶、老化、过滤、干燥、焙烧、研磨、压片、筛分等。对应不同单元操作,会用到不同的装备。本节主要介绍大气污染控制工程实验净化材料制备的常用装备。

4.3.1　加热搅拌装置

材料制备过程初始,前体物质需混合溶解发生共沉淀、结晶、凝胶、混合过程,该过程要求前体物质缓慢加入不断搅拌的溶液中,因此用到加热搅拌装置。该装置是用于搅拌或同时加热搅拌低黏稠度的液体或固液混合物。搅拌功能是通过位于工作盘下面的永久磁铁驱动磁力搅拌子,永久磁铁可以穿透工作盘面,磁铁直接固定于马达的转轴上;加热功能是通过底盘加热装置,配合温度传感器(热电耦)进行工作。加热搅拌装置图如图 4.8 所示。

图 4.8　加热搅拌装置图

4.3.2　反应装置

反应釜是综合反应容器,是可发生物理或化学反应的容器。通过对容器的结构设计与参数配置,实现工艺要求的加热、蒸发、冷却及低高速的混配功能。根据釜体材质可分为碳钢反应釜、不锈钢反应釜及搪玻璃反应釜(搪瓷反应釜)、钢衬反应釜。材料制备通常采用不锈钢反应釜或搪玻璃反应釜,根据其功能可分为常规反应釜和加热加压反应釜两种。常规反应釜的结构主要由釜体和釜盖组成,一般配合真空干燥箱使用;加热加压反应釜主要由釜体、釜盖、搅拌器、传动装置、加热/冷却装置、温度控制装置、压力控制装置、安全阀等组成。反应釜装置图如图 4.9 所示。

图 4.9　反应釜装置图

4.3.3　抽滤装置

抽滤,又称减压过滤、真空过滤。材料制备过程中的抽滤常用到的装置有布氏漏斗、抽滤瓶、胶管、抽气泵、滤纸等。大气污染控制工程实验室常采用循环水真空泵抽真空,其极限真空一般为 2 000～4 000 Pa,可使液固混合物快速抽干,达到分离目的。其操作过程为:① 安装仪器,检查布氏漏斗与抽滤瓶之间的连接是否紧密,抽气泵连接口是否漏气;抽滤瓶上配一单孔塞,布氏漏斗安装在塞孔内。② 修剪滤纸,使其略小于布式漏斗,但要把所有的孔都覆盖住,并滴加蒸馏水使滤纸与漏斗连接紧密;往滤纸上加少量水或溶剂,轻轻开启水龙头,吸去抽滤瓶中部分空气,以使滤纸紧贴于漏斗底上,以免在过滤过程中有固体从滤纸边沿进入滤液中。③ 打开抽气泵开关,开始抽滤。

在抽滤过程中,当漏斗里的固体层出现裂纹时,应用玻璃塞之类的东西将其压紧,堵塞裂纹。如不压紧则会降低抽滤效率;若固体需要洗涤时,则可将少量溶剂洒到固体上,静置片刻,再将其抽干。从漏斗中取出固体时,应将漏斗从抽滤瓶上取下,左手握漏斗管,倒转,用右手拍击左手,使固体连同滤纸一起落入洁净的纸片或表面皿上。揭去滤纸,再对固体做干燥处理。溶液应从抽滤瓶上口倒出。抽滤装置图如图 4.10 所示。

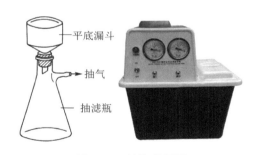

图 4.10　抽滤装置图

4.3.4　干燥装置

干燥在材料制备中意义重大。尽管干燥过程简单,但干燥程序合理与否,直接关系到干燥周期和干燥质量。干燥的参数设计与材料性质、组成、形状及含水率等相关,也直接影响材料的孔结构、晶粒形貌、比表面积和孔容、活性组分等。

根据加热或热能传给湿物料的方式,可分为传导干燥、对流干燥、辐射干燥和介质加热干燥等,在工业干燥装置中均有体现。实验室用的干燥箱根据不同原理可分为电热鼓风干燥箱和真空干燥箱两大类。电热鼓风干燥箱是在风机的作用下,快速地将物料表面挥发出来的挥发性物质通过空气交换而带走,从而达到快速干燥物料的作用;真空干燥箱专为干燥热敏性、易分解和易氧化的物质而设计,根据需要能够向内部充入惰性气体,更适合复杂成分物品进行快速的干燥处理。干燥箱装置图如图 4.11 所示。

图 4.11　干燥箱装置图

4.3.5　焙烧装置

焙烧是成型后已经干燥的材料在加热炉内按一定升温速度进行加热的过程,通常 300 ℃以下为低温焙烧,300～700 ℃为中温焙烧,700 ℃以上是高温焙烧。焙烧帮助材料发生晶相变化、再结晶和烧结等。工业制备材料所用的焙烧装置称为焙烧炉,而在实验室中常用到的是箱式炉和管式炉。① 箱式炉又称马弗炉,按加热元件区分有:电炉丝马弗炉、硅碳棒马弗炉、硅钼棒马弗炉;按额定温度区分有:900 ℃马弗炉、1 000 ℃马弗炉、1 200 ℃马弗炉、1 300 ℃马弗炉、1 600 ℃马弗炉、1 700 ℃马弗炉。② 管式炉可分为:单管、双管、卧式、可开启式、立式、单温区、双温区、三温区等多种管式炉型,具有安全可靠、操作简单、控温精度高、保温效果好、温度范围大、炉膛温度均匀性高、温区多、可选配气氛、可抽真空等特点。

马弗炉和管式炉尽管都是加热作用,但其实质区别在于容量、气氛、升降温速率几个方面,马弗炉相对于管式炉箱体容量更大,但只能在空气条件下焙烧;而管式炉可控制气氛,例如通过 5% 的 H_2 作为热还原气氛,同时可以控制升温和降温的速率,但容量较小。马弗炉和管式炉装置图如图 4.12 所示。

图 4.12　马弗炉和管式炉装置图

4.3.6　造粒装置

实验室材料制备后一般为粉状,为了对其进行材料研究和性能评价,需将其进行研磨、压片、筛分等一系列处理,保证煅烧后得到的样品进行压片,筛分形成 40～60 目的颗粒。造粒的目的:一方面是防止粉体分散;另一方面是减少反应床层的压降,改善气体分布的均匀性。① 研磨装置。研钵通常是实验中研碎实验材料的容器,配有钵杵。常用的为瓷制品,用杵在钵中将焙烧后结块的材料捣碎或研磨成粉体。② 压片装置。压片机将颗粒状或粉状物压制成片状,用于粉末状材料定型,以便后续筛分和装填。③ 筛分装置。实验室通常采用不锈钢筛网进行筛分。筛网具有严格的网孔尺寸,常用的尺寸有 40 目(孔径 0.425 mm)和 60 目(0.25 mm)。研磨、压片、筛分装置图如图 4.13 所示。

| 研磨 | 压片 | 筛分 |

图 4.13　研磨、压片、筛分装置图

除了上述装备以外,制备好的材料可存放在样品瓶或密封袋中,之后存放至干燥器中待测,以防止材料吸湿变性。此外,可根据需要存放在充满高纯惰性气体的真空手套箱内,或利用手套箱进行进一步处理。

4.4　污染气体净化材料表征方法

大气污染控制工程实验中,材料的成分、结构、形貌和物性的表征是建立材料构效关系的重要手段。表征方法按照实验数据类型可以分为图像类和谱图类两类,图像类有扫描电子显微镜(SEM)、原子力显微镜(AFM)和透射电子显微镜(TEM)分析等,其他基本属于谱图类。本节根据材料的成分、结构、形貌和物性的表征方法分类,介绍大气污染控制工程实验中常用的代表性的表征方法,并以碱金属改性锰氧化物催化材料为示例,帮助学生理解各种表征方法的作用。材料结构表征的方法包括 X 射线衍射(XRD)分析、拉曼光谱(Raman)分析、电子顺磁共振波谱(EPR)分析、傅里叶红外光谱(FT - IR)分析等。材料成分分析方法包括电感耦合等离子体-发射光谱(ICP - OES)分析、热重-质谱联用(TG/DTG - MS)分析、X 射线光电子能谱(XPS)分析等。材料形貌分析方法包括扫描电子显微镜(SEM)分析和透射电子显微镜(TEM)分析等。材料宏观物性分析方法包括 N_2 吸附-脱附(BET)分析、氢气程序升温还原(H_2 - TPR)分析、氧气程序升温脱附(O_2 - TPD)分析、水程序升温脱附(H_2O - TPD)分析等。对于气固反应机理表征,包括原位漫反射红外(In-situ DRIFTS)分析等。常用表征方法如表 4.6 所列。

表 4.6　常用表征方法及用途

目标分类	表征手段	用　途
结构分析	X 射线衍射(XRD)分析	测定材料晶体结构、应力、物相分析,物种分散程度
	拉曼光谱(Raman)分析	测定样品化学结构、相和形态、结晶度以及分子相互作用
	电子顺磁共振波谱(EPR)分析	分析化合物或矿物中不成对电子状态、固体晶格缺陷
成分分析	电感耦合等离子体-发射光谱分析(ICP - OES)	定性定量测定材料中元素,可以分析元素周期表中 70 多种元素
	热重-质谱联用(TG/DTG - MS)分析	测定热稳定性、热分解反应和热重降解过程,样品中不同化合物的种类、含量和结构等信息
	X 射线光电子能谱(XPS)分析	测定样品表面元素组成,检测样品表面元素的化学态和分子结构

目标分类	表征手段	用 途
形貌表征	扫描电子显微镜(SEM)分析	形貌观察与分析
	透射电子显微镜(TEM)分析	研究材料的结晶,观察纳米粒子的形貌、分散情况及测量和评估纳米粒子的粒径
宏观物性	N_2 吸附-脱附(BET)分析	获得氮气等温吸脱附曲线,通过 BET 公式计算比表面积、孔径分布等
	氢气程序升温还原(H_2-TPR)分析	检测材料的还原性能
	程序升温脱附(O_2-TPD,H_2O-TPD、NH_3-TPD)分析	检测材料储氧性能,例如晶格氧及吸附氧情况;检测催化剂的水吸附能力;检测酸性位点
机理分析	原位漫反射红外(In-situ DRIFTS)分析	实时检测材料原子结构变化,中间产物变化等;研究材料微观结构和反应活性以及探讨反应机理

4.4.1 X 射线衍射(XRD)分析

X 射线衍射(X-Ray Diffraction,XRD)是研究物质的物相和晶体结构的主要方法。当某物质(晶体或非晶体)进行衍射分析时,该物质被 X 射线照射后产生不同程度的衍射现象,物质组成、晶型、分子内成键方式、分子的构型、构象等物质特性决定该物质产生特有的衍射图谱。XRD 的典型应用可以分为定性和定量两部分,常用的 XRD 分析有以下 5 大类:① 物相定性;② 确定晶胞参数;③ 晶体取向度分析;④ 晶粒尺寸计算;⑤ 物相定量计算。

4.4.2 拉曼光谱(Raman)分析

拉曼光谱是一种无损的分析技术,是基于光和材料内化学键的相互作用而产生的,可以提供样品化学结构、相和形态、结晶度以及分子相互作用的详细信息。拉曼谱图通常由一定数量的拉曼峰构成,每个拉曼峰代表了相应的拉曼散射光的波长位置和强度。每个谱峰对应于一种特定的分子键振动,其中既包括单一的化学键,例如 C—C,C=C,N—O,C—H 等,也包括由数个化学键组成的基团的振动,例如苯环的呼吸振动,多聚物长链的振动以及晶格振动等。拉曼光谱是特定分子或材料独有的化学指纹,能够用于快速确认材料种类或者区分不同的材料。在拉曼光谱数据库中包含着数千条光谱,通过快速搜索,找到与被分析物质相匹配的光谱数据,即可鉴别被分析物质。

4.4.3 电子顺磁共振波谱(EPR)分析

电子顺磁共振(Electron Paramagnetic Resonance,简称 EPR),也称"电子自旋共振"(ESR),是研究核外不配对电子的磁矩与电磁辐射之间的相互关系的一种磁共振技术,是研究化合物或矿物中不成对电子状态的重要工具。可用于从定性和定量方面检测物质原子或分子中所含的不配对电子,并探索其周围环境的结构特性。常用的 EPR 分析有以下 4 大类:① 自由基中间产物的直接检测和分析;② 瞬态自由基的 EPR 检测方法及应用;③ 顺磁离子配合物的 EPR 谱研究;④ 固体中的晶格缺陷。大气污染控制工程材料表征常关注固体中的晶格缺陷。

4.4.4 电感耦合等离子体-发射光谱(ICP-OES)分析

电感耦合等离子体-发射光谱(ICP-OES)主要用于样品中元素的定性和定量分析,可以分析元素周期表中 70 多种元素。ICP - OES 强大的定量功能在样品元素分析中运用得非常广泛,涉及的领域包括纳米、催化等领域。其原理是高频电流经感应线圈产生高频电磁场,使工作气体(Ar)电离形成火焰状放电高温等离子体,等离子体的最高温度可达 10 000 K;试样溶液通过进样毛细管,经蠕动泵作用,进入雾化器雾化形成气溶胶,由载气引入高温等离子体,进行蒸发、原子化、激发、电离,并产生辐射;产生的特征辐射谱线,经光栅分光系统分解成代表各元素的单色光谱,由半导体检测器检测这些光谱能量,参照同时测定的标准溶液计算出试样溶液中待测元素的含量。

4.4.5　X 射线光电子能谱(XPS)分析

X 射线光电子能谱(X - ray Photoelectron Spectroscopy,XPS),是一种收集和利用 X -射线光子辐照样品表面时所激发出的光电子和俄歇电子能量分布的方法。XPS 可用于定性分析以及半定量分析,一般从 XPS 图谱的峰位和峰形获得样品表面元素成分、化学态和分子结构等信息,从峰强可获得样品表面元素含量或浓度。XPS 是一种典型的表面分析手段,只能进行表面分析的根本原因在于尽管 X 射线可穿透样品很深,但只有样品近表面一薄层发射出的光电子可逃逸出来。XPS 可以定性分析样品表面元素组成、样品表面元素的化学态和分子结构。

4.4.6　扫描电子显微镜(SEM)分析

扫描电子显微镜,简称扫描电镜,英文缩写 SEM(Scanning Electron Microscope)。SEM 用细聚焦的电子束轰击样品表面,通过电子与样品相互作用产生的二次电子、背散射电子等对样品表面或断口形貌进行观察和分析。用于观察并分析样品表面的组成、形态和结构。扫描电镜是用电子枪射出电子束聚焦后在样品表面上做光栅状扫描的一种方法,其通过探测电子作用于样品所产生的信号来观察并分析样品表面的组成、形态和结构。纳米材料的性质与其组成和表面形貌有很大的关系,利用扫描电镜分析纳米材料,可建立起纳米材料种类、微观形貌与宏观性质之间的联系,对于改进合成条件,制备出具有优异性能的纳米材料有很重要的指导意义。

4.4.7　透射电子显微镜(TEM)分析

透射电子显微镜(Transmission Electron Microscope,TEM),可以看到在光学显微镜下无法看清的小于 $0.2~\mu m$ 的细微结构,这些结构称为亚显微结构或超微结构。TEM 可在纳米和原子尺度上,对材料微结构与精细化学组分进行表征与分析。

4.4.8　N$_2$ 吸附-脱附(BET)分析

日常 BET 表述实际上是不准确的,而是氮气等温吸脱附曲线,是利用物理吸附仪通入氮气吸脱附表征材料孔道结构特征,氮气为吸附质,氦气或氢气作载气,两种气体按一定比例混合,达到指定的相对压力,然后流过固体物质。当样品管放入液氮保温时,样品即对混合气体中的氮气发生物理吸附,而载气则不被吸附。这时出现吸附峰。当液氮被取走时,样品管重新处于室温,吸附氮气就脱附出来,出现脱附峰。最后在混合气中注入已知体积的纯氮,得到一个校正峰。根据校正峰和脱附峰的峰面积,即可算出在该相对压力下样品的吸附量。改变氮气和载气的混合比,可以测出几个氮气的相对压力下的吸附量,从而可根据 BET 公式计算比表面积。

4.4.9　程序升温技术(TP)分析

程序升温技术还包括程序升温还原(TPR)、程序升温氧化(TPO)、程序升温脱附(TPD)、程序升温硫化(TPS)等。程序升温技术是指当固体物质在载气流中以一定升温速率加热时,检测出气体组成和浓度的变化,或固体物理化学性质变化的技术,所用仪器为化学吸附仪。

① 氢气程序升温还原(H_2 - TPR),指在按照特定程序进行升温操作过程中,使催化剂被 H_2 还原的过程,通过出口气体中测量还原气体浓度而判断其还原性能。

② 程序升温脱附(TPD),是将已吸附了吸附质的吸附剂或催化剂按预定的升温程序(如等速升温)加热,得到脱附量与温度关系的一种方法。根据吸附质的不同,可包括氧气程序升温脱附(O_2 - TPD)、氨程序升温脱附(NH_3 - TPD)和水程序升温脱附(H_2O - TPD),主要用于考察吸附质与吸附剂或催化剂之间的结合情况,可获得催化表面活性中心,表面反应等方面的信息。脱附谱中的信息包括峰的数目(与结合状态数有关),峰极大位置的温度值和各种结合状态的分子数(正比于每个峰的面积)。对图谱随加热速度和初始覆盖度变化的分析,可得出一系列结合状态的其他信息,如脱附活化能,脱附速率常数的指前因子以及脱附动力学级数。

4.4.10　原位漫反射红外(In-Situ DRIFTS)分析

漫反射红外光谱法是一种建立在涉及吸收和散射基础上的研究方法,特别适合于固体粉末样品的表面结构和表面吸附物种的测定。In-Situ DRIFTS 的实验系统一般由漫反射附件、原位池、真空系统、气源、净化与压力装置,以及加热与温度控制装置和 FTIR 光谱仪组成,该系统处理试样简单,既不需压片也不会改变样品形态,是一种较理想的原位分析方法。In-Situ FTIR 主要是以漫反射法为基础,当红外光照射到粗糙的样品表面时会发生反射、吸收、散射和透射,从而产生漫反射信息,将漫反射信息收集并送达至光谱仪检测器生成漫反射红外光谱,可用于支撑研究材料微观结构和反应活性以及探讨反应机理。

4.5　思考题

1. 请查阅关于 SCR 催化剂的最新文献,综述其材料特点、制备方法及表征手段。
2. 简述元素分析方法有哪些。

第5章　颗粒污染物特征与控制实验

颗粒污染物是指气溶胶体系中均匀分散的各种固体或液体微粒,分为一次颗粒物和二次颗粒物。一次颗粒物是由直接污染源释放到大气中造成污染的颗粒物,例如土壤粒子、海盐粒子、燃烧烟尘等。二次颗粒物是由大气中某些污染气体组分(如二氧化硫、氮氧化物、VOCs等)通过光化学氧化反应、催化氧化反应或其他化学反应转化生成的颗粒物,例如二氧化硫转化生成硫酸盐等。本章选取烟尘、大气细颗粒物和生物气溶胶为代表,设计了细颗粒物污染特征分析实验、袋式除尘器性能测试实验、旋风除尘器测试实验、静电除尘虚拟仿真实验以及生物气溶胶净化实验,帮助学生理解颗粒物特征及颗粒物净化方法。

5.1　细颗粒物污染特征测试实验

5.1.1　实验设计背景

细颗粒物是指空气动力学粒径小于 $2.5~\mu m$ 的可入肺颗粒物,PM$_{2.5}$ 已成为部分大城市的首要空气污染物,对人体健康、环境、气候及大气能见度等造成了严重危害。PM$_{2.5}$ 是一种复杂的混合物,其组成包括一次颗粒物和二次颗粒物;同时,PM$_{2.5}$ 有着复杂的化学组成,其中包含上千种物质,如化学组分包括地壳元素、水溶性离子、有机组分(Organic Matter,OM)、元素碳(Element Carbon,EC)和金属元素等。

大气 PM$_{2.5}$ 化学组成具有一定的区域性差异,也呈现明显的季节差异,了解 PM$_{2.5}$ 污染特征(浓度、化学组成、时空特征等),有助于获得其对人体健康影响的科学数据,为进一步开展污染防治工作提供指导,为保障人群健康提供科学依据。

5.1.2　实验目的和要求

① 了解 PM$_{2.5}$ 的特征、危害及主要测定方法;

② 学会 PM$_{2.5}$ 的采样、预处理和化学组成分析。

5.1.3　实验材料与装置

石英滤膜、Teflon(特氟龙)滤膜、滤膜保存盒、恒温恒湿箱、便携式 PM$_{2.5}$ 采样仪(Mini-Vol,AirMetrics,USA)、颗粒物监测仪(SDM805)、分光光度计、离子色谱、电感耦合等离子体质谱、热光碳分析仪(Model 2001A)、气相色谱-质谱仪(GC-MS)。

5.1.4　实验方法与步骤

1. 采样前的预处理

① 每张滤膜使用前均需用光照检查,不得使用有针孔或有任何缺陷的滤膜采样。

② 石英滤膜:450 ℃焙烧 4 h,装入滤膜保存盒,恒温恒湿箱($T=(20\pm1)$℃,RH＝50％±2％)平衡 24 h。

Teflon 滤膜:恒温恒湿箱(T=(20±1)℃,RH=50%±2%)平衡 24 h。

③ 在平衡室内平衡 24 h 的采样滤膜在规定条件下迅速称重,读数准确至 0.1 mg,记下滤膜的平衡温度和质量,将滤膜平展地放在膜盒内备用。采样前的滤膜不能弯曲或折叠。

2. 采　样

每个采样点放置两台便携式 PM$_{2.5}$ 采样仪,分别采用石英滤膜(47 mm,Whatman,England)和特氟龙滤膜(47 mm,Whatman,England)进行 PM$_{2.5}$ 样品的采集,用于进行后续的 PM$_{2.5}$ 质量分析和化学样品分析。采样前对设备进行校准,然后开启采样器,采样流量 5 L/min,持续采样 72 h。采样完毕后,用镊子将滤膜从采样器上取出,装入原先的膜盒,然后装入密封袋中,带回实验室。同时记录采样期间各场所环境的温度和湿度。做好现场记录表如表 5.1 所列。

表 5.1　颗粒物质量测定记录

监测点:＿＿＿＿＿＿＿;采样日期:＿＿＿＿＿＿＿

采样时间/h	滤膜编号	大气压力/kPa	大气温度/K	采样流量 Q_n/(m³·min⁻¹)	采样体积/m³	质量/g		
						采样前滤膜	采样后滤膜	样　品

3. 化学组成分析

采样的样品带回实验室后,将 Telfon 滤膜置于恒温恒湿箱(T=(20±1)℃,RH=50%±2%)平衡 24 h,天平称重,在相同条件下平衡 1 h 后需再次称量,同一滤膜两次称量质量之差应小于 0.02 mg,以两次称量结果的平均值作为滤膜称重值。称量完毕后,将滤膜放回膜盒中避光保存,将其放置在 4 ℃冰箱中冷藏保存,后续用于成分分析。

(1) 水溶性离子分析

阳离子 NH$_4^+$ 采用分光光度计检测,阴离子(F⁻、Br⁻、Cl⁻、NO$_3^-$、SO$_4^{2-}$ 等)采用离子色谱(Ion Chromatography, IC)检测。

1)绘制标准曲线。按照国标配制阴阳离子混合标准溶液,离子色谱和分光光度计检测,绘制标准曲线。

2)样品提取及检测。对折采样后的 Telfon 滤膜,裁取 1/2 样品用于离子分析。取 10 mL 超纯水于洁净烧杯中,用镊子夹取剪裁的样品,将采样面朝下放入烧杯中,漂浮在水面上,并保证膜面与水面完全接触没有气泡,可用洁净的针头将气泡扎破。用保鲜膜封闭烧杯口,记录样品编号以及烧杯编号。提取离子 30 min,提取过程中加入适量冰块以防温度过高,然后用一次性针筒吸取上层清液,用 0.45 μm PTFE 过滤头过滤去除不溶颗粒物,过滤液装入洁净的离心管中,密封后放入专用冰箱 4 ℃下保存直至分析。

3)质量浓度计算。F⁻、Br⁻、Cl⁻、NO$_3^-$ 和 SO$_4^{2-}$ 质量浓度计算公式如下:

$$\rho = \frac{\rho_i \times V_s \times 2}{V_{nd}} \tag{5.1}$$

式中:ρ 为水溶性离子的质量浓度,μg/m³;ρ_i 为从标准曲线得到目标化合物的质量浓度,

$\mu g/mL$；V_s 为样品提取液总体积，mL；V_{nd} 为所采气样标准体积(273 K，101.325 kPa)，m^3。

NH_4^+ 质量浓度计算公式如下：

$$\rho_{NH_4^+} = \frac{m_i \times V_s \times 2}{V_{nd} \times V_0} \tag{5.2}$$

式中：$\rho_{NH_4^+}$ 为铵根离子含量，$\mu g/m^3$；m_i 为从标准曲线得到目标化合物的质量，μg；V_s 为样品提取液总体积，mL；V_{nd} 为所采气样标准体积(273 K，101.325 kPa)，m^3；V_0 为分析时所取吸收液体积，mL。

(2) 无机元素分析(选做)

采用电感耦合等离子体质谱(Inductively Coupled Plasma Mass Spectrometry，ICP-MS)进行元素分析，包括 Na、Mg、Al、K、Ca、Ti、Cr、Mn、Fe、Ni、Cu、Zn、Pb、As、Sr、Cd、Mo、Co 等。

1) 样品的提取。对折采样后的 Telfon 滤膜，裁取 1/2 样品用于元素分析。剪碎后的滤膜放入特氟龙消解罐中，依次加入 6 mL HNO_3 和 2 mL HF，使酸溶液浸没滤膜碎片，摇匀后盖上消解罐的盖子，之后将消解罐放入 Mars 微波消解仪，设置二段加热消解程序(包括功率、温度、时间等参数)，消解完毕待冷却至室温后，打开消解罐。消解液定容至 10 mL 容量瓶中，上机分析。随机抽取样品总量的 10% 重复测试，每种元素的偏差都小于 5%。在正式采样前，要用标准土样做各元素的标线，并输入仪器软件，样品进入 ICP-MS 后能直接输出各元素占 $PM_{2.5}$ 的质量分数。

2) 质量浓度计算。各元素的质量浓度计算公式如下：

$$\rho = \frac{\rho_i \times V_s}{V_{nd}} \times \frac{m_2}{m} \tag{5.3}$$

式中：ρ 为无机元素质量浓度，$\mu g/m^3$；ρ_i 为从标准曲线得到目标化合物的质量浓度，$\mu g/mL$；V_s 为样品提取液总体积，mL；V_{nd} 为所采气样标准体积(273 K，101.325 kPa)，m^3；m_2 为 1/4 滤膜的质量，μg；m 为滤膜采样后的质量，μg。

(3) 碳组分分析(选做)

取 1/2 石英滤膜，用特制打孔器截取合适体积的膜片，采用 Model 2001A 热光碳分析仪，用热光反射法(TOR)测量小膜片上的 OC、EC 的含量。检测方法如表 5.2 所列。

表 5.2　碳组分检测方法

检测环境	无氧、纯 He				2% 氧气、纯 He		
加热温度/℃	120	250	450	550	550	700	800
检测产物	OC_1	OC_2	OC_3	OC_4	EC_1	EC_2	EC_3

其中，$OC = OC_1 + OC_2 + OC_3 + OC_4 + OPC$，$EC = EC_1 + EC_2 + EC_3 - OPC$，其中 OPC(Organic Pyrolyzed Carbin)表示 $PM_{2.5}$ 样品在测定 OC(He 环境下升温)时所导致的一部分有机组分裂解为 EC，即聚合碳。

由下列公式计算 OC/EC 的质量浓度：

$$\rho = \frac{\rho_{si} \times S}{V_{nd}} \tag{5.4}$$

式中：ρ 为 OC/EC 的质量浓度，$\mu g/m^3$；ρ_{si} 为目标化合物的单位质量浓度，$\mu g/cm^2$；S 为滤膜

上颗粒物($PM_{2.5}$、PM_{10})的覆盖面积,cm^2;V_{nd} 为所采气样标准体积(273 K,101.325 kPa),m^3。

(4) 有机组分

1)进行标准曲线的绘制。根据所测的有机组分,配制不同浓度混合标准溶液,采用气相色谱-质谱仪(GC - MS)分析,得到各标准溶液中各有机物的峰面积,绘制质量浓度-峰面积标准曲线。

2)空白加标回收率实验。空白石英滤膜,加入 0.1 mL 标准溶液,采用样品预处理方法提取痕量有机物,用 GC - MS 进行分析检测,得到各物质的浓度,并计算其回收率。

3)样品的预处理及检测。对折采样后的石英滤膜,裁取 1/2 用于痕量有机物分析。将样品剪碎,置于玻璃离心管中,加入适量二氯甲烷,采用超声波清洗器振荡萃取 20 min,重复提取 3 次,超声提取过程中要加入适量冰块控制超声温度,将 3 次提取液合并置于离心管中,加入适量无水 Na_2SO_4 颗粒,放置 30 min,然后转移液体至圆底烧瓶中,采用旋转蒸发仪(≤35 ℃)浓缩,至 1 mL 左右时加入正己烷,继续旋蒸至 1 mL 左右,用 0.45 μm 有机相滤膜过滤浓缩液,氮吹至 100 μL 以下,定容至 100 μL。设定 GC - MS 的升温程序和离子化条件,进样,SIM 扫描,分析待测物浓度。

4)计算质量浓度

$$\rho = \frac{\rho_i \times V_s \times 2}{V_{nd}}$$ (5.5)

式中:ρ 为有机组分的质量浓度,$\mu g/m^3$;ρ_i 为从标准曲线得到目标化合物的质量浓度,$\mu g/mL$;V_s 为样品提取液总体积,mL;V_{nd} 为所采气样标准体积(273 K,101.325 kPa),m^3。

5.1.5　实验数据记录与处理

细颗粒物污染特征记录表如表5.3所列。

表 5.3　细颗粒物污染特征记录表

监测点:＿＿＿＿＿＿;采样日期:＿＿＿＿＿＿

大气压力:＿＿＿＿＿ kPa;大气温度:＿＿＿＿＿ K;大气湿度:＿＿＿＿＿%

滤膜编号	$PM_{2.5}$ 质量浓度/ $(\mu g \cdot m^{-3})$	OC/EC 质量浓度/ $(\mu g \cdot m^{-3})$	有机组分质量浓度/ $(\mu g \cdot m^{-3})$			水溶性离子质量浓度/ $(\mu g \cdot m^{-3})$			无机元素质量浓度/ $(\mu g \cdot m^{-3})$		
			萘	苯并芘	……	F^-	Br^-	……	Na	Mg	……

5.1.6　思考题

1. 影响 $PM_{2.5}$ 化学组成的因素有哪些?

2. 大气采样中常用的滤膜由哪些材料制成,特点是什么?

5.2　颗粒物粒径分布及旋风除尘器性能测试实验

5.2.1　实验设计背景

颗粒的大小不同,直接关系到颗粒物理、化学和生物学特性,对人和环境的危害不同,此外,对除尘装置除尘效率影响也较大。因此,认识颗粒的大小分布特性,是研究颗粒的分离、沉降和捕集机理以及选择、设计和使用除尘装置的基础。颗粒的粒径分布是指不同粒径范围内的颗粒的个数(或质量或表面积)所占的比例。当以颗粒的个数表示所占的比例时,称为个数分布;当以颗粒的质量(或表面积)表示时,称为质量分布(或表面积分布)。除尘技术中多采用粒径的质量分布概念。

除尘器是指从气体中去除或捕集固态或液态微粒的装置。根据机理不同,常用的除尘器可分为:机械除尘器、电除尘器、袋式除尘器、湿式除尘器等。其中机械除尘器通常指利用质量力(重力、惯性力和离心力等)的作用使颗粒物与气流分离的装置,包括重力沉降室、惯性除尘器和旋风除尘器等。除尘器性能评价对于指导工程实际应用具有重要意义。

5.2.2　实验目的和要求

① 掌握多分散气溶胶发生系统的使用方法,学会颗粒物粒径在线测量方法;

② 学会采用多分散气溶胶发生系统发生不同浓度的颗粒物,利用颗粒物在线测量仪器测量粒径分布;

③ 熟悉旋风除尘器性能评价指标,包括除尘效率(包括总效率和分级效率)以及压力损失。

5.2.3　实验原理

旋风除尘器是利用旋转气流产生的离心力使尘粒从气流中分离的装置。具有结构简单、应用广泛、种类繁多等特点。

1. 旋风除尘器内气流与尘粒的运动

普通旋风除尘器由进气管、筒体、锥体和排气管等组成,气流流动状况如图 5.1 所示。含尘气流进入除尘器后,沿外筒内壁自上而下做旋转运动,同时有少量气体沿径向运动到中心区域。当旋转气流的大部分到达锥体底部后,转而向上沿轴心旋转,最后经排出管排出。通常将旋转向下的外圈气流称为外涡旋,旋转向上的中心气流称为内涡旋,两者的旋转方向是相同的。

气流做旋转运动时,尘粒在离心力作用下逐步移向外壁,到达外壁的尘粒在气流和重力共同作用下沿壁面落入灰斗。

2. 旋风除尘器的除尘效率

计算分割直径是确定除尘效率的基础。假设条

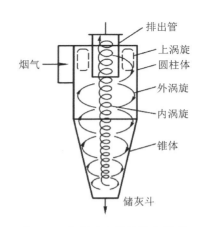

图 5.1　旋风除尘器的除尘原理

件和选用系数不同,所得计算分割直径的公式也不同。在旋风除尘器内,粒子的沉降主要取决于离心力 F_C 和向心运动气流作用于尘粒上的阻力 F_D。在内、外涡旋界面上,如果 $F_C > F_D$,则粒子在离心力推动下移向外壁而被捕集;如果 $F_C < F_D$,则粒子在向心气流的带动下进入内涡旋,最后由排气管排出;如果 $F_C = F_D$,则作用在尘粒上的外力之和等于零,粒子在交界面上不停地旋转。实际上由于各种随机因素的影响,处于这种平衡状态的尘粒有 50% 可能进入内涡旋,有 50% 可能移向外筒内壁。当除尘效率为 50% 时,此时的粒径即为除尘器的分割直径,用 d_c 表示。理论上能完全被旋风分离下来的最小颗粒直径为临界粒径,用 d_p 表示;某一粒子粒径,用 d_{pi} 表示。因为 $F_C = F_D$,所以对于球形粒子,由斯托克斯公式得到:

$$\frac{\pi}{6}d_c^3\rho_p\frac{v_{t0}^2}{r_0}=3\pi\mu d_c v_r \tag{5.6}$$

式中:v_{t0} 为交界面处气流的切向速度,m/s;v_r 为外涡旋气流的平均径向速度,m/s,则

$$d_c=\left(\frac{18\mu v_r r_0}{\rho_p v_{t0}^2}\right)^{1/2} \tag{5.7}$$

d_c 越小,说明除尘效率越高,性能越好。

当 d_c 确定后,可以根据雷思-利希特模式计算其他粒子的分级效率,即

$$\eta_i=1-\exp\left[-0.693\,1\times\left(\frac{d_p}{d_c}\right)^{\frac{1}{n+1}}\right] \tag{5.8}$$

式中:$n\leqslant 1$,常称为涡流指数。实验表明 n 值可由下式进行估算:

$$n=1-(1-0.67D^{0.14})\left(\frac{T}{283}\right)^{0.3} \tag{5.9}$$

式中:D 为旋风除尘器直径,m;T 为气体的温度,K。

另一种广泛采用的分级效率公式是分析大量实验数据后提出的经验公式,其精度完全可以满足工程设计需要,即

$$\eta_i=\frac{(d_{pi}/d_c)^2}{1+(d_{pi}/d_c)^2} \tag{5.10}$$

3. 影响旋风除尘器效率的因素

① 烟尘的物理性质:气体的密度和黏度、尘粒的大小和相对密度、烟气含尘浓度等各种物理性质都影响旋风除尘器的效率。

② 操作变量:提高烟气入口流速,旋风除尘器分割粒径变小,使除尘器性能改善。但进风口流速提高,径向和轴向速度也随之增大,紊流的影响增大。对每一种特定的颗粒物旋风除尘器都有一个临界进风口气流速度,当超过这个风速后,紊流的影响比分离作用增加更快,使部分已分离的颗粒物重新被带走,影响除尘效果。另外,进风口气流增加,除尘阻力也会急剧上升,压力损失增大。

③ 比例尺寸:旋风除尘器的各个部件都有一定的比例尺寸,每一个比例关系的变动,都能影响旋风除尘器的效率和压力损失,其中除尘器直径、进气口尺寸、排气管直径为主要影响因素。除尘器比例尺寸变化对除尘器性能的影响关系如表 5.4 所列。

在使用时应注意,表 5.4 中所列的尺寸只能在一定范围内进行调整,当超过某一界限时,有利因素也能转化为不利因素。另外,有的因素对于提高除尘效率有利,但却会增加压力损失,因而对各因素调整必须兼顾。

表5.4　旋风除尘器比例尺寸变化对其性能的影响

结构尺寸（增加）	压力损失	除尘效率	造　价
圆筒直径	降低	降低	增加
进气口面积	降低	降低	—
圆筒高度	略有降低	增加	增加
圆锥高度	略有降低	增加	增加
排灰口直径	略有降低	增加或降低	—
排气管直径	降低	增加或降低	增加
排灰管插入深度	增加	降低	增加
相对比例尺寸	几乎无影响	增加或降低	—
圆锥角	降低	20°～30°为宜	增加

5.2.4　实验设计内容及要求

① 选取待测除尘器。学生需通过文献调研了解旋风除尘器的基本结构、原理，在实验室提供的旋风除尘器中选择合适的除尘器进行后续实验。

② 了解测量系统构成。结合理论课中的理论知识，学生查阅文献了解除尘器性能测试的系统构成，包括气溶胶发生系统和粒径检测系统等。

③ 确定实验方案。根据前期调研，形成初稿实验方案，与教师进行讨论，确定实验方案，并培训基本的实验操作方法。

④ 搭建系统，选取实验条件。搭建管路，调试仪器参数、流量等实验条件。

⑤ 开展实验。颗粒物粒径分布及旋风除尘器性能测试。

⑥ 结合实验数据处理分析结果。

5.2.5　综合实验案例

某实验小组通过文献调研，确定以旋风除尘器（16.7 L/min，分割直径 2.5 μm）作为目标除尘器，氯化钠发生的颗粒作为目标颗粒物，采用在线测试手段检测颗粒物的粒径分布。选取合适浓度的 NaCl 溶液，改变实验系统流量，进行旋风除尘器的性能测试。

1. 材料及试剂

氯化钠（Macklin，reagent grade，99.8%）。

2. 实验仪器

精密注射泵，1台；宽频超声发生器，1套；硅胶干燥管，1个；质量流量计，1台；皂膜流量计，1台；真空泵，1台；荷电低压颗粒物捕集器，1台；CKD空气净化组件，1套；空压机，1台；超纯水机，1台；电子天平，1台。

3. 实验装置

实验系统包括颗粒物发生单元、旋风除尘器单元和检测单元三部分。

➤ 颗粒物发生单元：精密注射泵将氯化钠溶液以 1 mL/min 的速率注射到干燥稀释腔室顶端，宽频超声发生器以 150 W 的功率对氯化钠溶液进行同步超声振荡。氯化钠溶液经超声雾化喷头喷出，形成雾化气溶胶。雾化气溶胶与空压机产生的干燥洁净空气在有机玻璃罐的上半部分进行稀释混合干燥,形成多分散气溶胶。有机玻璃罐内部设有布流孔板,由于布流孔板上方气量较大,在经过布流孔板时会产生较大的气压差,可使雾化气溶胶与干燥洁净空气充分混合,进而达到稀释干燥的目的。多分散气溶胶随气流向下流动进入到有机玻璃罐的下半部分,多分散气溶胶进一步干燥混合,气溶胶湿度达到较低的水平,保证了颗粒物发生系统的稳定性。

➢ 旋风除尘器单元:实验定制小型旋风除尘器,如图 5.2 所示。气体在经过硅胶干燥管后分别经过上游管路和切割器及下游管路。最后根据切割器的流量,气溶胶分别经过荷电低压颗粒物捕集器和高效颗粒物过滤器(HEPA)、质量流量计及气泵中。待多分散气溶胶发生稳定后,分别测量上下游管路中多分散气溶胶的质量浓度,然后通过上下游的测量数据可计算出切割器对不同尺寸颗粒物的切割效率。切割效率测量结束后,保持实验系统流量不变,在旋风除尘器前后各加一个三通,将压差表接入系统。待压差表数值稳定后记录数值,即为旋风除尘器压力损失。

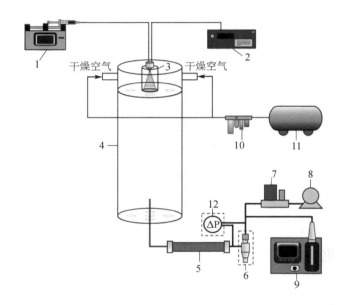

1—精密注射泵;2—宽频超声发生器;3—超声雾化喷头;4—干燥稀释腔室;5—硅胶干燥管;
6—小型旋风除尘器;7—质量流量计;8—真空泵;9—荷电低压颗粒物捕集器;
10—CKD空气净化组件;11—空压机;12—压差表

图 5.2　颗粒物粒径分布及旋风除尘器性能测试实验系统

➢ 检测单元:检测系统包括荷电低压颗粒物捕集器(ELPI)和压差表两部分。荷电低压颗粒物捕集器(ELPI)可以测量空气动力学直径在 6 nm～10 μm 之间的颗粒物,并分为15 级分别计数,ELPI 的 15 级撞击捕集器对应的粒径范围以及测量范围如表 5.5 所列。压差表的作用是检测旋风除尘器前后的压差,即为旋风除尘器压力损失。

4. 实验方法与步骤

(1) 制备 NaCl 浓度梯度溶液

用电子天平分别称取 0.005 g、0.05 g、0.1 g、0.25 g、0.5 g、2.5 g、5 g 氯化钠,配制 NaCl溶液浓度分别为 0.01 g/L、0.1 g/L、0.2 g/L、0.5 g/L、1 g/L、5 g/L、10 g/L。

表 5.5　ELPI 各级捕集器对应的粒径范围及测量范围

级　数	切割粒径/ μm	几何平均直径/ μm	粒数浓度最小值/ （个·cm^{-3}）	粒数浓度最大值/ （个·cm^{-3}）	质量浓度最小值/ （$\mu g \cdot m^{-3}$）	质量浓度最大值/ （$\mu g \cdot m^{-3}$）
15	10					
14	6.8	8.2	0.10	2.4×10^4	30	10 000
13	4.40	5.5	0.10	2.4×10^4	10	3 000
12	2.50	3.3	0.15	5.4×10^4	3.0	1 000
11	1.60	2.0	0.3	1.1×10^5	1.4	450
10	1.000	1.3	0.5	1.9×10^5	0.7	210
9	0.640	0.8	1	3.5×10^5	0.3	100
8	0.400	0.51	2	6.4×10^5	0.1	50
7	0.260	0.32	3	1.2×10^6	0.07	20
6	0.170	0.21	5	2.1×10^6	0.03	10
5	0.108	0.14	10	3.7×10^6	0.02	5
4	0.060	0.08	20	7.3×10^6	0.005	2
3	0.03	0.042	50	1.7×10^7	0.002	0.5
2	0.017	0.022	100	3.4×10^7	0.001	0.25
1	0.006	0.01	250	8.3×10^7	0.000 4	0.13

（2）标定实验流量

打开 ELPI 采样泵，用流量计确定其入口流量，用旋风除尘器工况流量减去 ELPI 的采样流量，即为旁路所需标定流量，控制质量流量计将流量调整为所需流量大小。

（3）测定颗粒物粒径分布

① 采用梯度浓度 NaCl 溶液，调整精密注射泵注射速率为 1 mL/min、宽频超声发生器功率为 150 W，分别进行雾化发生。

② 待多分散气溶胶发生稳定后（约 10 min），在干燥稀释腔室底部中心处进行在线数据采集，连续采集 15 min。

③ 导出并整理数据，拟合不同浓度 NaCl 溶液发生后颗粒物的粒径分布，找出峰值粒径，作出峰值粒径与 NaCl 溶液浓度的关系图。

④ 在图中寻找所需峰值粒径的 NaCl 溶液浓度，配置该浓度 NaCl 溶液准备后续实验。

（4）测试旋风除尘器的性能

① 采用梯度浓度 NaCl 溶液，调整精密注射泵注射速率为 1 mL/min、宽频超声发生器功率为 150 W，分别进行雾化发生。

② 待多分散气溶胶发生稳定后（约 10 min），在有机玻璃罐底部中心处进行在线数据采集，连续采集 15 min。

③ 将旋风除尘器接入系统，再次等待 ELPI 数值稳定，在有机玻璃罐底部中心处进行在线数据采集，连续采集 15 min。

④ 导出并整理数据，计算旋风除尘器在各个粒径下的分级效率和总效率。

⑤ 在旋风除尘器前后各加一个三通,将压差表接入系统,测量其压力损失并记录。

(5) 探究流量对旋风除尘器性能的影响

改变气体流量(3.35 L/min、6.7 L/min、10 L/min、15 L/min)重复步骤"(4) 测试旋风除尘器的性能",记录数据。

5. 实验数据记录与整理

实验数据记录在表 5.6 和表 5.7 中。

表 5.6　ELPI 各级捕集器对应的粒径范围及测量范围

ELPI 采样流量:＿＿＿＿＿＿＿ L/min

质量流量计示数:＿＿＿＿＿＿＿ L/min;质量流量计实际流量:＿＿＿＿＿＿＿ L/min

序　号	NaCl 溶液浓度/(g·L^{-1})	数据采集开始时间	数据采集结束时间
1			
⋮			

表 5.7　ELPI 各级捕集器对应的粒径范围及测量范围

序　号	质量流量计示数/ (L·min^{-1})	皂膜显示实际流量/ (L·min^{-1})	数据采集开始时间	数据采集结束时间	压差表示数/Pa
1					
2					

5.2.6　思考题

根据已经得出的实验数据分析,想要将旋风除尘器(16.7 L/min,分割直径 2.5 μm)通过改变工作流量使其分割直径为 1 μm,工作流量应改为多少?

5.3　袋式除尘器性能测试实验

5.3.1　实验设计背景

袋式除尘作为工业烟尘控制的主流技术,在我国经历了几十年的发展,已被应用到诸多工业领域。袋式除尘器处理烟气量大,其适用于捕集细小、干燥、非纤维性粉尘,对于高浓度、高比电阻粉尘有较好的脱除效果,适用于很多苛刻的烟气环境。然而袋式除尘技术受滤料温度适应性和抗腐蚀性影响,长时间运行下易出现破袋、糊袋等现象,进而导致阻力急剧增大,具有维修成本较高的问题。

针对袋式除尘器的运行阻力问题,一方面可通过气流分布技术、滤袋清灰技术来提高滤袋寿命,降低故障率;另一方面可通过设计梯度滤料结构,改变滤袋加工针尖大小、缝线针孔,采用涂胶密封等方法,提高滤料过滤精度。例如 PTFE 基布＋PPS 纤维＋超细 PPS 纤维的梯度滤料,其中超细纤维布置于迎尘面,形成梯度滤料结构,可有效地提高颗粒物过滤效率。本实验旨在帮助同学们熟悉袋式除尘器的工作原理,熟悉工程实际对技术的需求。

5.3.2　实验目的和要求

① 掌握袋式除尘器的结构与除尘原理；

② 掌握袋式除尘器主要性能的实验研究方法；

③ 熟悉袋式除尘器性能评价指标，包括除尘效率及压力损失等。

5.3.3　实验原理

袋式除尘器是烟气除尘技术的代表技术之一，在工业废气除尘方面应用非常广泛。袋式除尘器是利用由纤维加工成的过滤材料对颗粒物进行捕集的设备，由除尘器主机、滤袋和相关配件组成。袋式除尘器按照传统清灰方式可分为机械振打式除尘器、反吹风除尘器、脉冲清灰除尘器等。在工艺优化与技术进步中，机械清灰逐渐退出了历史舞台，脉冲清灰成为目前应用最广泛的袋除尘清灰模式。袋式除尘器性能的测定和计算，是袋式除尘器选择、设计和运行管理的基础，是本科学生必须具备的基本能力。

袋式除尘器性能与其结构形式、滤料种类、清灰方式、粉尘特性及其运行参数等因素有关。本实验是在固定的结构形式、滤料种类、清灰方式和粉尘特性的前提下，测定袋式除尘器的主要性能指标，并在此基础上，考察处理流量 Q 对袋式除尘器压力损失 Δp 和除尘效率 η 的影响。

1. 处理气体流量和过滤速度的测定和计算

(1) 动压法测定

采用动压法测定袋式除尘器处理气体流量 Q（单位 $\mathrm{m^3/s}$），即同时测出除尘器进出连接管道中的气体流量，取两者的平均值作为测定值：

$$Q = \frac{1}{2}(Q_1 + Q_2) \tag{5.11}$$

式中：Q_1、Q_2 分别为袋式除尘器进、出口连接管道中的气体流量，$\mathrm{m^3/s}$。

除尘器漏风率 δ：

$$\delta = \frac{Q_1 - Q_2}{Q_1} \times 100\% \tag{5.12}$$

一般要求除尘器的漏风率小于 $\pm 5\%$。

(2) 静压法测定

采用静压法测定袋式除尘器进口气体流量 Q_1（单位 $\mathrm{m^3/s}$），即根据在静压测孔测得的系统入口均流管处的平均静压，按下式求得

$$Q_1 = \varphi_{\mathrm{V}} A \sqrt{2\rho |p_{\mathrm{s}}|} \tag{5.13}$$

式中：$|p_{\mathrm{s}}|$ 为均流管处气流平均静压的绝对值，Pa；φ_{V} 为均流管入口的流量系数；A 为除尘器进口测定断面的面积，$\mathrm{m^2}$；ρ 为测定断面管道中的气体密度，$\mathrm{kg/m^3}$。

(3) 过滤速度的计算

若袋式除尘器总过滤面积为 F，则其过滤速度 v_F（单位 $\mathrm{m/min}$）按下式计算：

$$v_F = \frac{Q_1}{60F} \tag{5.14}$$

2. 压力损失的测定和计算

袋式除尘器压力损失 Δp 为除尘器进出口管中气流的平均全压之差。当袋式除尘器进、

出口管的断面面积相等时,可由其进、出口管中气体的平均静压之差来计算,即

$$\Delta p = p_{s1} - p_{s2} \tag{5.15}$$

式中:p_{s1}为袋式除尘器进口管道中气体的平均静压,Pa;p_{s2}为袋式除尘器出口管道中气体的平均静压,Pa。

袋式除尘器的压力损失与其清灰方式和清灰制度有关。本实验装置采用手动清灰方式,实验尽量保证在相同的清灰条件下进行。当采用新滤料时,应预先发尘运行一段时间,滤料在反复过滤和清灰过程中,残余粉尘量基本恒定后再开始实验。

考虑袋式除尘器在运行过程中其压力损失还会随运行时间产生一定变化,因此,测定压力损失时,应每隔一定时间进行连续测定(一般可考虑 5 次),并取其平均值作为除尘器的压力损失 Δp。

3. 除尘效率的测定和计算

除尘效率 η 采用质量浓度法测定,即采用等速采样法同时测出除尘器进、出口管道中气体的平均含尘浓度 C_1 和 C_2,并按下式计算:

$$\eta = \left(1 - \frac{C_2 Q_2}{C_1 Q_1}\right) \times 100\% \tag{5.16}$$

因袋式除尘器除尘效率高,除尘器进、出口气体含尘浓度相差较大,为保证测定精度,可在除尘器出口采样中适当加大采样流量。

4. 压力损失、除尘效率与过滤速度关系的分析

为了得到除尘器的 $v_F - \eta$ 和 $v_F - \Delta p$ 性能曲线,应在除尘器清灰方式和进口气体含尘度 C_1 相同的条件下,测出除尘器在不同过滤速度 v_F 下的压力损失 Δp 和除尘效率 η。过滤速度的调整可通过改变风机入口阀门开度实现,利用动压法测定过滤速度。保持实验过程中 C_1 基本不变。可根据发尘量 S、发尘时间 τ 和进口气体流量 Q_1,按下式估算除尘器入口含尘浓度 C_1,即

$$C_1 = \frac{S}{\tau Q_1} \tag{5.17}$$

5.3.4　实验仪器与装置

1. 实验仪器

干湿球温度计,1 支;空盒式气压表,1 个;钢卷尺,2 个;U 形管压差计,1 个;倾斜微压计,3 个;皮托管,2 个;烟尘采烟管,2 个;烟尘测试仪,2 台;秒表,2 个;分析天平,2 台;干燥器,2 个;鼓风干燥箱,1 台;超细玻璃纤维无胶滤筒,20 个。

2. 实验装置

实验选用自行加工的袋式除尘器,结构如图 5.3 所示。该除尘器共 5 条滤袋,总过滤面积为 1.3 m²,滤料选用 208 工业涤纶绒布,采用机械振打清灰方式。

除尘系统入口的喇叭形均流管静压测孔,可用于测定除尘器入口气体流量,也可用于在实验过程中连续测定和检测除尘系统的气体流量。风机是实验系统的动力装置,选用 4 - 72 - 11N04A 型离心风机,转速为 2 900 r/min,全压为 1 290～2 040 Pa,所配电动机功率为 5.5 kW。风机入口前设有阀门,用来调节除尘器处理气体流量和过滤速度。

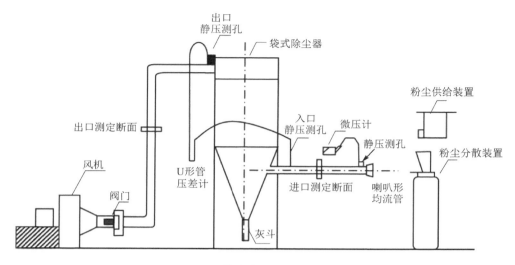

图 5.3　袋式除尘器实验装置图

5.3.5　实验方法与步骤

1. 空气环境参数测定

测定气体温度、压力、含湿量、流速、流量及其含尘浓度。

2. 袋式除尘器性能测定和计算

① 测量记录室内空气的干球温度（即除尘系统中气体的温度）、湿球温度及相对湿度。计算空气中水蒸气的体积分数（即除尘器系统中气体的含湿量）。测量记录当地的大气压，记录袋式除尘器型号规格、滤料种类、总过滤面积。测量记录除尘器进出口测定断面直径和断面面积，确定采样断面分环数和测点数，做好实验准备工作。

② 将除尘器进出口断面的入口和出口静压测孔与 U 形管压差计连接。

③ 将发尘工具和称重后的滤筒准备好。

④ 将皮托管、倾斜压力计准备好，待测流速流量时使用。

⑤ 清灰。

⑥ 启动风机和发尘装置，调整好发尘浓度，使实验系统达到稳定。

⑦ 测量进出口流速和进出口的含尘量，进口采样 1 min，出口采样 5 min。

⑧ 在采样的同时，每隔一定时间，连续 5 次记录 U 形管压力计的读数，取其平均值近似作为除尘器的压力损失。

⑨ 隔 15 min 后重复上面测量，共测量 3 次。

⑩ 停止风机和发尘装置，进行清灰。

⑪ 改变处理气量，重复步骤⑥～⑩两次。

⑫ 采样完毕，取出滤筒包好、置入鼓风干燥箱烘干后称重。计算出除尘器进、出口管道中气体含尘浓度和除尘效率。

⑬ 实验结束，整理好实验用的仪表、设备。计算、整理实验资料，并填写实验报告。

5.3.6 实验数据记录与处理

1. 气体流量和过滤速度

按实验原理部分的公式计算除尘器处理气体量、除尘器漏风率和除尘器过滤速度。数据记录于表5.8中。

表5.8 除尘器处理风量测定结果记录表

除尘器型号	除尘器过滤面积 A/m^2	当地大气压 p/kPa	烟气湿球温度/℃	烟气干球温度/℃	烟气相对湿度/%	烟气密度 $\rho_g/(kg \cdot m^{-3})$

测定次数	微压计倾斜系数 K	皮托管系数 K_P	除尘器进气管					除尘器排气管					除尘器处理气量 Q	除尘器过滤速度 v_F	除尘器漏风率 η
			微压计读数 $\Delta l_1/mm$	静压/Pa	管内流速 $v_1/(m \cdot s^{-1})$	横截面积 F_1/m^2	风量 $Q_1/(m^3 \cdot h^{-1})$	微压计读数 $\Delta l_2/mm$	静压/Pa	横截面积 F_2/m^2	风量 $Q_2/(m^3 \cdot h^{-1})$	管内流速 $v_2/(m \cdot g^{-1})$			
1-1															
1-2															
1-3															
2-1															
⋮															

2. 压力损失

按式(5.15)计算压力损失,并取5次测定数据的平均值 Δp 作为除尘器的平均压力损失,数据记录于表5.9中。

表5.9 除尘器压力损失测定结果记录表

测定次数	每次间隔时间 t/min	静压差测定结果/Pa					除尘器压力损失 $\Delta p/Pa$
		1	2	3	4	5	
1-1							
1-2							
1-3							
2-1							
⋮							

3. 除尘效率

计算除尘效率,数据记录于表5.10中。

表 5.10　除尘器效率测定结果记录表

测定次数	除尘器进口气体含尘浓度						除尘器出口气体含尘浓度						除尘器全效率/%
	采样流量/(L·min^{-1})	采样时间/min	采样体积/L	滤筒初质量/g	滤筒总质量/g	粉尘浓度/(mg·L^{-1})	采样流量/(L·min^{-1})	采样时间/min	采样体积/L	滤筒初质量/g	滤筒总质量/g	粉尘浓度/(mg·L^{-1})	
1-1													
1-2													
1-3													
2-1													
⋮													

4. 压力损失

考察压力损失、除尘效率和过滤速度的关系,整理不同 v_F 下 Δp 和 η 的数据,绘制 $v_F - \eta$ 和 $v_F - \Delta p$ 性能曲线。分析过滤速度对袋式除尘器压力损失和除尘效率的影响,对每一组资料,分析在一次清灰周期中,压力损失、除尘效率和过滤速度随过滤时间的变化。

5.3.7　思考题

1. 测定袋式除尘器的压力损失,为什么要固定其清灰方式?

2. 试根据 $v_F - \eta$ 和 $v_F - \Delta p$ 性能曲线,分析过滤速度对袋式除尘器压力损失和除尘效率的影响。

5.4　基于调变参数的电除尘虚拟仿真实验

5.4.1　虚拟仿真实验开发背景

电除尘器具有处理风量大、阻力能耗低、耐高温、除尘效率高等诸多优点,被广泛应用于工业尾气颗粒物净化领域。电除尘器利用电场对空气电离,使烟气中的粉尘荷电,带负电的尘粒吸附到正极被收集,电除尘的优点在于不会显著影响烟气的排放速率。电除尘器的除尘性能受电场结构、电场电压、气流速度等众多因素影响。其中,电场结构、电场内部电极排列方式等因素直接影响电场分布和流场分布,进而影响除尘效率。由于电除尘器庞大、内部结构不易更改等因素,使实验室难以实现电除尘器除尘性能影响规律的考察。为了加深学生对电除尘器的组成和内部构造的了解,掌握电除尘器的运行操作方法,理解电除尘器入口压力与风速、风量的关系,开设电除尘器虚拟仿真实验非常必要。本实验为基于调变参数的电除尘虚拟仿真实验,实验利用 3D 模拟仿真技术,不仅能帮助学生了解电除尘器现场应用情况,通过透明视角观察设备内部结构,还能培养学生的工程实践和解决实际复杂问题的能力。

实验过程动画示意

5.4.2　实验目的和要求

① 了解干式电除尘器和湿式电除尘器的工作原理及其在我国燃煤电厂除尘中的应用;

② 熟悉电除尘器的组成和内部构造,掌握电除尘器设计要点;

③ 了解电除尘器的运行操作方法,掌握气体流速、入口粉尘浓度、电场强度、粉尘种类对除尘效率的影响规律。

5.4.3 实验原理

线板式电除尘器电场内部由收尘极板和电极线组成,如图 5.4 所示。其工作原理为电极线与收尘极板之间形成高压电场,电极附近产生电晕放电,致使空气发生电离;当含尘气流穿过电晕区时,粉尘颗粒物在库仑力的作用下向收尘极板运动,被收尘极板捕集,实现气固分离、净化空气的目的。

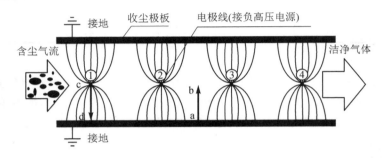

注:①～④表示第 1～4 根电极线。

图 5.4　线板式电除尘器结构图

电除尘的基本原理主要包括电晕放电、粉尘荷电、粉尘沉积和清灰四个基本过程。线板式电除尘器实际工程图如图 5.5 所示。

图 5.5　线板式电除尘器实际工程图

工程中,电除尘器的主体结构是钢结构,全部由型钢焊接而成,外表面覆盖蒙皮(薄钢板)和保温材料,为了设计制造和安装的方便,结构设计采用分层形式,每片由框架式的若干根主梁组成,片与片之间由大梁连接。一般火电厂使用的电除尘器主体结构横截面尺寸为(25～40)m×(10～15)m,如果再加上 6 m 的灰斗高度,以及烟质运输空间高度,整个电除尘器高度均高于 35 m 以上。

电除尘器的设计主要是根据需要处理的含尘气体流量和净化要求,确定集尘极面积、电场断面面积、电场长度、集尘极和电晕极的数量和尺寸等。有关设计计算如下:

(1) 电场断面面积

$$A_\varepsilon = \frac{Q}{u} \tag{5.18}$$

式中:A_ε 为电场断面面积,m^2;Q 为处理气体流量,m^3/s;u 为除尘器断面气流速度,m/s。

(2) 集尘极面积

$$A = \frac{Q}{v_d} \ln\left(\frac{1}{1-\eta}\right) \tag{5.19}$$

式中:A 为集尘极面积,m^2;Q 为处理气体流量,m^3/s;η 为集尘效率;v_d 为微粒有效驱进速度,m/s。

(3) 集尘室的通道个数

由于每两块集尘极之间为一通道,因此集尘室的通道个数 n 可由下式确定:

$$n = \frac{Q}{bh} \tag{5.20}$$

式中:b 为集尘极间距,m;h 为集尘极高度,m。

(4) 电场长度

$$L = \frac{A}{2nh} \tag{5.21}$$

式中:L 为集尘极沿气流方向的长度,m;h 为电场高度,m;A 为集尘极的面积,m^2。

(5) 工作电流

工作电流 I 可由集尘极的面积 A 与集尘极的电流密度 I_d 的乘积计算,即

$$I = A \times I_d \tag{5.22}$$

(6) 工作电压

根据实际需要,工作电压可按下式计算,即

$$U = 250b \tag{5.23}$$

(7) 积尘效率

$$\eta = 1 - \exp\left(-\frac{A}{Q}\omega\right) \tag{5.24}$$

式中:A 为集尘极面积,m^2;Q 为气流量,m^3/s;ω 为粉尘粒子的驱进速度。

(8) 驱进速度

$$\omega = qE_p / (3\pi\mu d_p) \tag{5.25}$$

式中:q 为粒子获得的饱和电荷,即

$$q = 3\pi\varepsilon_0 E_0 d_p^2 \bigg/ \left(\frac{\varepsilon}{\varepsilon+2}\right) \tag{5.26}$$

式中:E_0 为电场强度,V/m;μ 为流体的动力黏度,20 ℃时空气的动力黏度为 1.81×10^{-5} Pa·s,150 ℃时空气的动力黏度为 2.4×10^{-5} Pa·s;d_p 为粉尘粒径,m;ε_0 为真空介电常数,8.85×10^{-12};ε 为粒子介电常数,飞灰介电常数为 $1.5\sim1.7$,水泥介电常数为 $1.5\sim2.1$。

5.4.4　虚拟仿真实验系统

本实验模拟工程现场电除尘系统,包括运行原理、运行操作、结构设计三个模块。

> 运行原理模块。实验介绍静电除尘器各结构,包括阴极线、阳极板、振打系统等部分的构成、特性。

> 运行操作模块。实验模拟工作现场,对电除尘器指标参数进行改变,观察不同参数对除尘效率的影响。

> 结构设计模块。根据需要处理的含尘气体流量和净化需求,改变集尘极面积、电场断面面积、电场长度、集尘极和电晕极的数量和尺寸等参数。

5.4.5 虚拟仿真实验步骤

① 选择"运行原理"模式。进入后根据右上角提示,单击 NPC 进行对话。对话两次后,视角转向电除尘器,左击高亮部分,进入半透明模式。单击下方文字部分,可对阴极线、阳极板、振打系统各结构进行介绍,并弹出详细介绍对话框。

② 选择"运行操作"模式。单击电除尘器主体后进入实验视角,单击画面正上方"实验设置"按钮后,出现实验设置对话框,在对话框中改变处理烟气量、入口含尘浓度、气体流速、粉尘种类、驱进速度、电场电压、极板间距、气体浓度、粉尘平均粒径等参数。设置完成后,开启电除尘器。单击右下角菜单中的"实验数据",观察除尘效率。

③ 选择"结构设计"模式。单击电除尘器主体后进入实验视角,单击画面正上方的"实验设置"按钮后,出现实验设置对话框,在对话框中改变极板宽度、极板高度、极板间距、极板数量等参数。设置完成后,开启电除尘器。单击右下角菜单中的"实验数据",观察除尘效率。

5.4.6 虚拟仿真实验界面

虚拟仿真实验的界面如图 5.6~5.8 所示。

图 5.6　电除尘装置全貌图

5.4.7 实验数据记录与整理

虚拟仿真实验可根据实验步骤中的操作和参数设置,自动生成实验报告。报告根据各参数的设置,自动生成除尘效率。学生根据报告和设计参数公式,分析如何设置能够提高除尘效率及节约运行成本。电除尘装置实验数据记录示意图如图 5.9 所示。

图 5.7　电除尘装置结构介绍示意图

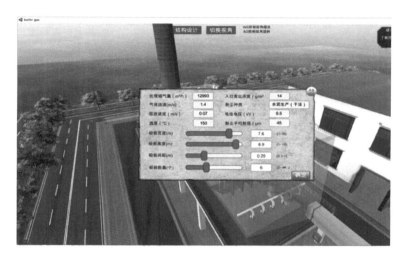

图 5.8　电除尘装置参数设置示意图

图 5.9　电除尘装置实验数据记录示意图

5.4.8 思考题

1. 随着电压增加,电晕放电的不同形式包括什么?
2. 什么是饱和电荷量? 对电除尘有什么影响?

5.5 空气负离子净化生物气溶胶实验

5.5.1 实验设计背景

生物气溶胶是含有生物性粒子的气溶胶,包括细菌、病毒以及致敏花粉、霉菌孢子、蕨类孢子和寄生虫卵等,除具有一般气溶胶的特性以外,还具有传染性、致敏性等。生物气溶胶由生物和非生物成分组成。生物组分可能包括花粉、细菌、病毒和真菌等,而非生物组分包括微生物片段、分泌物和各种真菌毒素等。生物气溶胶可随呼吸进入人体呼吸道,导致疾病的传播,对人体危害较大。因此,应用高效空气净化技术减少生物气溶胶在封闭空间的传播对人体健康具有重要意义。

空气负离子净化环境空气污染物一直备受关注,空气负离子(Negative Air Ion,NAI)泛指空气中带负电荷的单个气体分子或离子团的集合。由于 O_2 本身具有电负性较强的特点,因此容易捕获自由电子,常见的空气负离子包括 $O^- \cdot$、$O_2^- \cdot$、O_2^{2-} 等;在空气湿度较高的情况下,形成的空气负离子又会与水结合形成水合空气负离子 $O^- \cdot (H_2O)_n$、$O_2^- \cdot (H_2O)_n$、$OH^- \cdot (H_2O)_n$ 等。开展空气负离子净化生物气溶胶实验,明确空气负离子对于环境空气病原微生物气溶胶的作用效应、消杀效果等,对于认识空气负离子的发展具有重要的理论和现实意义。

5.5.2 实验目的和要求

① 掌握微生物纯种分离提纯方法,制备纯种微生物菌液;
② 学会使用酶标仪,建立微生物菌液浓度与吸光度对应关系;
③ 学习生物气溶胶发生与采集方法,提高无菌操作实验技能,减小实验误差;
④ 掌握空气负离子发生方法及生物气溶胶消杀评价方法。

5.5.3 实验原理

空气负离子具有较高的活性,有很强的氧化还原作用,与生物气溶胶接触时,能破坏细菌的细胞膜或细胞原生质活性酶的活性,使其产生结构性改变(蛋白质两极性颠倒)或能量转移,从而使一些细菌病毒降低活性而死亡,达到抗菌杀菌的目的。研究表明,空气负离子可造成微生物细胞壁破坏变形,细胞中蛋白质、矿物质泄漏而失活。扫描电镜下对照组与负离子消杀组金黄色葡萄球菌细胞形态如图 5.10 所示。

除了空气负离子外,紫外线也是抗菌灭菌的有效手段,与负离子相结合可起到事半功倍的效果。微生物吸收紫外线光子,导致其脱氧核糖核酸(DNA)受损;通过吸收相邻胸腺嘧啶残基之间的光子形成嘧啶二聚体,也阻止微生物复制。同时,紫外线可诱导细菌细胞产生活性氧(Reactive Oxygen Species,ROS),间接损伤各种细胞物质,包括细胞膜脂质和DNA。当空气中的负离子作用于生物气溶胶时,负离子发生器也同时产生了额外的 ROS,从而加速了细胞的死亡。

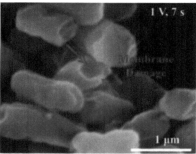

图 5.10　扫描电镜下对照组与负离子消杀组金黄色葡萄球菌细胞形态

5.5.4　实验设计内容及要求

① 选取目标污染物。学生需通过文献调研选择具有代表性的微生物进行生物气溶胶模拟发生。

② 预实验确定合适的生物气溶胶浓度,保证采集、培养后的菌落数在有效计数区间。

③ 确定实验方案。根据前期调研,形成初稿实验方案,与教师进行讨论,确定实验方案,并培训基本的实验操作方法。

④ 进行负离子净化实验,对比负离子对不同生物气溶胶灭活作用的差异。

⑤ 负离子协同紫外线照射净化生物气溶胶实验,设计不同参数,明确不同消毒技术对病原微生物的灭活能力。(选做)

5.5.5　综合实验案例

某实验小组通过文献调研,确定以大肠杆菌、金黄色葡萄球菌两种代表菌株作为目标污染物,采用电晕放电方式发生负离子,并进行生物气溶胶净化实验。

1. 材料及试剂

大肠杆菌,金黄色葡萄球菌,PBS 缓冲液,氯化钠,酵母提取物,胰蛋白胨,琼脂,一次性无菌培养皿,无菌离心管,透明 96 孔板。

2. 实验仪器

高压电源,负离子发生装置(非标定制),BGI 雾化器,Andersen 六级采样器,离心机,酶标仪,恒温培养箱。

3. 实验装置

采用风道式负离子净化实验系统,由生物气溶胶发生单元、风道单元、生物气溶胶采样单元组成。实验系统如图 5.11 所示。

➤ 生物气溶胶发生单元:由空气压缩机、BGI 雾化器组成。BGI 雾化器装填不同浓度的菌液,预先过滤的洁净空气首先被压缩进雾化器,在喷气口高速气流的作用下,菌液喷出口形成负压,发生器里的菌液被吸至喷嘴后被喷气口高速气流碎裂或分散成无数的气溶胶粒子。生物气溶胶发生装置如图 5.12 所示。

➤ 风道单元:风道单元包括管道风机、多孔均流板、负离子放电模块、高压电源、紫外灯。生物气溶胶经喷雾口喷出通入风道系统后进行混匀,然后经过负离子和紫外灯模块进行灭活。空气负离子发生装置采用碳纤维电极阵列式排布于金属均流板上,外接负高

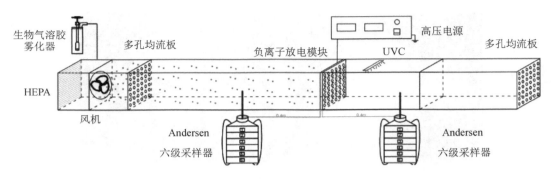

图 5.11　生物气溶胶净化实验系统

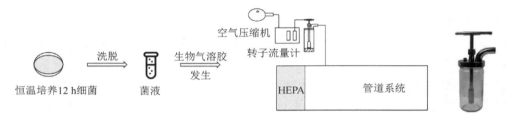

图 5.12　生物气溶胶发生装置

压直流电源,利用尖端电极放电产生高电晕,高速放出大量的电子,电子被空气中的分子立刻捕捉,形成负离子。

➤ 生物气溶胶采样单元:负离子净化模块上、下游 40 cm 分别设置采样点,采样单元使用 Andersen 六级采样器同步采集生物气溶胶,以对比负离子作用前后微生物活性差异。采样器六级孔径模拟人呼吸道的解剖结构,气溶胶不同的采集粒径对应着人体呼吸系统不同深度的器官,模拟不同空气动力学粒径的生物气溶胶在人体呼吸道的穿透和沉积作用。生物气溶胶采样装置如图 5.13 所示。

图 5.13　生物气溶胶采样装置

4. 实验方法与步骤

(1) 生物气溶胶模拟发生

实验选用大肠杆菌、金黄色葡萄球菌消杀难度不同的菌株,分别进行生物气溶胶模拟发生。采用平板划线法分离单菌落,挑取单菌落到液体培养基中,37 ℃恒温培养 12 h 后洗脱到 PBS 缓冲液中,作为实验所用菌液。洗脱过程的具体操作为:将含目标细菌的液体培养基放于离心机中,转速为 7 000 r/min,离心时间为 7 min,之后弃去上清液,加入 PBS 缓冲液,振荡重悬。再次离心 7 min 后弃去上清液,加入 PBS 缓冲液,振荡重悬,稀释到所需浓度,用酶标仪测量 595 nm 处菌液吸光度,初步确定菌液浓度。

（2）生物气溶胶灭活

改变不同菌液种类及菌液浓度，开启负离子发生装置，进行生物气溶胶灭活；改变不同菌液种类及菌液浓度，开启负离子发生装置，同步开启紫外灯，进行生物气溶胶灭活。

（3）生物气溶胶采样

生物气溶胶采样装置采用两台 Andersen 六级撞击式采样器对负离子净化模块上游和下游的微生物气溶胶同步采集 20 s。采集到的生物气溶胶分别撞击在每个级数对应的培养基上，经恒温培养 12 h 后进行菌落计数，并计算消杀效率。

5. 实验数据记录与整理

① 消杀效率计算，即

$$\eta = \frac{C_{净化前} - C_{净化后}}{C_{净化前}} \times 100\%$$

式中：η 为消杀效率；$C_{净化前}$ 为负离子模块上游菌落数（CFU/m³）；$C_{净化后}$ 为负离子模块下游菌落数（CFU/m³），3 组平行组取算数平均值。

② 实验数据记录。数据记录在表 5.11 和表 5.12 中。

表 5.11　空气离子消杀前后菌落计数记录表

单位：CFU/m³

微生物种类	菌落数（平行 1）		菌落数（平行 2）		菌落数（平行 3）	
	对照组	消杀组	对照组	消杀组	对照组	消杀组
大肠杆菌						
金黄色葡萄球菌						

表 5.12　负离子协同紫外消杀前后菌落计数记录表

单位：CFU/m³

微生物种类	菌落数（平行 1）		菌落数（平行 2）		菌落数（平行 3）	
	对照组	消杀组	对照组	消杀组	对照组	消杀组
大肠杆菌						
金黄色葡萄球菌						

③ 根据实验结果绘制出消杀效率柱状图，并计算标准偏差。

5.5.6　思考题

1. 代表性微生物的选择依据是什么？
2. 不同微生物的消杀效率存在差异的原因是什么？

第6章　烟气硫氧化物、氮氧化物控制实验

我国是世界上最大的煤炭生产国和消费国,能源结构决定了我国大气污染仍以煤烟型为主。燃煤火电和工业炉窑排放的 SO_2、NO_x 和烟尘可以说是我国最需要严格控制的核心大气污染物,其不仅破坏大气环境,而且对人类健康以及动植物生长也会带来极大危害。随着我国排放标准的日趋严格,工业生产中脱硫脱硝除尘净化设施的使用越来越普遍,脱硫脱硝除尘技术的应用在环保产业领域发挥了重要作用。本章围绕硫氧化物和氮氧化物的控制,内容主要包括一体化装置同步除尘脱硫实验、SCR 脱硝实验、氧化协同吸收法联合脱硫脱硝实验、低温等离子体协同气雾吸收净化硫硝雾粒实验,以及碱液吸收法脱硫虚拟仿真实验,旨在帮助学生理解烟气特征,掌握脱硫脱硝技术的原理和影响因素,并设计出合理的烟气脱硫脱硝实验方案。

6.1　一体化装置同步除尘脱硫实验

6.1.1　实验设计背景

我国已基本完成燃煤电厂氮氧化物和硫氧化物超低排放改造,各类工业锅炉、工业炉窑烟气脱硫脱硝除尘逐渐成为大气污染控制的重点。燃煤火电烟气脱硫脱硝除尘通常采用串联工艺路线,但由于其存在投资、运行费用偏高和装置占地面积大等缺点,并不适用于烟气波动性大、场地有限的工业炉窑烟气污染物控制。目前,烟气的脱硫方法主要分为湿法、半干法和干法三大类。湿法脱硫主要以石灰/石灰石-石膏石法、双碱法等为主。该方法具有脱硫效率高、系统稳定可靠、脱硫剂价格低等优点,但存在整个体系设备占地面积大,一次性投资费用较高,不能去除重金属、二噁英等多种污染物等缺点。干法脱硫主要包括活性焦法、荷电干式喷射脱硫法、脉冲电晕等离子体法等。干法脱硫具有工艺简单、无污水处理、能耗低且腐蚀性小等优点,但脱硫效率不及湿法。烟气除尘方法可分为干式除尘和湿式除尘。根据除尘的基本原理,除尘可分为机械除尘、湿式除尘(主要是水洗除尘)、过滤除尘、电除尘和声波除尘,以及湿式电除尘等。

在工程实际中,一些小型工业锅炉、工业炉窑,特别是含尘量高的煤粉炉、抛煤机炉,面对着日益严格的环保要求与占地面积不足、烟气波动性大、难以炉膛改造的矛盾,对烟气净化技术存在特殊需求。占地小、结构简单的一体化装置具有同步净化、占地小的优势,能够满足小型工业锅炉、工业炉窑工程需求,是具有应用市场的技术之一。

6.1.2　实验目的和要求

① 掌握脱硫、除尘不同技术的原理,了解脱硫除尘一体化技术在烟气净化方面的应用现状;

② 了解现有一体化装置在技术选择和设备设计中的原则;

③ 尝试根据工程实际,设计不同工艺的一体化装置,理解不同装置运行的影响参数。

6.1.3　实验原理

不同工艺的除尘脱硫一体化装置具有不同的原理,湿式除尘脱硫一体化装置采用湿法脱硫＋湿式除尘的原理;干法除尘脱硫一体化装置采用干法脱硫＋袋式除尘的原理。以湿式除尘脱硫一体化装置原理为例,其装置示意图如图 6.1 所示。

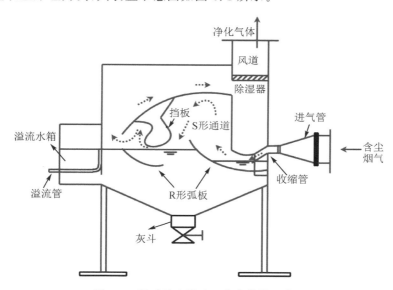

图 6.1　湿式除尘脱硫一体化装置示意图

1. 湿式除尘原理

湿式除尘过程是以水、气、固三相工艺技术组成的一个系统。增大水、气、固的接触面积将直接影响除尘脱硫效果,为了增大接触面积,湿式净化装置采用自激式核凝原理实现除尘,且在除尘室内部设置自循环给水、收缩段、弧形板、扩张段、阶段折流等。烟气通过风机作用产生高速气流冲击液面,烟气由于速度快、温度高而与液面接触后产生大量微小水滴及过饱和水蒸气。烟气中较大粒径粉尘颗粒在流动过程中与水滴碰撞后直接聚结沉降,而微细颗粒作为过饱和蒸气的凝结核,由 $0.1\sim1~\mu m$ 凝聚增大到 $5~\mu m$ 以上。粉尘颗粒经过较长的折流挡板和气液分离器将液固混合物从烟气中分离,实现除尘目的。

2. 湿式脱硫原理

湿式脱硫的主要原理包括两个方面:一是水对二氧化硫的物理化学吸收,二氧化硫溶于水,发生反应 $SO_2 + H_2O \rightleftharpoons H_2SO_3$,这是一个可逆过程,烟气脱硫效果受到最大溶解度的限制;二是化学吸收,烟气中 SO_2 与水中碱性物质发生化学中和反应。

从反应机理来看,脱硫效率与气、液、固三相湍流状态、吸收液的浓度及性质有关。采用双碱法吸收时,包括吸收和再生两个步骤。该法采用钠基碱吸收 SO_2,其反应速度快、反应充分,与钙基相比,在较低液气比时能得到较高的脱硫效率。再生时,吸收 SO_2 的废水进入再生池,用石灰使 $NaOH$ 或 Na_2CO_3 再生,之后重新进入一体化装置内与 SO_2 发生反应。由于生成 $CaSO_3$ 的沉淀反应不在除尘器内部,而是在沉淀再生池中进行,因此,不会在除尘器及管道中产生结垢和堵塞现象,在除尘器内部是吸收反应,生成的是 Na_2SO_3。所以,双碱法具有高脱硫率、不易堵塞结垢等优点，而实际原料是石灰，运行费用也较低。

（1）吸收反应

$$2NaOH + SO_2 \longrightarrow Na_2SO_3 + H_2O \qquad (6.1)$$

$$Na_2CO_3 + SO_2 \longrightarrow Na_2SO_3 + CO_2\uparrow \qquad (6.2)$$

$$Na_2SO_3 + SO_2 + H_2O \longrightarrow 2NaHSO_3 \qquad (6.3)$$

（2）氧化反应

$$2Na_2SO_3 + O_2 \longrightarrow 2Na_2SO_4 \quad （在氧量不足的情况下，该反应不易发生） \qquad (6.4)$$

（3）吸收液再生反应

$$CaO + H_2O \longrightarrow Ca(OH)_2 \qquad (6.5)$$

$$2NaHSO_3 + Ca(OH)_2 \longrightarrow Na_2SO_3 + CaSO_3 \cdot (1/2)H_2O\downarrow + (3/2)H_2O \qquad (6.6)$$

$$Na_2SO_3 + Ca(OH)_2 + (1/2)H_2O \longrightarrow 2NaOH + CaSO_3 \cdot (1/2)H_2O\downarrow \qquad (6.7)$$

有氧存在时：

$$2CaSO_3 \cdot (1/2)H_2O + O_2 + 3H_2O \longrightarrow 2CaSO_4 \cdot 2H_2O\downarrow \qquad (6.8)$$

3. 吸收液循环系统

循环系统由吸收液循环池、循环水泵、循环水管道和加药装置组成。吸收液循环池大小要满足脱硫除尘循环液需要，并能保证其沉淀反应时间。采用封闭式循环运行，以避免二次污染。脱硫采用双碱法，CaO 随冲渣水一起进入沉淀池，在沉淀池中进行再生反应，使得 NaOH 再生。反应生成的沉淀物 CaSO_3、CaSO_4 及灰渣在沉淀池中被分离后，再生吸收液进入清水池。运行初期用的 NaOH 及运行中需补充的 NaOH 在清水池中被加入，pH 值调节在进入沉淀池前进行，其 pH 值应根据含硫量进行调控，为 9~10。

6.1.4　实验设计步骤及要求

① 通过文献调研及综述等方式了解除尘脱硫一体化装置的发展现状，理解除尘、脱硫技术的原理、特点及发展现状，以及除尘脱硫一体化装置在工程中的应用。

② 设计除尘脱硫一体化装置。分析一体化装置在技术选择和设备设计中的原则，根据不同工艺的优缺点，尝试设计出不同工艺结构的除尘脱硫一体化装置结构图。

③ 确定实验方案。根据前期文献调研及分析，设计实验方案初稿，与教师进行讨论，确定实验方案，并培训基本的实验操作方法。

④ 搭建实验系统，完成配气系统、反应系统和检测系统中气路的检漏和仪器检查，保证系统的合理性和实验的可行性。

⑤ 开展脱除 SO_2 的影响实验，考察不同因素对 SO_2 的去除效率的影响，分析实验结果，完善调整实验参数。

⑥ 开展粉尘对 SO_2 影响实验和除尘效率实验。考察多污染物相互间作用及影响，对结果进行分析并讨论。

6.1.5　综合实验案例

某小组在前期文献调研基础上，确定采用干法管道喷射碳酸氢钠协同袋式除尘器脱硫除尘一体化装置进行脱硫除尘实验，选用干法脱硫与布袋除尘技术相结合的原理。

1. 材料及试剂

碳酸氢钠，滑石粉，SO_2（2%，Ar）、N_2（工业纯）和 CO_2（99.9%）均来自钢瓶气体，模拟烟气中所需的压缩空气主要来自空压机。

2. 实验仪器

烟气分析仪，1台；红外烟气分析仪，1台；烟尘采样仪，1台；激光粒度仪，1台；球磨机，1台；转子流量计，1套；气溶胶发生器（TopasSAG-420），1台。

3. 实验系统

干法管道喷射脱硫除尘一体化装置如图6.2所示，整个实验系统由加热系统、粉尘发生系统、文丘里管、脱硫管道、布袋除尘器、引风机以及烟尘检测系统组成。

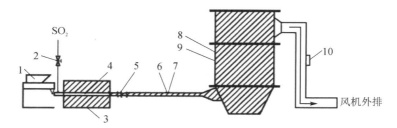

1—气溶胶发生器；2—转子流量计；3—管式炉；4—测温点；5—文丘里管；6—进口烟气采样口；
7—管道测温点；8—箱体测温点；9—布袋除尘器主体；10—出口烟尘、气采样口

图6.2　干法脱硫除尘一体化装置

（1）模拟烟气单元

气体配气单元主要是由钢瓶气体、气体减压阀、气体稳压阀、烟气管道、质量流量计和流量显示屏等组成。模拟烟气中所含的 N_2、CO_2、SO_2 等由各自的钢瓶气体提供，空气由空压机提供；粉尘的制备，是将球磨细化的碳酸氢钠和滑石粉混合均匀后倒入气溶胶发生器（Topas-SAG-420）的给料斗中，之后以压缩空气作为载气将粉尘喷射到管道中。

（2）反应系统

反应系统包括两个部分：一是干法脱硫单元，其结构为管式炉＋文丘里管，管式炉和伴热带将反应装置温度升至设定温度（130～200 ℃），脱硫剂和 SO_2 气体通过文丘里管在管道内高速流动，充分混合并发生一系列的气固非催化反应；二是布袋除尘单元，滤料选用 PTFE 基布，用 PPS 纤网制成的针刺毡制作滤袋，布袋经 PTFE 覆膜之后，耐酸碱腐蚀性好，且经过脉冲清洗之后，布袋除尘器能够正常运行。

（3）检测系统

检测系统主要包括：① 烟气分析系统，采用 Testo 350 烟气分析仪分析出口烟气的 O_2、SO_2 浓度；② 自动烟尘采样仪，用于检测粉尘浓度；③ 红外烟气分析仪，分析出口烟气的 SO_2 和 CO_2 浓度；④ 激光粒度仪，用于测定粉尘粒径分布。

4. 实验方法与步骤

① 实验系统搭建与调试。对烟气管道、接头和阀门进行检漏，对检测仪器进行预操作，将管式炉和伴热带打开进行升温。

② 将球磨细化的碳酸氢钠和滑石粉混合均匀后倒入气溶胶发生器的给料斗中，以压缩空气作为载气将粉尘喷射到管道中，用球磨机在不同球料比的条件下进行球磨，测定碳酸氢钠粒径。

③ 配制模拟烟气，根据配气参数开始预调变模拟烟气，参数包括污染物浓度、风量、风速、停留时间等指标。

④ 脱硫剂粒径对脱硫效率的影响。分别磨制不同粒径的颗粒,在温度为150 ℃、一定入口 SO_2 质量浓度条件下,考察粒径对脱硫效率的影响。

⑤ 烟气温度对脱硫效率的影响。分别设定 130～200 ℃ 区间的不同温度,在保证入口一定 SO_2 质量浓度条件下,考察温度对脱硫效率的影响。

⑥ SO_2 质量浓度对脱硫效率的影响。设定温度为 150 ℃,分别调整不同的 SO_2 质量浓度,考察 SO_2 质量浓度对脱硫效率的影响。

5. 实验数据记录与整理

① SO_2 去除率,即

$$SO_2\ 的去除率 = \frac{C_{in,SO_2} - C_{out,SO_2}}{C_{in,SO_2}} \times 100\% \tag{6.9}$$

式中: C_{in,SO_2} 和 C_{out,SO_2} 分别为反应器入口和出口的 SO_2 的浓度,mg/m^3。

② 实验时将数据记录到数据表中,如表 6.1 所列。

表 6.1 除尘脱硫一体化装置进出口烟气参数数据记录表

测定日期:＿＿＿＿＿＿＿＿＿＿＿

项　目	时间/min	大气压力/kPa	环境温度/℃	烟气温度/℃	烟气流速/$(m \cdot s^{-1})$	SO_2 浓度/$(mg \cdot m^{-3})$	烟尘浓度/$(mg \cdot L^{-1})$
烟气进口	—						
烟气出口	5						
	10						
⋮	⋮						

6.1.6　思考题

1. 一体化装置与传统烟气净化装置比较,其优缺点有哪些?

2. 多污染协同治理除了脱硫除尘一体化装置外,还可以选择哪些污染物协同处理?采用什么技术?

6.2　重金属中毒对 SCR 脱硝性能影响实验

6.2.1　实验设计背景

氮氧化物(NO_x)是造成大气灰霾和臭氧超标的重要前体物,选择性催化还原(SCR)脱硝技术是火电企业广泛应用的脱硝技术,$NH_3 - SCR$ 脱硝技术是控制非电行业(如钢铁、水泥和玻璃等)烟气中 NO_x 排放的有效手段。以 $V_2O_5 - WO_3/TiO_2$ 为代表的钒基催化剂是目前主流的商用脱硝催化剂,具有良好的脱硝性能和热稳定性,但其价格高(3 500～4 000 美元/t),约占 SCR 控制系统总成本的 50%。这些催化剂由于受到烟气中重金属等杂质的影响,容易失活而缩短使用寿命,为应用带来了巨大挑战。

重金属的中毒失活机制复杂,重金属除了会造成催化剂孔隙堵塞和比表面积下降的物理失活外,还会破坏催化剂的表面酸性和氧化还原能力。明确单个或多个重金属对 SCR 脱硝性能及传统钒基脱硝催化剂中毒失活的影响因素,对指导复杂烟气条件下的高效稳定脱硝,以及设计开发具有抗重金属中毒性能的催化体系有着重要的理论价值和实际意义。

6.2.2 实验目的和要求

① 掌握 NH_3-SCR 脱硝技术的特点和反应机制,熟悉 NH_3-SCR 脱硝技术的影响参数;
② 了解目前主流的商用脱硝催化剂的优缺点;
③ 熟悉造成催化剂中毒的重金属种类及失活类型;
④ 尝试使用比表面积与孔体积测试、XRD、红外光谱等表征测试仪器。

6.2.3 实验原理

NH_3-SCR 技术的反应原理是以 NH_3 为还原剂,NO_x(主要为 NO 和 NO_2)在催化剂表面活性位点的化学还原。有研究认为,NH_3 分子在催化剂表面 Brønsted 和 Lewis 酸位点吸附形成 NH_4^+、NH_3 或酰胺(NH_2),在催化剂作用下与气相或已吸附的 NO_x 分子反应产生 N_2 和 H_2O。

钒基催化剂 NH_3-SCR 反应示意图如图 6.3 所示。反应分为三个步骤:① NH_3 吸附在催化剂表面酸中心;② 被吸附的 NH_3 与 NO 反应,形成可以分解产生 N_2 和 H_2O 的中间体,同时表面 V^{5+} 位点被还原为 V^{4+};③ 还原的 V^{4+} 位点被 O_2 再次氧化。

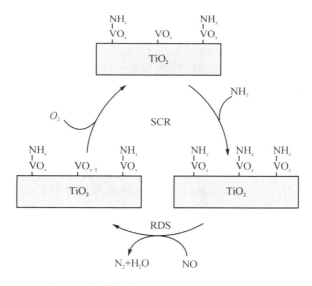

图 6.3 钒基催化剂 NH_3-SCR 反应示意图

烟气成分复杂,烟气中的粉尘会造成催化剂磨损、孔隙堵塞,烟气所含的 SO_2、H_2O、HCl、碱(土)金属、重金属等物质还会造成催化剂中毒,导致脱硝催化剂的脱硝性能有不同程度的下降。脱硝催化剂的失活类型可分为两种:物理失活和化学失活,后者也称为中毒失活,如图 6.4 所示。脱硝催化剂的化学失活指的是烟气中的毒物与催化剂的活性位点发生反应使其钝化失活的中毒现象。化学失活是造成催化剂性能下降、寿命锐减的主要原因。

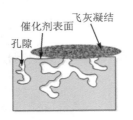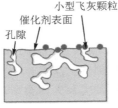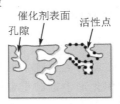

覆盖：
催化剂表面被粉煤灰凝结的堵塞

堵塞：
孔隙被小型飞灰颗粒堵塞

中毒：
活性点被化学侵蚀导致失活

图 6.4　催化剂失活类型

6.2.4　实验设计步骤及要求

① 选取代表性重金属毒物。首先通过文献调研及综述等方式,分析不同重金属对脱硝催化剂的影响,选择合适的几种重金属进行方案设计,并理解催化剂失活类型。

② 选取实验用 SCR 脱硝催化剂。通过文献调研及综述,分析主流的商用脱硝催化剂的优缺点,了解催化剂的制备方法。

③ 确定实验方案。根据前期文献调研及分析,设计实验方案初稿,与教师进行讨论,确定实验方案,并培训基本的实验操作方法。

④ 制备催化剂。按照催化剂制备方法分别制备新鲜和不同重金属中毒催化剂。

⑤ 搭建性能评价实验系统。完成配气系统、反应系统和分析系统中气路的检漏,保证系统的合理性。

⑥ 开展重金属中毒对催化剂脱硝性能影响实验。考察不同重金属单独存在或复合存在时,重金属种类对催化剂脱硝性能的影响,分析实验结果。

⑦ 对催化剂进行表征测试,尝试分析中毒机理。

6.2.5　综合实验案例

某小组在前期文献调研基础上,确定进行重金属中毒对催化剂脱硝性能影响实验,分别考察 As、Zn 两种重金属对 $V_2O_5 - WO_3/TiO_2$ 催化剂中毒效应及对脱硝性能的影响。

1. 材料及试剂

偏钒酸铵,钨酸铵,草酸,二氧化钛,氨水,砷标准溶液,硝酸锌,氩气(>99.99%),氧气(>99.99%),氦气(>99.99%),一氧化氮/氩气(1%),氨气/氩气(1%),二氧化硫/氩气(2%),氢气/氩气(10%),液氮。

2. 实验仪器

电子天平,1 台;pH 计,1 台;粉末压片机,1 台;循环水式多用真空泵,1 台;旋转蒸发仪,1 台;电热恒温鼓风干燥箱,1 台;箱式炉,1 台;数显恒温磁力搅拌器,1 台;微型气体吸附仪,1 台;气体减压器,1 台;质量流量计,1 套;烟气分析仪,1 台;ICP - MS,1 台。

3. 实验系统

$NH_3 - SCR$ 脱硝性能评价由催化剂脱硝性能评价系统进行测试,装置流程图如图 6.5 所示。催化剂脱硝性能评价系统主要由配气系统、反应系统以及检测系统组成。

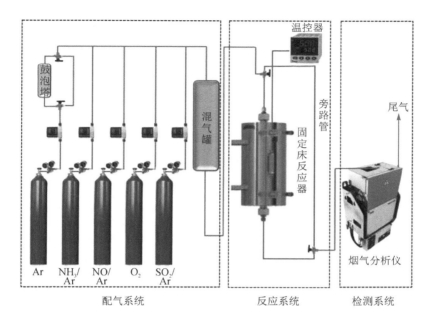

图 6.5　NH₃ - SCR 催化剂性能评价系统

（1）配气系统

该系统为 NH_3 - SCR 脱硝系统提供模拟烟气,由气瓶、减压阀、质量流量计、三通阀、水蒸气鼓泡塔、混气罐等组成。根据实验烟气,模拟烟气中各气体组分浓度,Ar 作为平衡气体,确定模拟烟气总流量。

（2）反应系统

装载脱硝催化剂的反应管为 L 形石英管(内径为 6 mm),模拟烟气从反应管的上端进入,与脱硝催化剂接触并发生催化反应后从反应管的出口排出。测试时,将催化剂装载到固定床石英反应器中进行,依靠温控器对反应管进行程序升温,在不同的温度下进行反应。

（3）检测系统

采用红外气体分析仪,先将反应系统的气路调到旁路,使混合后的气体不经催化剂直接通入气体分析仪,记录初始模拟烟气中各气体组分浓度(NO、N_2O、NO_2 和 NH_3)。然后改变气路方向,使模拟烟气通入反应器,在 150～450 ℃温度范围内,每 50 ℃记录一组反应体系达到稳定状态时的各气体浓度。

4．实验方法与步骤

① 制备新鲜催化剂。通过浸渍法制备 V_2O_5 - WO_3/TiO_2(VWTi)催化剂,V_2O_5 和 WO_3 的质量分数分别为 1%、4%,具体步骤如下:

a) 分别用 50 mL 草酸溶液(50 g/L)溶解 0.232 5 g 钨酸铵((NH_4)₆W_7O_{24} · 6H_2O)和 0.064 5 g 偏钒酸铵(NH_4VO_3),配成两种溶液;

b) 将上述两种溶液混合,并在磁力搅拌器上搅拌均匀;

c) 向混合溶液中加入 4.75 g 二氧化钛(TiO_2),搅拌均匀;

d) 将混合浆液放入超声波清洗器中超声 15 min,继续搅拌 3 h;

e) 搅拌好的混合浆液再次超声 15 min，然后利用旋转蒸发仪去除混合浆液的水分，将产物在 105 ℃下干燥过夜；

f) 将干燥后的样品转至箱式炉中，以 2 ℃/min 的加热速率，在 500 ℃下焙烧 3 h；

g) 将焙烧好的样品压片、研磨、筛分得到 40～60 目样品，待后续活性测试。

② 中毒催化剂制备。在新鲜催化剂的基础上，通过浸渍法制备 As、Zn 不同重金属中毒催化剂，通过 ICP - MS 得到确认重金属在催化剂上的质量分数，具体步骤如下：

a) 称取 0.5 g 催化剂于 15 mL 玻璃瓶中，用移液枪向玻璃瓶中加入一定体积的砷或锌标准溶液（砷或锌标准溶液浓度为 10 mg/mL）；

b) 得到的混合浆液置于磁力搅拌器中搅拌，在 65 ℃水浴加热下蒸发直至粘稠状后，超声 15 min，然后在 105 ℃下干燥过夜；

c) 将干燥后的样品转移至箱式炉中，以 2 ℃/min 的加热速率，在 500 ℃下焙烧 3 h；

d) 将焙烧好的样品压片、研磨、筛分得到 40～60 目样品，待后续活性测试。

③ 实验系统搭建与调试。对烟气管道、接头和阀门进行检漏，对检测仪器进行预操作，将管式炉和伴热带打开进行升温。

④ 配制模拟烟气，根据配气参数开始预调变模拟烟气，包括污染物浓度、烟气总流量、温度等指标。

⑤ 分别考察 As、Zn 两种重金属单独存在时对 $V_2O_5 - WO_3/TiO_2$ 催化剂中毒效应及对脱硝性能的影响，检测出口 NH_3、NO_x 和 N_2O 的量，分析实验结果。

⑥ 尝试进行表征测试，分析中毒机理。

5. 实验数据记录与整理

① 催化活性评价指标。采用 NO_x 转化率、N_2 选择性等参数来评价新鲜以及中毒催化剂的催化活性，各指标的计算公式如下：

$$NO_x \text{ 转化率} = \frac{[NO_x]_{in} - [NO_x]_{out}}{[NO_x]_{in}} \times 100\% \tag{6.10}$$

$$N_2 \text{ 选择性} = \left(1 - \frac{2[N_2O]_{out}}{[NO_x]_{in} - [NO_x]_{out} + [NH_3]_{in} - [NH_3]_{out}}\right) \times 100\% \tag{6.11}$$

在上述指标的计算公式中，各符号代表的内容如下：$[NO_x]_{in}$ 和 $[NH_3]_{in}$ 是进气口的气态 NO_x（主要是 NO、NO_2）和 NH_3 的浓度，mg/m^3；$[N_2O]_{out}$、$[NO_x]_{out}$ 和 $[NH_3]_{out}$ 是出气口的气态 N_2O、NO_x 和 NH_3 的浓度，mg/m^3。

② 实验数据可记录在表 6.2 和表 6.3 中。

表 6.2　新鲜及中毒催化剂的重金属元素质量分数、比表面积和孔体积数据记录表

催化剂	重金属元素质量分数/%	比表面积/($m^2 \cdot g^{-1}$)	孔体积/($cm^3 \cdot g^{-1}$)
VWTi	—		
VWTi - As			
VWTi - Zn			

表 6.3　重金属中毒对脱硝性能影响实验数据记录表

测定日期：_____

项　目	烟气温度/℃	烟气总流量/ (mL·min^{-1})	NO$_x$ 浓度/ (mg·m^{-3})	NH$_3$ 浓度/ (mg·m^{-3})	N$_2$O 浓度/ (mg·m^{-3})
烟气出口	200				
	250				
	300				
	⋮				

6.2.6　思考题

1. 脱硝催化剂中毒的原因及防范措施有哪些？
2. 烟气 SO$_2$ 造成脱硝催化剂中毒的机理是什么？如何防范？

6.3　氧化协同吸收法联合脱硫脱硝实验

6.3.1　实验设计背景

　　燃煤火电和工业炉窑排放的 NO$_x$ 和 SO$_2$ 是造成我国大气污染严重的主要原因之一，我国已在 2020 年基本完成燃煤电厂的超低排放改造，各类工业炉窑烟气脱硫脱硝已成为大气污染控制的重点。燃煤火电烟气脱硫脱硝所采用的串联工艺路线存在投资、运营费用偏高和净化装置占地面积大等缺点，且串联工艺路线应用于工业炉窑烟气脱硫脱硝时也面临烟气特征不匹配问题。工业炉窑脱硫脱硝技术不能简单地套用火电厂锅炉所采用的组合式净化工艺，因此需要开发合理的净化技术，在提高脱硫脱硝效率、降低投资和运营费用的同时，实现多种污染物的综合脱除。

　　工业炉窑烟气具有以下特点：① 烟气负荷随不同的运行工况波动较大；② 中小排污企业污染处理设施预留空间较小；③ 很多中小排污企业已安装脱硫设施，需要新增脱硝设施。未来脱硫脱硝技术的发展，特别是针对工业炉窑，主要集中在两大方面：一方面是烟气同时脱硫脱硝技术的研究；另一方面是在原有脱硫技术基础上研发强化脱硫脱硝技术。

6.3.2　实验目的和要求

　　① 掌握脱硫脱硝工艺的技术特点，了解联合脱硫脱硝技术在烟气净化方面的应用现状；
　　② 掌握不同氧化协同吸收法脱硫脱硝技术特点，熟知工艺可采用的氧化剂、吸收剂种类；
　　③ 了解联合脱硫脱硝实验反应装置的结构与性能，理解氧化剂氧化能力和吸收液吸收能力的影响因素。

6.3.3　实验原理

　　对于同步烟气脱硫脱硝工艺，脱硝是关键点。由于 SO$_2$ 水溶性、活性强，而 NO$_x$ 中占比 90% 以上的 NO 水溶性差，稳定性高，实际应用中脱硝比脱硫更难。对工业炉窑，同时脱硫脱硝或者在脱硫工艺的基础上实现高效脱硝，其难点主要是如何将 NO 活化。利用氧化剂将

NO 氧化成活性高的 NO_2 等高价态 NO_x,之后采用吸收工艺将 SO_2 和 NO_2 同时去除是同步脱硫脱硝的有效技术方案。

不同氧化剂和吸收液在联合脱硫脱硝过程中发生的化学反应千差万别,实验前可通过计算反应的吉布斯函数($\Delta_r G(T)$)和化学反应平衡常数($K^\ominus(T)$)来对反应进行的自发性及反应的限度进行分析。计算公式如下:

$$\Delta_r G^\ominus = \sum \Delta_f G_m^\ominus(产物) - \sum \Delta_f G_m^\ominus(反应物) \tag{6.12}$$

$$\Delta_r H^\ominus = \sum \Delta_f H_m^\ominus(产物) - \sum \Delta_f H_m^\ominus(反应物) \tag{6.13}$$

$$\Delta_r H_m(T) = \Delta_r H^\ominus + \int_{298.15K}^T \Delta_r C_{p,m} dT \tag{6.14}$$

$$\Delta_r C_{p,m}^\ominus = \sum \gamma C_{p,m}^\ominus(产物) - \sum \gamma C_{p,m}^\ominus(反应物) \tag{6.15}$$

$$\Delta_r G_m(T) = \Delta_r H_m(T) - T\Delta_r S_m^\ominus(T)$$

$$= \Delta_r H_m(T) - T\Delta_r S_m^\ominus(298.15K) - T\int_{298.15}^T \frac{\Delta_r C_{p,m}}{T} dT \tag{6.16}$$

$$K^\ominus = \exp\left[-\frac{\Delta_r G^\ominus}{RT}\right] \tag{6.17}$$

以气相 O_3 氧化协同湿法吸收脱硫脱硝为例,该方案是将 O_3 投加到烟道中,使烟气先与 O_3 混合并氧化 NO_x(包括 NO 和 NO_2)。然后,烟气进入湿式吸收塔,利用碱性吸收液吸收脱除 SO_2 和 NO_x 氧化产物。涉及的主要反应如下:

(1) 气相氧化

$$NO + O_3 \longrightarrow NO_2 + O_2 \tag{6.18}$$

$$NO_2 + O_3 \longrightarrow NO_3 + O_2 \tag{6.19}$$

$$NO_2 + NO_3 \longrightarrow N_2O_5 \tag{6.20}$$

(2) 湿法吸收(以石灰浆液作吸收液为例)

$$SO_2 + Ca(OH)_2 + 1/2O_2 \longrightarrow CaSO_4 \cdot H_2O\downarrow \tag{6.21}$$

$$4NO_2 + 2Ca(OH)_2 \longrightarrow Ca(NO_3)_2 + Ca(NO_2)_2 + 2H_2O \tag{6.22}$$

$$N_2O_5 + Ca(OH)_2 \longrightarrow Ca(NO_3)_2 + H_2O \tag{6.23}$$

氧化协同吸收法联合脱硫脱硝实验原理,本质是气液相化学反应,学生可根据化学反应的可行性及工程运行成本等因素,设计不同的实验方案。

6.3.4 实验设计步骤及要求

① 选取氧化剂种类。首先通过文献调研及综述等方式,分析不同氧化剂的优缺点及影响因素,选择合适的氧化剂进行方案设计,并理解氧化剂氧化 NO 反应的机理。

② 选取吸收液种类。通过文献调研及综述,分析不同吸收液的优缺点及影响因素,选择合适的吸收液进行方案设计,并理解吸收液与 NO_x 和 SO_2 反应的机理。

③ 确定实验方案。根据前期文献调研及分析,设计实验方案初稿,与教师进行讨论,确定实验方案,并培训基本的实验操作方法。

④ 搭建实验系统,完成配气系统、反应系统和检测系统中气路的检漏,保证系统的合理性。

⑤ 可分别开展氧化实验和吸收实验,考察不同因素对 NO_x 和 SO_2 去除效率的影响,分析

实验结果,完善调整实验参数。

⑥ 开展氧化协同吸收实验,基于单项实验结果,进行联合脱硫脱硝实验,获得最佳实验条件和去除效率,对结果进行分析并讨论。(选做)

⑦ 分析氧化协同吸收法联合脱硫脱硝实验反应机理。(选做)

6.3.5　综合实验案例

某实验小组在前期文献调研基础上,确定采用气相氧化协同吸收的方法进行联合脱硫脱硝。实验以 O_3 作为氧化剂,0.1% 的 NaOH 溶液作为吸收液进行实验研究。

1. 材料及试剂

盐酸(分析纯),氢氧化钠(分析纯),O_2(99%,用于臭氧发生器产生 O_3)、NO(2%,Ar)、NO_2(2%,Ar)、SO_2(2%,Ar)、N_2(工业纯)和 CO_2(99.9%)均来自钢瓶气体,模拟烟气中所需的 O_2 主要来自气体发生器。

2. 实验仪器

质量流量计,1台;pH 计,1台;烟气分析仪,1台;臭氧发生器,1台;双层玻璃反应釜,1台;机械搅拌器,1台;蠕动泵,1台;恒温循环水浴,1台;低温冷却液循环泵,1台;红外光谱仪,1台;离子色谱仪,1套。

3. 实验系统

实验系统由配气单元、反应单元和检测单元组成,如图 6.6 所示。

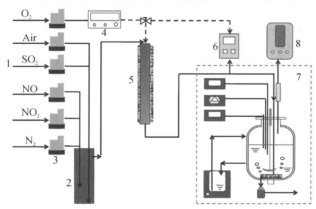

1—钢瓶气源;2—缓冲罐;3—质量流量控制器;4—臭氧发生器;
5—气相反应管;6—臭氧分析仪;7—液相吸收装置;8—烟气分析仪

图 6.6　气相氧化协同吸收脱硫脱硝实验装置示意图

(1) 配气单元

配气单元包括烟气配气单元和臭氧发生单元。① 烟气配气单元主要由 O_2、N_2、CO_2、NO、NO_2 和 SO_2 中全部或部分气体组成,各路气体由流量控制器控制,各路气体在缓冲罐中进行均匀混合后,与臭氧接触发生反应;② 臭氧配气单元是由臭氧发生装置产生,气源由钢瓶中 O_2 提供,O_3 的浓度由 O_2 流量控制,之后与缓冲罐中混匀后的烟气进行接触反应。

(2) 反应单元

反应单元也包括两个部分:一是臭氧与 NO 接触反应部分;另一个是液相吸收部分,采用搅拌式鼓泡反应器。

(3) 检测单元

检测单元主要包括:① 烟气分析系统,采用 Testo 350 烟气分析仪分析出口烟气的 O_2、NO、NO_2、SO_2 和 CO_2 浓度;② O_3 分析仪,用于检测 O_3 的浓度。

4. 实验方法与步骤

① 实验系统搭建与调试。对工艺管路、接头和阀门进行检漏。然后根据不同的影响参数开始调变实验。

② O_3/NO 摩尔比对 NO 氧化的影响。在控制烟气停留时间和反应时间条件下,模拟烟气组分为 $6\%O_2+12\%CO_2+0.03\%NO+0.05\%SO_2+N_2$,改变不同 O_3 浓度,在出口处使用烟气分析仪测定 NO 和 SO_2 的浓度,考察 O_3/NO 摩尔比对不同模拟烟气中 NO 和 SO_2 的氧化情况。

③ 烟气中 SO_2 对 NO 氧化的影响。在控制烟气停留时间条件下,模拟烟气组分为 $6\%O_2+12\%CO_2+0.03\%NO+N_2$,$O_3/NO$ 的摩尔比=1。改变 SO_2 浓度分别为 0.05%、10%、15%,在出口处使用烟气分析仪测定 NO 和 SO_2 的浓度,考察 O_3/NO 摩尔比对不同模拟烟气中 NO 和 SO_2 的氧化情况。

④ 吸收液浓度对氧化协同吸收脱硫脱硝的影响。在控制烟气停留时间条件下,模拟烟气组分为 $6\%O_2+12\%CO_2+0.03\%NO+0.05\%SO_2+N_2$,改变不同吸收液浓度分别在 1%、2%、5%、7% 时,考察不同吸收液浓度下 NO_x 和 SO_2 的去除情况。

⑤ 吸收液 pH 值对氧化协同吸收脱硫脱硝的影响。在控制烟气停留时间条件下,模拟烟气组分为 $6\%O_2+12\%CO_2+0.03\%NO+0.05\%SO_2+N_2$,改变吸收液 pH 值分别为 10、8、6、4,分别考察对应条件下的 NO_x 和 SO_2 的去除。

5. 实验数据记录与整理

① SO_2 和 NO_x 的去除率。NO 或 SO_2 的去除率与 NO_x 的去除率表达式分别为

$$NO \text{ 或 } SO_2 \text{ 的去除率} = \frac{C_{in,NO\ or\ SO_2} - C_{out,NO\ or\ SO_2}}{C_{in,NO\ or\ SO_2}} \times 100\% \tag{6.24}$$

$$NO_x \text{ 的去除率} = \frac{C_{in,NO} - (C_{out,NO} + C_{out,NO_2})}{C_{in,NO}} \times 100\% \tag{6.25}$$

式中:$C_{in,NO\ or\ SO_2}$ 和 $C_{out,NO\ or\ SO_2}$ 分别为反应器入口和出口的 NO_x 或 SO_2 的浓度,mg/m^3。

② 实验数据可记录在表 6.4 和表 6.5 中。

表 6.4 O_3/NO 摩尔比对 NO 氧化的影响实验记录表

操作条件:气体组分=_____;温度=_____℃

气体流量=_____L/min;气压=_____kPa

序　号	反应时间/min	NO 出口浓度/$(mg \cdot m^{-3})$	O_3 出口浓度/$(mg \cdot m^{-3})$	SO_2 出口浓度/$(mg \cdot m^{-3})$	NO_x 出口浓度/$(mg \cdot m^{-3})$
$O_3/NO=0.5$	60				
$O_3/NO=1.0$	60				
$O_3/NO=1.5$	60				
$O_3/NO=2.0$	60				
$O_3/NO=2.5$	60				

表 6.5　不同参数对 NO_x 去除的影响实验记录表

操作条件:气体组分=＿＿＿＿＿＿;温度=＿＿＿＿＿＿℃

气体流量=＿＿＿＿＿＿L/min;气压=＿＿＿＿＿＿kPa

序　号	反应时间/min	NO 出口浓度/$(mg \cdot m^{-3})$	O_3 出口浓度/$(mg \cdot m^{-3})$	SO_2 出口浓度/$(mg \cdot m^{-3})$	NO_x 出口浓度/$(mg \cdot m^{-3})$
参数 1	记录/5 min				
参数 2	记录/5 min				
参数 3	记录/5 min				
参数 4	记录/5 min				
参数 5	记录/5 min				
⋮					

6.3.6　思考题

1. 目前联合脱硫脱硝技术有哪些?发展与工程应用现状如何?
2. 化学传感器的烟气分析仪在检测时是否存在干扰?如何校准?

6.4　低温等离子体协同气雾吸收净化硫硝雾粒实验

6.4.1　实验设计背景

NO_x 和 SO_2 是燃煤烟气中最主要的大气污染物,其排放能造成酸雨、光化学烟雾和温室效应等多种环境问题。为了有效地控制烟气污染形势,火电厂等工业烟气净化措施已广泛使用。湿式石灰石-石膏法等湿法脱硫工艺因具有效率高、运行稳定、投资和运行费用较低的优势而被广泛应用,约占已建烟气脱硫工程的 80% 以上。然而湿法脱硫存在脱硫雾的问题,可造成酸雾、石膏雨或氨雾等大气污染,并引起设备腐蚀。

电除雾(也称湿式电除雾,WESP)是借助高压放电使雾粒荷电,并在电场力作用下定向运动,最终从气流中分离出来的除雾方式。电除雾器本体包括放电极(通常接高压电源负极)、捕雾极和壳体(两者皆接地)。从系统构成来看,电除雾装置与借助高压放电产生具有氧化活性的非热等离子体反应器并无本质区别,只是供电电源和电极配置方式存在差异。考虑到电除雾系统内所含雾粒和液膜可以吸收 NO_2 或具有较高氧化度的 NO_x,而非热等离子体可以氧化烟气中的 NO,提高 NO_x 氧化度。可以设想,若通过电除雾系统的改造,能够实现两个"高效",一是气雾环境中的低温等离子体能够"高效"氧化占原烟气比重达 90% 以上的 NO;二是湿法烟气脱硫雾粒和电极液膜能够"高效"吸收脱除具有高氧化度的 NO_x,则可在一个处理装置内完成除雾和脱硝任务,从而简化烟气处理系统,降低处理费用和空间需求。

6.4.2　实验目的和要求

① 掌握脱硫雾粒成分特点,了解低温等离子体应用于大气污染控制的研究现状和发展趋势;

② 了解低温等离子体反应系统的结构与组成,学会测定脉冲电压电流及功率的测定方

法,掌握注入能量的计算方法;

③ 掌握低温等离子体协同吸收脱硝机理及其放电参数对脱硝性能的影响。

6.4.3 实验原理

等离子体被称为除固态、液态和气态之外的第 4 种物质形态,是由分子、原子、电子、正负离子、激发态分子、基态原子(或原子团)以及光子组成的导电性流体,整体保持电中性。低温等离子体可通过气体高电压放电(如电晕放电、介质阻挡放电等)的方法产生。在外加强电场的作用下,气体中的自由电子被电场加速从而获得足够使气体发生电离的能量,通过电子和气体的碰撞反应、激发转移反应和自由基的重组反应等过程,形成自由基等"活性电子",其对烟气中污染物的去除主要取决自由基反应和自发化学反应。气体放电条件下低温等离子体的化学反应过程如图 6.7 所示。

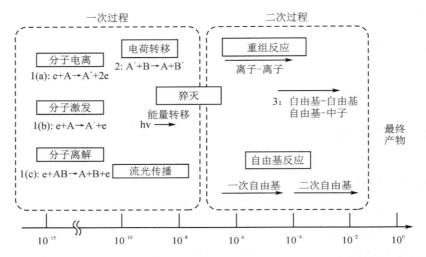

图 6.7 气体放电条件下低温等离子体的化学反应过程(A 及 B 代表中性原子或分子)

自由基生成的过程如下:

$$N_2,O_2,H_2O \text{ 和 } CO_2 \text{ 等} + e^- \longrightarrow O\cdot,O_2\cdot,OH\cdot,H\cdot \text{ 等} \tag{6.26}$$

NO 及 SO_2 在等离子体中反应的过程非常复杂,其主要的反应如下:

$$NO + O\cdot \longrightarrow NO_2 \tag{6.27}$$

$$NO + OH\cdot \longrightarrow HNO_2 \tag{6.28}$$

$$HNO_2 + OH\cdot \longrightarrow NO_2 + H_2O \tag{6.29}$$

$$NO + O_3 \longrightarrow NO_2 + O_2\cdot \tag{6.30}$$

$$NO + HO_2\cdot \longrightarrow NO_2 + OH\cdot \tag{6.31}$$

$$NO_2 + OH\cdot \longrightarrow HNO_3 \tag{6.32}$$

$$SO_2 + O\cdot \longrightarrow SO_3 \tag{6.33}$$

$$SO_2 + OH\cdot \longrightarrow HSO_3\cdot \tag{6.34}$$

$$HSO_3\cdot + O_2 \longrightarrow SO_3 + HO_2\cdot \tag{6.35}$$

$$SO_2 + HO_2\cdot \longrightarrow SO_3 + OH\cdot \tag{6.36}$$

$$SO_3 + H_2O \longrightarrow H_2SO_4 \tag{6.37}$$

低温等离子体协同气雾吸收净化硫硝雾粒实验首先在湿法气雾环境中利用低温等离子体

氧化占原烟气比重达90％以上的NO;接着利用湿法烟气脱硫雾粒和电极液膜吸收脱除具有高氧化度的NO_x。影响低温等离子体脱硝效率的主要因素包括放电电压、放电电流、烟气流量、烟气温度、气雾条件、烟气组分等。

6.4.4 实验设计步骤及要求

① 通过文献调研及综述等方式选取低温等离子体发生装置种类,了解电子束放电、电晕放电、介质阻挡放电法的工作原理、优缺点和适用性,筛选用于烟气脱硫脱硝的低温等离子体发生装置。

② 明确低温等离子体发生和液相吸收法脱硫脱硝影响因素。通过文献调研及综述,了解低温等离子体放电特性的参数及检测手段。

③ 了解脱硫气雾理化特性。通过文献调研及综述,了解脱硫气雾组成、pH值等参数,了解适用于工业脱硫脱硝吸收液的种类。

④ 确定实验方案。根据前期文献调研及分析,设计实验方案初稿,与教师进行讨论,确定实验方案,并培训基本的实验操作方法。

⑤ 搭建实验系统,完成配气系统、反应系统和检测系统中气路的检漏,保证系统的合理性。

⑥ 放电参数对脱硫脱硝的影响实验,考察不同放电参数对NO_x和SO_2的去除效率的影响,分析实验结果,完善调整实验参数。

⑦ 气雾条件对脱硫脱硝的影响实验,考察不同气雾条件对NO_x和SO_2的去除效率的影响,分析实验结果,完善调整实验参数。(选做)

⑧ 气相组分对脱硫脱硝的影响实验,考察不同气相组分对NO_x和SO_2的去除效率的影响,分析实验结果,完善调整实验参数。(选做)

⑨ 实验结果与讨论,整理实验报告。

6.4.5 综合实验案例

某实验小组在前期文献调研基础上,确定采用电晕低温等离子体耦合气雾/液膜同步脱硫脱硝的方法。

1. 材料及试剂

N_2(99.999％)、CO_2(99.999％)、NO(1.94％,Ar作平衡气)、NO_2(0.986％,Ar作平衡气)、SO_2(2.0％,Ar作平衡气)均来自钢瓶气体,Na_2SO_4(分析纯),Na_2SO_3(分析纯),$FeSO_4$(分析纯)。

2. 实验仪器

质量流量计,1套;空压机,1台;高压电源(正极性),1台;高压电源(负极性),1台;蠕动泵,1台;pH计,1台;烟气分析仪,1台;臭氧分析仪,1台;便携式温湿度计,1个;多孔玻璃吸收瓶,2个;示波器,1台;电压探头,1台;离子色谱仪,1台;超声雾化器,1台。

3. 实验系统

实验系统由配气单元、高压放电单元、反应单元和检测单元组成,如图6.8所示。

(1) 配气单元

配气单元主要是由钢瓶气体、气体减压阀、气体稳压阀、不锈钢气路/聚四氟乙烯气路管、质量流量计和流量显示屏等组成。模拟烟气中所含的N_2、CO_2、SO_2、NO和NO_2等均由各自

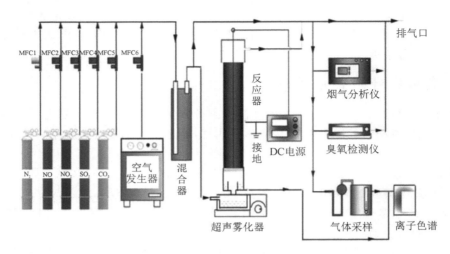

图 6.8　低温等离子体耦合气雾反应器

的钢瓶气体提供,空气由空压机提供。模拟烟气的基本组分为 $6\%O_2+12\%CO_2+0.024\%$ NO(如无特殊说明)。在考察具体的烟气组分的影响时,会对上述气体成分的配比进行调整或是添加其他的气体组分,如 SO_2 或 NO_2。

（2）高压电源单元

采用的高压电源为两台负直流电源和一台正直流电源。电压可调范围为 $0\sim25$ kV,最大输出功率为 10 kW。

（3）反应单元

等离子体反应器采用的是串齿线-筒状结构。低温等离子体借助在串齿线放电极与圆筒接地极之间施加直流高压形成的电晕放电产生,其中,串齿线放电极为等间距串接若干个放电齿轮的不锈钢棒,每个齿轮上均布置 4 个放电尖端;接地极为筒状不锈钢管或是有机玻璃管。放电的异极距为 25 mm,有效长度定义为顶端和底端放电齿在反应器轴向的距离。串齿线放电极和放电齿轮示意图如图 6.9 所示。

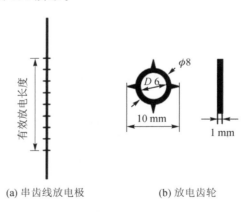

(a) 串齿线放电极　　　　　(b) 放电齿轮

图 6.9　串齿线放电极和放电齿轮示意图

为了探索气雾及电极清洗液在接地极形成的液膜对 NO 的氧化及 NO_x 的脱除作用,反应器下方设置超声雾化装置,内部装有吸收液,模拟发生气雾。

（4）检测单元

本实验的检测单元主要包括：① 烟气分析系统,采用 Testo 350 烟气分析仪分析出口烟气的 O_2、NO、NO_2、SO_2 和 CO_2 浓度；② O_3 分析仪,用于检测 O_3 的浓度；③ 大气采样器、多孔玻板吸收瓶和离子色谱仪等。

4. 实验方法与步骤

① 实验系统搭建与调试过程。对模拟烟气管路、接头以及阀门均进行调试和检漏。将高压电源、反应系统、分析单元进行调试,使符合实验要求。

② 配气过程。根据总流量和污染物浓度进行计算后配制模拟烟气,打开气瓶,用流量计调节各气路流量。模拟烟气的基本组分为 $6\%O_2+12\%CO_2+0.024\%$ NO。

③ 放电条件对 NO_x 和 SO_2 脱除的影响。放电条件可选择考察极间距、放电区长度、放电通道数以及供电极性等参数。例如供电极性的影响,实验采用不同极性直流高压电源供电,观察串齿线-筒状等离子体反应器在空气气氛下的放电情况,观察流光和辉光放电的差异,并记录实验现象。在不同供电极性和能量密度条件下,分别监测出口气体中 NO、SO_2 和 NO_x 的浓度。

④ 气雾组分对 NO_x 和 SO_2 脱除的影响。气相组分可考察 O_2、NO、SO_2、NO_2 和 NO_x 等参数。例如 O_2 浓度影响,在氧气浓度为 2%,5%,10%,15% 和 20% 时,考察电流密度随能量密度和臭氧的产生量以及出口气体中 NO、SO_2 和 NO_x 的浓度,分析 O_2 浓度对 NO_x 和 SO_2 脱除的影响。

5. 实验数据记录与整理

① 通过测定反应器入口和出口气体中的 NO、NO_2 及 SO_2 的浓度,即可确定其对应的氧化率或脱除率：

$$\eta_{NO}=\frac{[NO]_{in}-[NO]_{out}}{[NO]_{in}}\times100\%\tag{6.38}$$

$$\eta_{NO_x}=\frac{[NO_x]_{in}-[NO_x]_{out}}{[NO_x]_{in}}\times100\%\tag{6.39}$$

$$\eta_{SO_2}=\frac{[SO_2]_{in}-[SO_2]_{out}}{[SO_2]_{in}}\times100\%\tag{6.40}$$

式中：η_{NO} 为 NO 的氧化率,%；η_{NO_x} 和 η_{SO_2} 为 NO_x（即 NO 和 NO_2 的总和）和 SO_2 的脱除效率,%；$[NO]_{in}$、$[NO_x]_{in}$、$[SO_2]_{in}$、$[NO]_{out}$、$[NO_x]_{out}$ 和 $[SO_2]_{out}$ 分别为 NO、NO_x 和 SO_2 的进出口浓度,mg/m^3。

② 雾粒捕集效率。以 Cl^- 为标记性物质,通过测量气雾中 Cl^- 的浓度来判断气雾的捕集效果,其脱除效果可表示为

$$\eta_{mist}=\frac{[Cl^-]_{in}-[Cl^-]_{out}}{[Cl^-]_{in}}\times100\%\tag{6.41}$$

式中：η_{mist} 为雾粒捕集效率,%；$[Cl^-]_{in}$ 和 $[Cl^-]_{out}$ 分别表示 Cl^- 经捕集前后在离子色谱中对应的峰面积。

③ 实验数据记录。实验数据可记录在表 6.6 中。

表 6.6　不同因素对 NO_x 去除的影响实验记录表(可增加表格)

操作条件:气体组分=＿＿＿＿＿＿＿;气体流量=＿＿＿＿＿＿＿＿L/min

序　号	反应时间/min	注入能量/ $(W \cdot h \cdot m^{-3})$	NO 出口浓度/ $(mg \cdot m^{-3})$	SO_2 出口浓度/ $(mg \cdot m^{-3})$	NO_x 出口浓度/ $(mg \cdot m^{-3})$	雾粒捕集效率/%
参数 1	记录/5 min					
参数 2	记录/5 min					
参数 3	记录/5 min					
参数 4	记录/5 min					
参数 5	记录/5 min					
⋮						

6.4.6　思考题

1. 实验中除了完成的影响因素外,还可以考虑哪些脱硫脱硝效率影响因素?

2. 试想放电等离子体发生器的设计会对脱硫脱硝效率有何影响? 如何设计会提高污染物去除效率?

6.5　碱液吸收法脱硫虚拟仿真实验

6.5.1　虚拟仿真实验开发背景

近 10 年间 SO_2 的排放量逐年降低,SO_2 的排放情况得到了有效遏制,但总体上 SO_2 的排放量依然很大,超过了 SO_2 的大气环境容量。湿法烟气脱硫技术(Wet Flue Gas Desulfurization,WFGD)属于气液反应,是通过液体或浆状吸收剂实现脱硫的技术,具有反应速度快、效率高等优点,主要包括湿式石灰石-石膏法、氨吸收法、双碱法、氧化镁法以及海水脱硫法等,处于研究阶段的技术包括膜法和微生物法等。

实验过程
动画示意

碱液吸收脱硫工艺是大气污染控制工程的经典实验,所采用的填料塔设备具有结构简单、分离效率高、压强小、持液量小和便于使用、耐腐蚀、材料制造容易等优点,尤其对于塔径较小或者处理热敏性、容易发泡的物料时,更具有明显的优越性,填料塔是环境工程原理(化工原理)需要掌握的重要知识点。本实验采用虚拟仿真实验形式,帮助学生了解碱液吸收法脱硫工艺,观察填料塔内部气液接触现象,提高学生实验兴趣。

6.5.2　实验目的和要求

① 了解燃煤烟气的特性,掌握吸收法脱除烟气 SO_2 的方法;

② 熟悉填料塔在脱硫中的应用,了解填料塔内气液接触现象;

③ 学会填料吸收塔的吸收效率和压降的测定方法;

④ 掌握填料吸收塔中影响 SO_2 吸收效率的因素。

6.5.3 实验原理

双碱法脱硫工艺是利用氢氧化钠或亚硫酸铵作为吸收液与 SO_2 发生反应,之后用石灰石或石灰处理脱硫废液使其再生循环利用,产生亚硫酸钙或硫酸钙的沉淀的方法。双碱法通常包括吸收、再生和固体分离三个过程,以常用的 NaOH 和 Na_2CO_3 为例,双碱法吸收 SO_2 反应和吸收液再生反应如下:

$$Na_2CO_3 + SO_2 \longrightarrow Na_2SO_3 + CO_2 \tag{6.42}$$

$$2NaOH + SO_2 \longrightarrow Na_2SO_3 + H_2O \tag{6.43}$$

$$Ca(OH)_2 + Na_2SO_3 + H_2O \longrightarrow 2NaOH + CaSO_3 \cdot H_2O \tag{6.44}$$

$$Ca(OH)_2 + Na_2SO_3 + \frac{1}{2}O_2 + 2H_2O \longrightarrow 2NaOH + CaSO_4 \cdot 2H_2O \tag{6.45}$$

双碱法的优点在于钠基吸收液吸收 SO_2 的速度快、脱硫效率高、不会产生沉淀物、运行可靠性高。

填料塔是以塔内的填料作为气液两相间接触构件的传质设备,流体阻力小,适用于气体处理量大而液体量小的工况,液体沿填料表面自上向下流动,气体自下而上,与液体成逆流或并流接触,发生化学反应。工程中填料塔如图 6.10 所示。

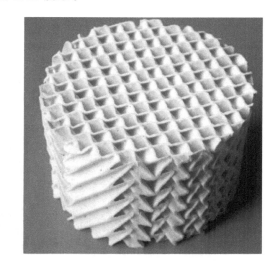

图 6.10 工程中填料塔及代表性填料示意图

本实验利用虚拟仿真技术,模拟工程中脱硫填料塔,通过测定填料塔进出口的 SO_2 浓度,可得出填料塔 SO_2 净化效率,确定填料塔的净化效率。

6.5.4 虚拟仿真实验系统

虚拟仿真实验系统模拟实验室碱液吸收脱硫系统,包括配气单元、反应单元和检测单元。工艺流程图和仿真实验界面如图 6.11 和图 6.12 所示。

1. 配气单元

配气单元的组成气体包括 SO_2 和空气,其中 SO_2 由钢瓶气提供,空气由空气泵泵入。两种气体由流量控制器控制浓度,之后与缓冲罐中混匀后由塔底进入填料塔。

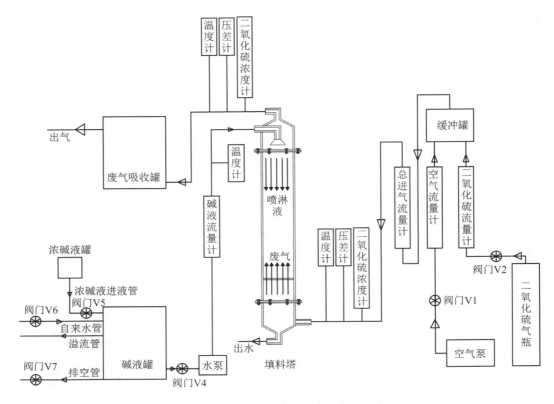

图 6.11 碱液吸收脱硫系统工艺流程图

图 6.12 碱液吸收脱硫虚拟仿真实验系统界面图

2. 反应单元

反应单元主体为填料塔,玻璃管内径 $D=0.108$ m,内装 $\phi 6$ mm×6 mm 陶瓷拉西环,填料层高度 $Z=1.2$ m。

3. 检测单元

检测单元主要为烟气分析系统,采用烟气分析仪分析出口烟气的 O_2、SO_2 浓度;烟气分析仪分别在填料塔入口和出口处设置采样口。

6.5.5　虚拟仿真实验步骤

1. 探究进气流量与填料塔压降关系

① 输入环境温度(建议 20~25 ℃),选择一种填料,单击总电源开机,单击风机的电源开关,启动风机。

② 由小到大调节风机阀门,得出至少 10 组干塔不同进气流量下进出口压力数据,并记录到数据表中。

③ 将风机阀门慢慢下调至 0,确认浓碱液阀门、排空管阀门、碱液泵阀门关闭,然后调节自来水管阀门,罐水位上升至 0.9~1.0 m 后关闭自来水管阀门。

④ 单击温度表示数,弹出碱液温度设置画面,将温度值设定为 20 ℃。

⑤ 单击水泵开关,打开水泵。单击碱液泵阀门,调节其开度,使碱液流量计示数落在 960~1 000 L/h,重复以上步骤得出至少 10 组湿塔不同进气流量下进出口压力数据。

⑥ 实验结束后将进气流量、碱液流量调回至 0。

2. 探究吸收效率与液气比关系

① 确定碱液温度为 20 ℃,通过调节碱液罐水位在 0.9~1.0 m,打开搅拌机,再调节碱液罐 pH 值为 7.8 左右。

② 调节碱液流量至 500 L/h 左右,调节空气流量至 150 m³/h 左右,调节进气二氧化硫浓度在 0.16% 左右,不断降低碱液流量,得出不同液气比下出口的二氧化硫浓度,出口二氧化硫浓度不得高于 0.1%。

③ 实验结束后将进气流量、碱液流量调回至 0。

3. 探究吸收效率与塔内气体流速的关系

① 确定碱液温度为 20 ℃,通过调节碱液罐液位在 0.9~1.0 m,调节 pH 值为 7.8 左右。

② 调节碱液流量至 60 L/h 左右,调节空气流量至 60 m³/h 左右,调节进气 SO_2 浓度在 0.16% 左右,保持液气比在 1.0 L/m³ 左右和 SO_2 浓度在 0.16% 左右,不断提高碱液流量和进气总流量,得出不同塔内气体流速下 SO_2 的出口的浓度,出口 SO_2 浓度不得高于 0.1%。

③ 实验结束后将进气流量、碱液流量调回至 0。

4. 探究吸收效率与碱液 pH 值的关系

① 确定碱液温度为 20 ℃,调节碱液罐液位在 0.9~1.0 m,调节 pH 值为 10~16。

② 调节碱液流量至 150 L/h 左右,调节空气流量至 150 m³/h 左右,调节进气 SO_2 浓度在 0.16% 左右,保持液气比在 1.0 L/m³ 左右,不断降低碱液的 pH 值,得出不同 pH 值下 SO_2 的出口浓度,出口 SO_2 浓度不得高于 0.1%。

③ 实验结束后将进气流量、碱液流量调回至 0。

6.5.6　虚拟仿真实验界面

碱液吸收法脱硫虚拟仿真实验界面如图 6.13~6.15 所示。

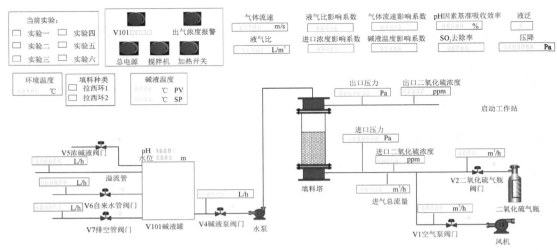

图 6.13　虚拟仿真实验参数设置界面图

图 6.14　虚拟仿真实验参数操作和显示界面图

图 6.15　虚拟仿真实验数据记录界面图

6.5.7 实验数据记录与整理

① SO_2 脱除率。通过测定反应器入口和出口气体中的 SO_2 的浓度,即可确定。

$$\eta_{SO_2} = \frac{[SO_2]_{in} - [SO_2]_{out}}{[SO_2]_{in}} \times 100\%$$ (6.46)

② 实验数据记录在表 6.7 中。

表 6.7 碱液吸收法脱硫实验记录表

序 号		SO_2 浓度/ $(mg \cdot m^{-3})$	喷淋液流量/ $(L \cdot h^{-1})$	气体流量/ $(L \cdot h^{-1})$	填料层高度/m	压降 Δp/Pa	塔截面积 A/m^2	净化效率 η/%
1	进气							
	出气							
2	进气							
	出气							
3	进气							
	出气							
⋮	进气							
	出气							

6.5.8 思考题

1. 填料塔系统脱硫的影响因素有哪些?

2. 试讨论气速对填料塔传质的影响方式。如何判断系统已稳定运行?

第7章 烟气二氧化碳捕集实验

随着全球工业的不断发展,二氧化碳排放量持续增加,由此导致的环境问题也日渐严峻。据 2022 年《BP 世界能源统计年鉴》显示,2021 年中国碳排放量为 108.67×10^8 t,在全球碳排放量中约占 31.10%。推进碳减排技术的开发,对实现"碳达峰、碳中和"目标具有深远意义。CO_2 捕集、利用与封存(Carbon Capture, Utilization and Storage, CCUS)技术正是缓解和控制固定污染源排放 CO_2 的有效方法之一。到目前为止,CCUS 二氧化碳的分离捕集方法众多,主要有溶剂吸收法、膜分离法、吸附分离法和低温液化分离法等。本章主要设计了溶剂吸收、变压吸附、膜分离等代表性综合实验,帮助同学理解大气污染控制技术在"碳减排"中的应用与意义。

7.1 溶剂吸收法回收 CO_2 实验

7.1.1 实验设计背景

溶剂吸收法是使用时间较长,技术最为成熟的分离 CO_2 的方法,溶剂吸收分离捕集 CO_2 技术是燃煤电厂碳减排改造的主流技术。其工作原理是使化学溶剂和混合气在吸收塔内发生化学反应,二氧化碳进入溶剂形成富液,富液进入再生塔加热分解析出 CO_2,吸收与脱附交替进行,从而实现 CO_2 分离回收。目前,工业上最常用的方法是热碳酸钾法和醇胺法。热碳酸钾法包括砷碱法、苯菲尔德法、卡苏尔法和改良热碳酸钾法等;醇胺法有单乙醇胺法(MEA)、二乙醇胺法(DEA)和 N-甲基二乙醇胺法(MDEA)法等。在众多的化学吸收剂中,乙醇胺(MEA)是目前吸收效率最高的吸收剂,其吸收效率高于 90%,因此 MEA 法也被认为是最有应用前景的 CO_2 捕集技术之一。

填料塔,是以填料作为气、液接触和传质基本构件的装置,是环境工程原理(化工原理)和大气污染控制工程课程中重要的知识点。填料塔适用于气体处理量大而液体量小的情况,在实验室容易实现。因此利用填料塔模拟溶剂吸收 CO_2 的过程,可以帮助学生理解填料塔工作原理,贴近工程实际。

7.1.2 实验目的和要求

① 了解溶剂吸收法回收 CO_2 的原理及应用现状,熟悉填料塔在吸收 CO_2 中的应用。

② 掌握填料塔结构、塔内气液接触状况和吸收过程的基本原理;加深填料塔基本概念及理论知识的理解。

③ 改变气流速度,观察填料塔内气液接触状况和液泛现象;掌握测定填料吸收塔的吸收效率的方法。

7.1.3 实验原理

烟气是复杂的混合气体,其中含有 10%~25% 的 CO_2,CO_2 是主要的温室气体,由温室气体引起的温室效应是引起全球气候变化的主要原因之一。因此,回收烟气中的 CO_2 可以减少大气中的温室气体含量,减轻温室效应。

填料塔化学吸收法回收烟气中的 CO_2 是工业上最常用的方法之一。可采用的化学吸收剂包括各种无机碱和有机碱,如 $NaOH$、KOH、Na_2CO_3、K_2CO_3 和有机醇胺化合物等。采用有机醇胺化合物 MEA(乙醇胺)溶液作为吸收剂时,吸收过程发生的主要化学反应为

$$H_2O \Longleftrightarrow H^+ + OH^- \tag{7.1}$$

$$CO_2 + H_2O \Longleftrightarrow HCO_3^- + H^+ \tag{7.2}$$

$$CO_2 + OH^- \Longleftrightarrow HCO_3^- \tag{7.3}$$

$$RNH_2 + H^+ \Longleftrightarrow RNH_3^+ \tag{7.4}$$

$$RNH_2 + HCO_3^- \Longleftrightarrow RNHCOO^- + H_2O \tag{7.5}$$

总反应方程式为

$$CO_2 + 2RNH_2 \Longleftrightarrow RNH_3^+ + RNHCOO^- \tag{7.6}$$

7.1.4 实验设计步骤及要求

① 选择合适的吸收剂,如 $NaOH$、KOH、Na_2CO_3、K_2CO_3 和有机醇胺化合物等。

② 进行实验系统搭建与调试。对气路、接头和阀门进行检漏,对检测仪器进行预操作。

③ 配制模拟气体。配制一定浓度的 CO_2 烟气;配制合适浓度的吸收剂放入吸收塔中。

④ 启动贫液泵和富液泵,在吸收塔和再生塔中建立液位,形成吸收液循环。

⑤ 开始进行吸收 CO_2 实验。考察不同参数的影响,并分析实验结果。

7.1.5 综合实验案例

某小组在前期文献调研基础上,确定采用有机醇胺化合物 MEA(乙醇胺)溶液作为吸收剂,进行分离 CO_2 实验。

1. 材料及试剂

MEA(乙醇胺),99.5%;KOH,分析纯;H_2SO_4,分析纯;CO_2,99.9%;N_2,99.9%;甲基橙,分析纯。其中,吸收液:30%MEA 溶液;混合气(模拟烟气):15%CO_2、85%N_2;气相组成分析液:40%KOH;液相组成酸解液:40%H_2SO_4。

2. 实验仪器

配气系统,1 套;水转子流量计,2 个;空气转子流量计,2 个;蠕动泵,2 台;吸收塔 $D=0.108$ m,1 个;再生塔 $D=0.108$ m,1 个;冷却器,2 个;气液分离器,1 个;伏特电控仪,1 个;溶液储槽,1 个;U 形管压力计,1 个;奥氏气体分析仪,1 个;酸解体积分析仪,1 个;风机,1 个;K 型热电偶,1 个。

3. 实验系统

实验系统的主体是填料塔反应器,采用吸收-常压再生流程,如图 7.1 所示。填料为陶瓷拉西环,填装方式为散装,塔设备和管道外部均有保温材料包裹保温。溶液循环由两台计量蠕动泵完成,输送溶液进吸收塔的泵为贫液泵,输送溶液进再生塔的泵为富液泵。吸收塔和再生塔均由一段填料层组成,再生热来自电加热器,通过调节电压控制再生温度。另外,流量计预先校正。吸收质(纯二氧化碳气体)由钢瓶经二次减压阀和转子流量计,进入吸收塔塔底,气体由下向上经过填料层与液相水逆流接触,经塔顶放空;吸收剂(纯水)经转子流量计进入塔顶,再喷洒而下;吸收后溶液由塔底流入塔底液料罐中,再由富液泵经流量计进入再生塔,空气由

流量计控制流量进入解吸塔塔底由下向上经过填料层与液相逆流接触,对吸收液进行解吸,然后自塔顶放空。

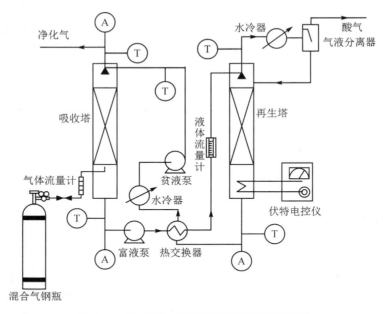

图 7.1　CO_2 吸收-常压再生实验装置示意图

实验过程中,通过测定填料吸收塔进出口烟气中 CO_2 气体的含量,即可计算出吸收塔的平均回收效率以及解吸效果。气体中 CO_2 含量的测定采用奥氏气体分析仪,液相 CO_2 的含量采用酸解体积法,溶液总碱度采用仪器测定。

实验中通过测出填料塔进出口气体的全压,即可计算出填料塔的压降;若填料塔的进出口管道直径相等,则可用 U 形管压差计测出其静压差即可求出压降。

4. 实验方法与步骤

① 在配气系统上,按实验要求预先将混合气(模拟烟气,N_2/CO_2)进行配制:15%CO_2、85%N_2。

② 在溶液储槽,按实验要求预先配制 30% 的 MEA 溶液。

③ 启动贫液泵,使溶液在吸收塔中建立液位。

④ 启动富液泵,使溶液在再生塔中建立液位,并使溶液在系统中循环。

⑤ 启动电源,调节伏特电控仪,电压控制在 $210\sim240$ V,使再生塔升温,再生温度控制在 $110\sim118$ ℃。

⑥ 调节钢瓶减压阀和吸收塔进口阀,使流量达到实验要求的指标。

⑦ 混合气从吸收塔塔底进入吸收塔,在填料层与从塔顶流下的溶液逆向接触,气相中的酸性气体被吸收剂吸收,吸收后的气流(净化气)由塔顶排出。

⑧ 吸收酸性气体后的富液从吸收塔塔底流出,由富液泵送至再生塔塔顶。

⑨ 富液在再生塔填料层被蒸气加热再生,富液释放出酸性气体,形成再生气,富液转化为贫液。

⑩ 再生气从再生塔塔顶排出,经冷却器冷却和气液分离器分离,酸性气体排出系统,冷凝液回流再生塔。

再生蒸气由电加热器加热再生塔塔底的溶液产生;再生塔塔底的贫液流出再生塔,在热交换器与富液进行热交换,再由贫液泵送至吸收塔塔顶,水冷却器可以控制进入吸收塔塔顶贫液的温度。溶液在系统内得到循环。操作系统达到稳定状态需要约0.5 h,气液相分析样品由各取样点取得。

设置实验操作条件(见表7.1),按照上述操作步骤进行实验,分别记录气体流量和液体流量数据、贫液和富液温度,分别对气体和液体取样点取样分析,记录分析数据。

表 7.1　实验操作条件和分析取样点

气体流量/(L·min⁻¹)	液体流量/(L·min⁻¹)	取样分析	备　注
	0.5	气样、液样	分析进出口气液样 CO_2 含量
5	1	气样、液样	分析进出口气液样 CO_2 含量
	1.5	气样、液样	分析进出口气液样 CO_2 含量
2	1	气样、液样	分析进出口气液样 CO_2 含量
4	1	气样、液样	分析进出口气液样 CO_2 含量
6		气样、液样	分析进出口气液样 CO_2 含量

5. 实验数据记录与整理

① 回收率 η 的计算。回收率为烟气混合气经吸收塔吸收后,气相中已被溶液吸收的酸性气体组分 $i(i=CO_2)$ 与烟气中的酸性气体组分 i 含量的比值,根据物料平衡可通过下式进行计算:

$$\eta = \left[1 - \left(\frac{y_{i,\text{out}}}{1-y_{i,\text{out}}}\right)\left(\frac{1-y_{i,\text{in}}}{y_{i,\text{in}}}\right)\right] \times 100\% \qquad (7.7)$$

或

$$\eta = \left[1 - \frac{y_{i,\text{out}}}{y_{i,\text{in}}}\right] \times 100\% \qquad (7.8)$$

式中:$y_{i,\text{out}}$ 和 $y_{i,\text{in}}$ 分别为吸收塔出口和进口气相组分 $i=CO_2$ 的摩尔分数,y 值由分析数据获得。

② 酸性气体负载 α 的计算。溶液的酸性气体负载是指酸性气体 $i=CO_2$ 溶解在溶液中物理溶解量和化学吸收量的和。其表达为单位溶液体积含酸性气体的量(L/L 或 mol/L),或溶液单位有机胺浓度下的酸性气体的量(mol/mol)。负载表明了吸收剂在某一操作条件下吸收酸性气体的能力,由分析数据获得。

③ 溶液容量 β 的计算,为溶液负载之差。溶液的容量为在某一操作条件下溶液吸收酸性气体组分 i 在吸收塔出口溶液负载与进口溶液负载之差。

$$\beta = \alpha_{\text{out}} - \alpha_{\text{in}} \qquad (7.9)$$

二氧化碳在水中的亨利系数如表7.2所列。

表 7.2　二氧化碳在水中的亨利系数

$\times 10^{-5},\text{kPa}$

气　体	温度/℃											
	0	5	10	15	20	25	30	35	40	45	50	60
CO_2	0.738	0.888	1.05	1.24	1.44	1.66	1.88	2.12	2.36	2.60	2.87	3.46

④ 实验数据和处理结果填写在表中。实验记录气体流量和液体流量、贫液和富液温度，分析数据，将获得的数据填入表 7.3 中，并计算回收率、气体负载和溶液容量。

表 7.3　数据记录表

大气压力：_____ MPa；室温：_____ ℃

序　号	流量/($m^3 \cdot s^{-1}$)		温度/℃		气体组分/%		液相负载/($mol \cdot L^{-1}$)		β	η
	气体	液体	贫液	富液	y_{in}	y_{out}	α_{in}	α_{out}		
1										
2										
3										
4										
5										
6										

7.1.6　思考题

1. 从填料塔压降角度，除操作条件外，本实验装置还能测定什么工艺参数？
2. 从改性吸收液角度，如何提高吸收液的吸收效率？

7.2　膜吸收法捕集烟气中 CO_2 实验

7.2.1　实验设计背景

为降低传统工业企业生产中的碳排放，需要对生产装置进行碳捕集技术改造。目前，膜分离捕集、吸附捕集，以及以有机胺溶剂、离子液体溶剂、低共熔溶剂为代表的溶剂吸收捕集等主流 CO_2 分离捕集技术已逐渐工业化应用。

膜分离法工艺具有过程简单、操作方便、能耗低、投资少、设备占地小等优点；但存在不适宜较低 CO_2 浓度工况，难以同时实现产品的高纯度和高回收率的问题。吸附法具有能耗低、不腐蚀设备、吸附剂循环周期长、工艺简单、自动化程度高、环境效益好等优点；但存在吸附剂容量低，不利于处理大流量气体，对杂质容忍度低等缺点。溶剂吸收法 CO_2 选择性高、自动化程度高，非常适合处理 CO_2 浓度较低的烟气；但存在烟气吸收前需要复杂的预处理系统消除 NO_x，消耗大量的热能用于吸收剂的再生，解吸过程中受热造成溶剂损耗，设备腐蚀，环境二次污染等问题。因此，多技术耦合可能是未来 CO_2 分离捕集技术的发展趋势之一。

7.2.2　实验目的和要求

① 了解膜分离技术与溶剂吸收技术分离 CO_2 的原理、优缺点；
② 掌握膜分离技术与溶剂吸收技术耦合的新型分离技术，熟悉膜接触器结构、性能；
③ 了解膜接触器分离 CO_2 的操作过程及相关的计算。

7.2.3　实验原理

膜接触器装置是膜分离技术与溶剂吸收技术耦合的新型分离装置，具有比表面积大、分离效果高、膜组件体积小、能耗低、操作简单等特点,在分离领域具有广泛的应用前景。

1. 膜接触器结构

膜接触器的膜组件可分成三类:平板式组件(Flat Modules)、螺旋式组件(Spiral Wound Modules)和中空纤维膜组件(Hollow Fiber Modules),在气体分离领域 80% 的组件是中空纤维膜组件。根据流体流动的形式,可将中空纤维膜组件分为平流式和错流式。平流式特点是气液两相的流动方向是平行的,平流式又分并流和逆流,平流式组件制造方便、价格低廉,适合实验室自行组装,但存在填充的中空纤维分布密度不均匀,影响壳程流体的均匀分布的缺点。平流式和错流式中空纤维膜组件示意图如图 7.2 所示。

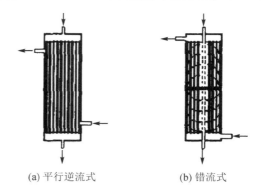

(a) 平行逆流式　　　(b) 错流式

图 7.2　平流式和错流式中空纤维膜组件示意图

在膜气体吸收 CO_2 的膜接触器中,常用的膜是疏水性微孔高分子膜,高分子膜分为聚四氟乙烯(PTFE)、聚偏二氟乙烯(PVDF)、聚丙烯(PP)和聚乙烯(PE)等材质。聚丙烯是一种通用的高分子材料,具有价格低廉、疏水性强、化学和热稳定性好、机械强度高、毒性低等特点,通过拉伸法合成的聚丙烯膜具有孔隙率高、微孔大小均匀致密等优良性能。

2. 膜接触器分离原理

当传质过程处于稳定状态时,在微孔膜的表面分别形成了气相边界层和液相边界层(见图 7.3)。

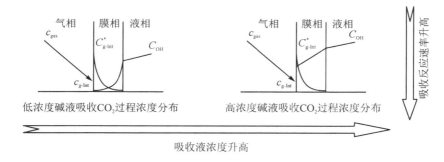

图 7.3　CO_2 膜吸收过程示意图

碱液吸收 CO_2 传质主要经历 4 个过程:① 气相中的物质在气相边界层中的扩散过程;② 膜微孔中物质的传递过程;③ 气液两相界面的物质溶解-吸收过程;④ 液相界面的物质向液相主体的扩散过程。在采用疏水膜时,膜孔内充满气体,为防止气泡渗入液相,操作时必须保持气相压力略低于液相压力,但气液相压差不能超过膜润湿压力,否则液相会润湿膜孔,溶液渗入膜孔,造成膜阻力增大和液体渗漏至膜另一侧。

膜气体吸收传质过程可用双膜理论来描述,当传质过程处于稳定状态时,在膜两侧分别形成气相边界层和液相边界层,气相组分 i 在驱动力(浓度差)作用下,从气相主体扩散至气相边界层,到达膜壁,再通过膜孔扩散至液相边界层,与吸收剂发生化学反应,进入液相主体。传质过程经历了气相边界阻力层 $\left(\dfrac{1}{k_g}\right)$、膜相阻力层 $\left(\dfrac{1}{k_M}\right)$ 和液相边界阻力层 $\left(\dfrac{1}{mk_L}\right)$,传质通量可

表达为

$$J_i = k_g(C_{i,g} - C_{i,g,mem}) \tag{7.10}$$

$$J_i = k_M(C_{i,g,mem} - C_{L,g,int}) \tag{7.11}$$

$$J_i = mk_L(C_{i,L,int} - C_{i,L}) \tag{7.12}$$

$$J_i = k_{ov}(C_{i,g} - C_{i,L}) \tag{7.13}$$

总阻力方程描述如下：

$$\frac{1}{k_{ov}} = \frac{1}{k_g} + \frac{1}{k_M} + \frac{1}{mk_L} \tag{7.14}$$

伴随化学吸收时，

$$k_L^0 = Ek_L, \quad m = \frac{C_{i,L}}{C_{i,g}}$$

式中：$C_{i,g}$ 为溶质在气相主体中的浓度；$C_{i,g,mem}$ 为溶质在气膜上的浓度；$C_{i,g,int}$ 为溶质在气、膜边界上的浓度；$C_{i,L,int}$ 为溶质在液、膜边界上的浓度；$C_{i,L}$ 为溶质在液膜上的浓度；k_g 为气膜传质系数；k_L^0 为化学吸收的液膜传质系数；k_L 为无化学吸收的液膜传质系数；E 为化学吸收的增强因子；k_M 为膜传质系数；k_{ov} 为总传质系数；J_i 为传质通量；m 为相平衡常数。

3. 吸收剂的选择

各种吸收 CO_2 吸收剂都可用于膜吸收工艺中，选择吸收剂的参考依据如下：

① 与 CO_2 具有高反应活性或在溶剂相具有高分配系数。高反应活性带来高化学增强因子，高分配系数保证 CO_2 在溶剂中的高溶解度和吸收容量，从而带来高吸收速率和高通量。

② 高表面张力和低黏度。吸收剂的表面张力会影响溶液进入疏水性膜孔的临界突破压力，表面张力越高临界突破压力越大，操作易于在膜孔全充气状态下进行，可获得最小传质阻力。低黏度的溶液使 CO_2 获得高扩散系数，改善吸收剂在设备中的流动状况。

③ 低蒸气压。溶剂的蒸气压影响溶剂的挥发性，溶剂的蒸气压越高，其挥发性越大，溶剂的损失量越大，从而影响操作成本。

④ 与膜的化学兼容性（即匹配性）。高分子膜材料通常容易与有机溶剂发生化学反应，吸收剂采用有机溶剂时，会侵蚀膜，使膜发生溶胀，导致膜结构形态发生变化，从而影响膜接触器的操作稳定性和膜的寿命。因此，通常将有机溶剂配成较低浓度的水溶液。

⑤ 高热稳定性。溶剂在较高温度下以及在 CO_2 负载的影响下不发生降解，从而保证吸收剂浓度的恒定和活性。

⑥ 易于再生和低再生热。选择的吸收剂能在某一条件下发生吸收反应，在另一条件下发生逆反应使吸收剂获得再生，达到循环使用，可逆反应的反应热小可获得低再生热，有利于节能。发生不可逆反应的吸收剂（如无机碱）应用于研究工作，对工业实际应用意义不大。采用物理溶剂无反应热，通过变压获得再生，仅从能耗方面讲，是最节能的一类。

⑦ 高选择性，吸收剂应对 CO_2 组分具有高活性，而对其他组分惰性。

⑧ 具有低毒性、低腐蚀性、不易燃、不发泡等性能。

7.2.4　实验设计步骤及要求

① 选择合适的吸收剂。可选择的吸收剂包括水（H_2O）、无机碱（KOH、NaOH 等）、可溶性无机盐（K_2CO_3、Na_2CO_3 等）、氨基酸盐、有机烷醇胺、多乙烯多胺等。

② 膜接触器采用合适的膜组件。进行实验系统搭建与调试；对气路、接头和阀门进行检

漏,对检测仪器进行预操作。

　　③ 配制一定浓度的 CO_2;配制合适浓度的吸收剂放入储罐中。

　　④ 启动泵,开始进行膜接触器分离 CO_2 实验。考察不同参数的影响,并分析实验结果。

7.2.5　综合实验案例

　　某小组在前期文献调研基础上,确定采用 K_2CO_3 溶液作为吸收剂,聚丙烯中空纤维膜作为膜接触器的膜组件,进行分离 CO_2 实验。

　　1. 材料及试剂

　　K_2CO_3,分析纯;KOH,分析纯;H_2SO_4,分析纯;CO_2,99.9%;N_2,99.9%;甲基橙,分析纯。吸收液:1 mol/L 和 2 mol/L K_2CO_3 溶液;混合气(模拟烟气):15% CO_2、85% N_2;气相组成分析液:40% KOH;液相组成酸解液:40% H_2SO_4。

　　2. 实验仪器

　　转子流量计,1 个;蠕动泵,1 台;膜组件,1 个;再生塔,1 个;冷却器,2 个;气液分离器,1 个;伏特控制器,1 个;配气系统,1 套;溶液储槽,2 个;压力计,1 个;奥氏气体分析仪,1 个;酸解体积分析仪,1 个。

　　3. 实验系统

　　膜接触器实验装置如图 7.4 所示,膜接触器采用聚丙烯中空纤维膜,实验可分别采用气体在中空纤维膜丝内(管程)流动,吸收剂在壳程流动;或者气体在壳程流动,吸收剂在管程流动。

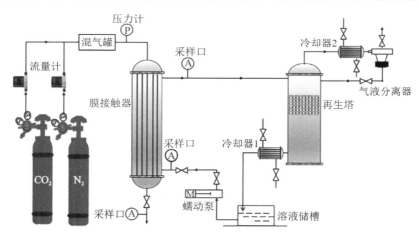

图 7.4　膜基–气体吸收耦合实验装置示意图

　　在膜组件中,气相与液相逆流通过膜组件,膜组件结构参数如表 7.4 所列。

表 7.4　多孔聚丙烯中空纤维膜组件特性参数

组　件	壳内径/mm	壳外径/mm	膜根数	有效长度/mm	膜外径/μm	膜壁厚/μm	平均孔径/μm	孔隙率/%
A	60	65	4 000	200	400	40~45	0.02	45
B	32	40	1 200	300	500	100	0.05	60

　　4. 实验方法与步骤

　　① 在配气系统上,按实验要求预先将混合气(模拟烟气,N_2/CO_2)进行配制:15% CO_2、

85% N_2。

② 在溶液储槽,按实验要求预先将吸收液分别进行配制:1 mol/L、2 mol/L K_2CO_3 溶液。

③ 启动蠕动泵,使溶液在系统中循环。

④ 调节流量,使溶液在再生塔中建立液位。

⑤ 启动电源,调伏特控制器,使再生塔升温。

⑥ 调节钢瓶减压阀和进气阀,使气体流量达到实验要求的指标。

⑦ 烟气从膜组件底部进入膜接触器,与溶液逆向流动,气相中的 CO_2 气体扩散穿过膜孔,并被吸收剂吸收。

⑧ 吸收 CO_2 气体后的富液从膜接触器顶部流出,送至再生塔塔顶。

⑨ 富液在再生柱填料部分被蒸气加热再生,富液释放出酸性气体,形成再生气,富液转化为贫液。

⑩ 再生气从再生塔塔顶排出,经冷却器冷却和气液分离器分离,酸性气体排出系统,冷凝液回流储液槽。溶液在系统内得到循环。操作系统达到稳定状态约需 20 min,气液相分析样品由各取样点取得。

⑪ 设置实验操作条件(见表 7.5),按照上述操作步骤进行实验,分别记录气体流量和液体流量数据、贫液和富液温度、吸收液浓度,分别对气体和液体取样点取样分析,记录分析数据。

表 7.5　实验操作条件和分析取样点

吸收液浓度/ $(\text{mol} \cdot \text{L}^{-1})$	气体流量/ $(\text{L} \cdot \text{min}^{-1})$	液体流量/ $(\text{mL} \cdot \text{min}^{-1})$	取样分析	备　注
1	1	100	气样、液样	分析进出口气液样 CO_2 含量
		150	气样、液样	分析进出口气液样 CO_2 含量
		200	气样、液样	分析进出口气液样 CO_2 含量
	2	100	气样、液样	分析进出口气液样 CO_2 含量
	3		气样、液样	分析进出口气液样 CO_2 含量
	4		气样、液样	分析进出口气液样 CO_2 含量
2	1	100	气样、液样	分析进出口气液样 CO_2 含量
		150	气样、液样	分析进出口气液样 CO_2 含量
		200	气样、液样	分析进出口气液样 CO_2 含量
	2	100	气样、液样	分析进出口气液样 CO_2 含量
	3		气样、液样	分析进出口气液样 CO_2 含量
	4		气样、液样	分析进出口气液样 CO_2 含量

5. 实验数据记录与整理

膜接触器的传质性能用总体积传质系数 K_{Ga} 及捕集率 η 作为评价指标,根据传质速率方程和物料衡算关系,得出下列等式:

$$F(C_{g,in} - C_{g,out}) = AlK_{Ga}\Delta C_m = AlK_{Ga} \frac{(C_{g,in} - C_{g,in}^*) - (C_{g,out} - C_{g,out}^*)}{\ln[(C_{g,m} - C_{g,m}^*)/(C_{g,out} - C_{g,out}^*)]} \quad (7.15)$$

式中:A 为膜组件截面积,m^2;C 为浓度,mol/L,下标 in 和 out 分别表示进口和出口,上标 * 表示平衡时浓度;F 为气体流量,m^3/s;K_{Ga} 为总体积传质系数,s^{-1};l 为膜组件有效长度,m;

ΔC_{m} 为浓度对数平均值。

对该反应体系,如果反应为快速反应,则平衡浓度 $C_{\mathrm{g,in}}^{*}$ 与 $C_{\mathrm{g,out}}^{*}$ 很低,可近似认为等于零,上式可简化为

$$K_{\mathrm{Ga}} = \frac{F}{Al} \ln \frac{C_{\mathrm{g,in}}}{C_{\mathrm{g,out}}} \tag{7.16}$$

捕集率可由下式表示:

$$\eta = \frac{C_{\mathrm{g,in}} - C_{\mathrm{g,out}}}{C_{\mathrm{g,in}}} \times 100\% = \left(1 - \frac{C_{\mathrm{g,out}}}{C_{\mathrm{g,in}}}\right) \times 100\% \tag{7.17}$$

将实验数据和处理结果填写在表 7.6 中。

表 7.6　数据记录表

大气压力:＿＿＿＿＿＿MPa;室温:＿＿＿＿＿＿℃

序　号	吸收液浓度/ (mol·L^{-1})	温度/℃		流量/(m³·s^{-1})		气体组分/ (mol·L^{-1})		K_{Ga}/s^{-1}	η/%
		贫液	富液	气体	液体	C_{in}	C_{out}		
1									
2									
3									
4									
5									
6									

7.2.6　思考题

1. 实验中流经膜组件的流体流动模式是怎样的? 为什么采用这样的模式?
2. 膜接触器中常用的膜材料有哪些? 有什么特征?
3. 试讨论不同的气液速率对传质性能的影响。

7.3　吸附法捕集烟气中 CO_2 实验

7.3.1　实验设计背景

随着人类社会现代化进程的加快和经济全球化的迅猛发展,化石能源(煤、石油和天然气等)的大量消耗,使 CO_2 的释放量以惊人的速度增长,导致大气中 CO_2 含量急剧升高,全球气候变暖,从而严重地威胁到人类的生存环境和社会经济的持续发展。在 CO_2 排放的总量中,通过烟道气排放的 CO_2 量占 40%,是最主要的排放源。如何高效且低能耗地捕集烟道气中低浓度的 CO_2 成为温室气体捕集的关键。

在众多 CO_2 捕集工艺中,吸附法因具有设备简单、能耗低、与现有设备兼容性强等优点而备受关注。但目前吸附法仍然存在吸附剂分离效果不理想,捕集成本偏高,大流量气体处理困难,对杂质容忍度低等局限性,限制了其在工业上的大规模应用。因此,新型吸附材料的开发

和吸附工艺的优化,将是未来吸附技术在 CO_2 捕集的关键。

7.3.2 实验目的和要求

① 了解用于 CO_2 捕集工艺中的吸附剂种类及特性;

② 掌握吸附法捕集 CO_2 的原理和影响因素;

③ 掌握活性炭吸附 CO_2 不同工艺的原理及优缺点;

④ 尝试对吸附剂进行改性,理解吸附性能的变化及学会吸附容量的计算。

7.3.3 实验原理

吸附是指流体(气相或液相)与固相接触时,其中的一种或几种原子或分子在固相表面产生积蓄的过程。在这一过程中,被吸附积蓄的原子或分子称为吸附质;产生吸附作用的具有大比表面积的多孔固体称为吸附剂。吸附分离是利用混合物中不同物质在吸附剂上的吸附性质差异进行物质分离的过程。吸附发生在吸附剂的表面,主要包括吸附和解吸两个过程,解吸为吸附的相反过程。

燃烧后碳捕集基本采用物理吸附,其优势在于能够通过温度、压力的变化,较为容易地实现吸附剂的再生。常用的吸附剂有天然沸石、分子筛、活性氧化铝、硅胶和活性炭等。物理吸附法又分为变温吸附法(Thermal Swing Adsorption,TSA)和变压吸附法(Pressure Swing Adsorption,PSA),通过周期性的改变温度或压力使 CO_2 从混合气体中分离出来。碳捕集时,一般需要多台吸附器并联使用,以保证整个过程能连续地输入原料混合气,连续取出 CO_2 产品气和未吸附气体。无论是 TSA 法还是 PSA 法都要在吸附和再生状态之间循环进行,前者的循环时间通常以小时计,而后者则只需几分钟。变温吸附只适用于原料气中杂质组分含量低而要求较高的产品回收率的场合,因此目前工业上应用较多的是变压吸附工艺。

7.3.4 实验设计步骤及要求

① 通过文献调研及综述等方式了解变压吸附法分离 CO_2 研究和应用的发展现状。掌握用于分离 CO_2 吸附剂的种类和特性。

② 选择代表性吸附剂,分析吸附剂的优缺点,熟悉该吸附剂用于变压吸附法分离 CO_2 工艺的研究现状及工艺控制方法。

③ 确定实验方案。根据前期文献调研及分析,设计实验方案初稿,与教师进行讨论,确定实验方案,并培训基本的实验操作方法。

④ 改性所选吸附剂,采用不同处理技术改性吸附剂。

⑤ 搭建实验系统,完成配气系统、反应系统和检测系统中气路的检漏和仪器检查,保证系统的合理性和实验的可行性。

⑥ 开展吸附剂性能实验。考察不同吸附剂的 CO_2 吸附性能、再生性能。

⑦ 开展变压吸附中各操作参数影响实验。考察温度、吸附时间、解吸时间等因素对 CO_2 吸附性能的影响。

7.3.5 综合实验案例

某小组在前期文献调研基础上,确定采用活性炭作为吸附剂,进行变压活性炭吸附 CO_2 实验。

1. 材料及试剂

商业化椰壳活性炭、浓硝酸、氢氧化钠、浓硫酸、醋酸、铁粉、偏氟乙烯-六氟丙烯共聚物（PVDF - HFP）、偏氟乙烯（PVDF）；N_2、He 及 CO_2 纯度为 99.999%。

2. 实验仪器

质量流量控制器，1 套；低温恒温槽，1 台；温控仪，1 台；马弗炉，1 台；电热恒温鼓风干燥箱，1 台；分析电子天平，1 台；气相色谱仪，1 台。

3. 实验系统

吸附实验装置如图 7.5 所示。

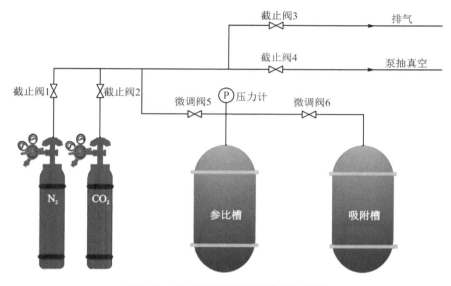

图 7.5　CO_2 变压吸附实验装置示意图

> 配气单元：气态 CO_2 和 N_2 均来自钢瓶气，N_2 作为载气，气体流量由质量流量控制器调控。

> 吸附单元：其中参比槽、吸附槽为主体测试单元，吸附槽内装待测样品，控温槽温度可以调节。微调阀 5 和 6 控制实验过程气体的流量，使其能够缓慢地充入或放出，以便更好地控制吸附时的平衡压力。

> 检测单元：出口 CO_2 气体浓度采用气相色谱进行检测，气相色谱配有甲烷转化炉，可将 CO_2 转化成甲烷，进入 FID 检测器进行检测。所采用的色谱柱为 TDX - 01 碳分子筛填充柱。气相色谱的参数设定：进样口温度为 100 ℃；色谱柱温度为 150 ℃；检测器温度为 180 ℃；甲烷转化炉温度为 380 ℃；H_2 压力为 0.1 MPa。连接六通阀的定量环体积为 1 mL。根据色谱谱图峰面积计算 CO_2 气体的浓度。

4. 实验方法与步骤

① 吸附剂的制备。首先，将前驱体 PVDF - HFP 装入氧化铝坩埚内，并将坩埚放置于管式炉的中央。用塞子封闭石英管两端，并于上游通入氮气 0.5 h（流量为 100 mL/min），以驱除装置中的氧气。然后管式炉以 5 ℃/min 的加热速度升高至预定温度，并保温 1 h，在此期间，管式炉内一直处于氮气气氛的保护。对热解温度为 500 ℃、600 ℃、800 ℃、1 000 ℃下得到的微孔碳分别进行命名。

② 改性活性炭的制备。

硝化处理：先将浓硝酸与浓硫酸按体积比为 10:9 混合，加入到等体积的去离子水中稀释，形成硝化液，并冷却至室温，备用。将 2 g 商用活性炭加入 80 mL 硝化液中，超声分散 5 min，50 ℃下搅拌 90 min，冷却，过滤洗涤至中性。在 60 ℃下真空干燥，得到的样品以 ACNO 表示。

还原处理：将过量的醋酸与 10 mL 醋酸溶液混合后用一定量的去离子水稀释，加热搅拌回流 10 min，加入 1 g 硝化处理后的样品 ACNO 继续搅拌回流 1 h，除去过量铁粉，用稀盐酸（0.01 mol/L）洗涤并用去离子水洗至中性，60 ℃下真空干燥，得到的样品以 ACNH 表示。

③ 实验系统调试过程。将配气系统、反应系统、检测单元进行检漏和调试，保证符合实验要求。

④ 性能评价过程。将不同吸附剂分别装填后，进行吸附性能评价，考察不同吸附剂饱和吸附量，以及温度、吸附时间、解吸时间等因素对 CO_2 吸附性能的影响，分析实验结果。

⑤ 再生性能的测试：将测试完带有样品的吸附槽排空，之后将吸附槽升温到 80 ℃，抽真空恒定 1 h，对样品进行再生。冷却至室温后再进行下一次等温吸附线的测定。测定样品 4 次吸附脱附循环之后对 CO_2 的吸附量。

⑥ 对活性炭进行表征，建立构效关系。（选做）

5. 实验数据记录与整理

① CO_2 饱和吸附量。用于评价固态胺吸附剂吸附性能高低，饱和吸附量的计算公式如下：

$$q_s = \frac{1}{m} \times \left(\int_0^t Q \times \frac{C_0 - C}{1 - C} dt \right) \times \frac{T_0}{T} \times \frac{1}{V_m} \tag{7.18}$$

式中：q_s 为 CO_2 的饱和吸附量，mmol/g；m 是吸附剂的质量，g；Q 为气体流量，mL/min；C_0 和 C 分别为 CO_2 的入口浓度和出口浓度，%（体积分数）；t 代表了吸附时间，min；$T_0 = 273$ K；T 为实际气体温度；$V_m = 22.4$ mL/mmol。

② 实验数据记录于表 7.7 中。

表 7.7　吸附法捕集 CO_2 实验数据记录表

测定日期：＿＿＿＿＿＿＿＿

吸附剂种类：＿＿＿＿＿＿＿＿＿＿＿＿＿＿＿＿＿＿＿＿＿

吸附剂的质量：＿＿＿＿＿＿g；气体流量：＿＿＿＿＿＿L/min；气体温度：＿＿＿＿＿℃

项　目		吸附时间/min	CO_2 入口浓度/$(mg \cdot m^{-3})$	CO_2 出口浓度/$(mg \cdot m^{-3})$	饱和吸附量/$(mmol \cdot g^{-1})$
入口		—		—	—
出口		5			
		10			
		⋮			

7.3.6　思考题

1. 分析改性前后样品 CO_2 吸附性能的变化。

2. 分析温度对吸附性能的影响及 4 次吸附脱附循环后样品吸附量的变化。

7.4 水泥窑烟气 CO_2 捕集虚拟仿真实验

7.4.1 虚拟仿真实验开发背景

为应对二氧化碳（CO_2）过度排放导致全球变暖的环境危机问题,中国提出"碳达峰、碳中和"的"双碳"战略目标。"碳减排"的主要途径包括提高能源利用率、开发清洁可再生能源和二氧化碳捕集、利用与封存（CCUS）等。其中,CCUS 是将 CO_2 从工业过程、能源利用或大气中分离出来,直接加以利用或注入地层以实现 CO_2 永久减排的过程。其作为一种温室气体减排技术,可为中国"双碳"目标的实现提供助力。开展 CCUS 最前期的工作便是 CO_2 捕集,是将 CO_2 从工业生产、能源利用或大气中分离出来的过程,CO_2 捕集技术成为研究的热点。

实验过程
动画示意

水泥窑是工业烟气 CO_2 捕集的重要行业,《水泥窑烟气二氧化碳捕集技术规范》和《基于项目的二氧化碳减排量评估技术规范 水泥窑烟气碳捕集项目》两项"碳达峰、碳中和"专项行业标准目前已启动。由于碳捕集生产工艺处于水泥企业厂区内,学生只能认识参观,无法真正理解工程设备的内部结构及作用原理,因此设计出模拟水泥窑烟气 CO_2 捕集虚拟仿真实验,不仅可以帮助学生了解 CO_2 捕集技术现场应用情况和设备的内部结构,也可以培养学生的工程实践和解决实际复杂问题的能力。

7.4.2 实验目的和要求

① 理解"碳达峰、碳中和"的意义,了解我国目前具体的行动计划;

② 了解 CO_2 捕集、利用与封存（CCUS）技术,掌握化学吸收捕集 CO_2 的方法;

③ 了解水泥 CO_2 捕集工艺,掌握 CO_2 吸收、解吸影响因素及常见工况的操作方法;

④ 能独立完成碳捕集吸收解吸工艺流程简图的绘制。

7.4.3 实验原理

工业气体脱除 CO_2 的方法主要有 4 类:化学吸收法、物理吸收法、变压吸附法和膜分离法。前两类统称湿法脱碳,后两类统称干法脱碳。化学吸收法是指化学溶剂通过与 CO_2 发生化学反应,对二氧化碳进行吸收,当外部条件如温度或压力发生改变时,使反应逆向进行,从而达到二氧化碳的解吸及吸收剂的循环再生的目的。

在工业上,通常选用呈碱性的化学吸收液来吸收 CO_2,如:醇胺、钾碱和氨水等。目前较为成熟的化学吸收法工艺多基于乙醇胺类水溶液,如单乙醇胺法（MEA 法）、二乙醇胺法（DEA 法）和甲基二乙醇胺法（MDEA 法）等。捕集 CO_2 代表性吸收剂的优缺点如表 7.8 所列。

以单乙醇胺法（MEA 法）为例,单乙醇胺（MEA）为伯胺,是一种有机强碱,对酸性气体（H_2S 和 CO_2）具有吸收速度快、吸收能力强、残留 CO_2 少、投资少等优点,适合于低压混合气中 CO_2 的脱除。其缺点在于 MEA 与 CO_2 反应生成比较稳定的氨基甲酸盐,存在再生能耗高、MEA 降解损耗大及设备易腐蚀等缺点。MEA 与 CO_2 的反应式如下:

$$CO_2 + HOCH_2CH_2NH_2 = HOCH_2CH_2HNCOO^- + H^+ \qquad (7.19)$$

$$HOCH_2CH_2HNCOO^- + H_2O = HOCH_2CH_2NH_2 + HCO_3^- \qquad (7.20)$$

$$H^+ + HOCH_2CH_2NH_2 = HOCH_2CH_2NH_3^+ \qquad (7.21)$$

表 7.8 捕集 CO_2 代表性吸收剂的优缺点

吸收剂	主要反应式	优 点	缺 点
MEA	$CO_2 + 2HOCH_2CH_2NH_2 \longleftrightarrow$ $HOCH_2CH_2HNCOO^- + HOCH_2CH_2NH_3^+$	反应速率快;气体净化度高;在质量浓度相同的条件下,比其他胺类吸收剂有更大的吸收能力	吸收反应热高;再生能耗大;反应产物如氨基甲酸盐、碳酸氢盐等腐蚀设备;易形成不溶性铁盐,使 MEA 降解易降解;腐蚀性强;再生能耗大
DEA	$NH(CH_2CH_2OH)_2 + CO_2 + H_2O \longleftrightarrow$ $[NH_2(CH_2CH_2OH)_2]^+ + HCO_3^-$	吸收速率较 MEA 快;成本较低	易降解;腐蚀性强;再生能耗大
MDEA	$R_2CH_3N + CO_2 + H_2O \longleftrightarrow$ $R_2CH_3NH^+ + HCO_3^-$	吸收容量大;生成物稳定;再生能耗小;不易挥发;不易降解	n(原料气)$:n$(碳硫)$\geqslant 20:1$ 时,吸收速率较 MEA 慢
AMP	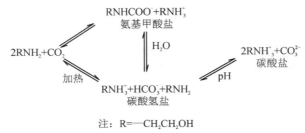	吸收能力强;再生能耗低;溶液循环量少	价格高、制作成本高;挥发损耗大

由于 MEA 与 CO_2 反应生成比较稳定的氨基甲酸盐,反应式(7.21)比反应式(7.20)要快得多。因此总反应式可以写为

$$CO_2 + 2HOCH_2CH_2NH_2 + H_2O = HOCH_2CH_2HNCOO^- + HOCH_2CH_2NH_3^+$$

(7.22)

解吸是利用闪蒸塔,通过外部条件,如温度或压力发生改变,使反应逆向进行,实现二氧化碳的解吸及吸收剂的循环再生。MEA 解吸脱碳的原理如图 7.6 所示。

RNHCOO⁻+RNH₃⁺
氨基甲酸盐

2RNH₂+CO₂   H₂O   2RNH₃⁺+CO₃²⁻
碳酸盐

加热   pH

RNH₃⁺+HCO₃⁻+RNH₂
碳酸氢盐

注:R=—CH₂CH₂OH

图 7.6 MEA 解吸脱碳的原理

本实验利用虚拟仿真技术,模拟水泥窑工程中采用单乙醇胺化学吸收法进行 CO_2 捕集的工艺。

7.4.4 虚拟仿真实验系统

水泥窑等工业烟气 CO_2 捕集工艺由烟气预处理系统、CO_2 吸收系统、CO_2 解吸系统三部分构成。实验流程图如图 7.7 所示。

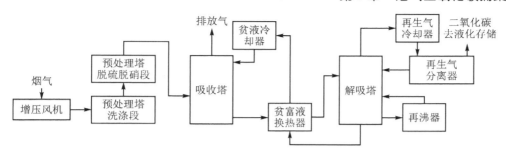

图 7.7　碳捕集生产工艺流程框图

① 预处理系统。预处理系统主要构成为预处理塔,塔内具有两段,下段为洗涤段,用于烟气部分除尘;上段为脱硫脱硝段,用于去除 NO_2 和 SO_2。

② CO_2 吸收系统。吸收系统的主要构成为填料吸收塔,预处理后的烟气从吸收塔下面进入塔中,与自上而下的吸收剂进行逆向接触和反应。吸收系统吸收掉大部分 CO_2 后,烟气顶空排出吸收塔。

③ CO_2 解吸系统。解吸系统的主要构成为解吸塔(也称为再生器、解吸器),实验中采用的是填料塔。从吸收塔塔底出来的 45 ℃ 的饱和 CO_2 吸收液(称为富液),经富液泵,再与解吸塔出口释放了 CO_2 的吸收液(贫液)通过贫富液换热器换热后,进入解吸塔。由再沸器加热后,CO_2 解吸排出解吸塔,经再生气冷却器冷却后,进入再生气分离器(分馏塔)分离。之后液相 CO_2 进入储液罐进行液化存储。解吸塔塔釜贫液与富液换热后经贫液泵、贫液冷却器换热后回流至吸收塔,形成循环。

水泥窑碳捕集系统工艺流程图如图 7.8 所示,设备表如表 7.9 所列。

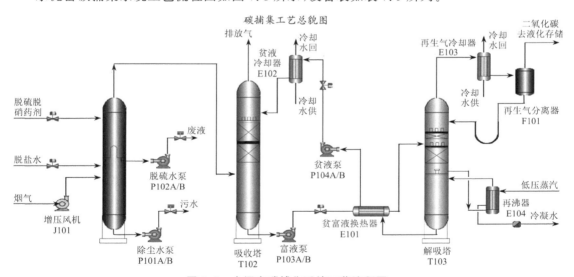

图 7.8　水泥窑碳捕集系统工艺流程图

表 7.9　水泥窑碳捕集系统工艺设备表

序　号	名　称	位　号	描　述
1	预处理塔	T101	进行烟气除尘、脱硫脱硝
2	吸收塔	T102	吸收烟气中的二氧化碳

序 号	名 称	位 号	描 述
3	解吸塔	T103	解吸烟气中的二氧化碳
4	再生气分离器	F101	再生气中气液两相分离
5	增压风机	J101	输送烟气
6	除尘水泵	P101A/B	预处理塔除尘后废水输送
7	脱硫水泵	P102A/B	预处理塔脱硫脱硝后废水输送
8	富液泵	P103A/B	吸收塔吸收二氧化碳后的富液输送
9	贫液泵	P104A/B	解吸塔解吸二氧化碳后的贫液输送
10	贫富液冷却器	E101	富液预热、贫液冷却的贫富液换热
11	贫液冷却器	E102	进入吸收塔之前的贫液冷却
12	再生气冷却器	E103	解吸塔再生气冷却
13	再沸器	E104	解吸塔塔釜加热用的换热器

7.4.5 虚拟仿真实验步骤

碳捕集吸收解吸工艺常见工况操作方法如下：

(1) 启动水泥窑工业烟气 CO_2 捕集工艺(开车)前做好工艺准备

① 打开贫液冷却器冷却水阀；② 打开再生气冷却器冷却水阀；③ 打开解吸塔塔顶压力控制阀前后两个阀；④ 打开解吸塔压力控制阀，保证再生气处于排放状态。

(2) 预处理塔各段建立液位，防止烟气进入管道

① 打开脱盐水流量控制阀前后两个阀；② 打开脱盐水流量控制阀，向预处理塔洗涤段进脱盐水；③ 预处理塔洗涤段液位达到 10% 时，关闭脱盐水流量控制阀；④ 打开脱硫脱硝药剂流量控制阀前后两个阀；⑤ 打开脱硫脱硝药剂流量控制阀，向预处理塔脱硫脱硝段进药剂；⑥ 预处理塔脱硫脱硝段液位达到 10% 时，关闭脱硫脱硝药剂流量控制阀。

(3) 吸收解吸系统冷循环，建立塔初步平衡

① 打开吸收液补充阀，向吸收塔进吸收液；② 吸收塔液位大于 40% 时，启动富液泵；③ 打开吸收塔液位控制阀前后两个阀；④ 打开吸收塔液位控制阀，向解吸塔进吸收液；⑤ 维持吸收塔液位为 50%；⑥ 解吸塔液位大于 40% 时，打开一台贫液泵；⑦ 打开解吸塔液位控制阀前后两个阀；⑧ 打开解吸塔液位控制阀，建立吸收液冷循环；⑨ 维持吸收塔液位为 50%；⑩ 建立吸收液冷循环后，可暂时关闭吸收液补充阀。

(4) 解吸塔热循环及回流，以便进气时富液及时释放二氧化碳

① 打开再沸器疏水阀前后两个阀；② 打开低压蒸汽进口阀，加热解吸塔釜液；③ 解吸塔釜液温度加热到 115 ℃，保持稳定，解吸塔升温过程中，请维持两塔液位稳定；④ 维持解吸塔压力为 45 kPa；⑤ 通过调节冷却水阀维持再生气分离器进口温度为 40 ℃；⑥ 再生气分离器液位大于 40% 后，打开排液阀；⑦ 维持再生气分离器液位为 50%；⑧ 通过调节冷却水阀维持吸收塔塔顶贫液进料温度为 40 ℃。

(5) 预处理塔开始喷淋，烟气进气

① 打开脱盐水流量阀；② 打开脱硫脱硝药剂流量阀；③ 预处理塔准备好后，全开增压风

机进口阀;④ 启动增压风机;⑤ 逐步调大增压风机频率;⑥ 烟气进口流量逐步稳定到 3 365.3 Nm³/h;⑦ 随着烟气流量稳定,脱盐水流量逐步稳定到 7 675 kg/h 时,将脱盐水流量设置为自动控制;⑧ 脱盐水流量设定为 7 675 kg/h;⑨ 随着烟气流量稳定,脱硫脱硝药剂流量逐步稳定到 100 kg/h 时,将脱硫脱硝药剂流量阀设置为自动控制,设定为 100 kg/h。

(6)洗涤段维持塔液位平衡

① 预处理塔洗涤段液位选择控制除尘水泵;② 洗涤段液位大于 40% 时,打开除尘水泵前阀;③ 启动除尘水泵;④ 打开除尘水泵后阀;⑤ 设置除尘水泵频率,调节洗涤段液位;⑥ 打开除尘水联锁阀;⑦ 维持洗涤段液位为 50% 时,将洗涤段液位设置为自动控制,设定为 50%。

(7)脱硫脱硝段维持塔液位平衡。

① 脱硫脱硝段液位选择控制脱硫水泵;② 脱硫脱硝段液位大于 40% 时,打开脱硫水泵前阀;③ 启动脱硫水泵;④ 打开脱硫水泵后阀;⑤ 设置脱硫水泵频率,调节脱硫脱硝段液位;⑥ 打开脱硫水联锁阀;⑦ 维持脱硫脱硝段液位为 50% 时,将预处理塔脱硫段液位控制设置为自动控制,设定为 50%;⑧ 维持预处理塔塔顶温度为 40 ℃ 左右。

(8)维持整体系统稳定运营

① 吸收塔液位稳定在 50% 左右时,将吸收塔液位控制阀设置为自动控制;② 将吸收塔液位设定为 50%;③ 解吸塔液位稳定在 50% 左右时,将解吸塔液位控制阀设置为自动控制;④ 将解吸塔液位设定为 50%;⑤ 解吸塔压力稳定在 45 kPa 左右时,将解吸塔压力设置为自动控制,设定为 50%;⑥ 解吸塔塔顶温度维持在 100 ℃;⑦ 再生气分离器排放二氧化碳含量大于 94.5%(体积分数)。

7.4.6 虚拟仿真实验界面

水泥窑烟气 CO_2 捕集虚拟仿真实验界面如图 7.9~7.11 所示。

图 7.9 水泥窑工业烟气 CO_2 捕集总貌界面

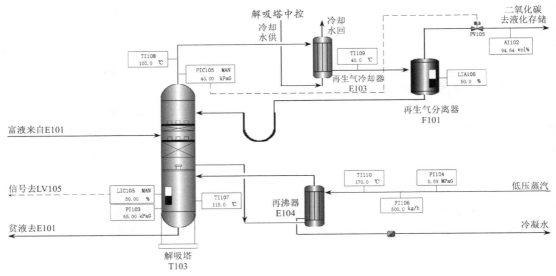

图 7.10 水泥窑工业烟气 CO_2 捕集解吸塔中控图界面

图 7.11 水泥窑工业烟气 CO_2 捕集预处理塔内部构造界面

7.4.7 实验数据记录与整理

根据实验,记录稳态工况正常值数据,填入表 7.10 中。

表 7.10 水泥窑碳捕集系统稳态工况各参数正常值

序 号	位 号	名 称	正常值
1	AIR101	吸收塔排放气二氧化碳含量	
2	AI102	再生气分离器二氧化碳含量	
3	FIC101	预处理塔脱盐水流量控制	
4	FIC102	预处理塔脱硫脱硝药剂流量控制	
5	FI103	预处理塔烟气流量	

序　号	位　号	名　称	正常值
6	FI104	预处理塔除尘水流量	
7	FI105	预处理塔脱硫水流量	
8	FI106	解吸塔再沸器蒸气流量	
9	FI107	富液流量	
10	FI108	贫液流量	
11	LICAS101	预处理塔塔釜液位控制	
12	LICAS102	预处理塔脱硫段液位控制	
13	LIC104	吸收塔塔釜液位控制	
14	LIC105	解吸塔塔釜液位控制	
15	LIA106	再生气分离器液位	
16	PI101	预处理塔塔顶压力	
17	PI102	吸收塔塔顶压力	
18	PI103	解吸塔塔釜压力	
19	PI104	解吸塔再沸器蒸气进口压力	
20	PIC105	解吸塔塔顶压力控制	
21	TI101	预处理塔进料段温度	
22	TI102	预处理塔塔顶气体温度	
23	TI103	吸收塔塔釜温度	
24	TI104	吸收塔塔顶贫液进料温度	
25	TI105	贫富液换热器贫液出口温度	
26	TI106	解吸塔富液进料温度	
27	TI107	解吸塔塔釜温度	
28	TI108	解吸塔塔顶出口温度	
29	TI109	再生气分离器进口温度	
30	TI110	解吸塔再沸器蒸气进口温度	

7.4.8　思考题

1. 2030 年碳达峰、2060 年碳中和,我国有何举措？具有什么意义？

2. 试想 MEA 吸收剂脱碳工艺中如何解决解吸过程能耗高的问题。

第8章 工业废气挥发性有机污染物控制实验

工业废气含有大量的挥发性有机物（Volatile Organic Compounds, VOCs），常见的废气行业有喷漆行业、塑料行业、橡胶行业、沥青行业、农药行业、制药行业、印刷行业、饲料行业、电镀行业、垃圾行业、石油行业、化工行业、皮革行业、污水行业、锅炉行业、食品行业等。近年来我国 VOCs 排放呈增长趋势，对大气环境影响日益突出。有机废气来源复杂、成分复杂，处理难度及其控制技术也各不相同。目前，最常见的 VOCs 末端处理技术如图 8.1 所示。

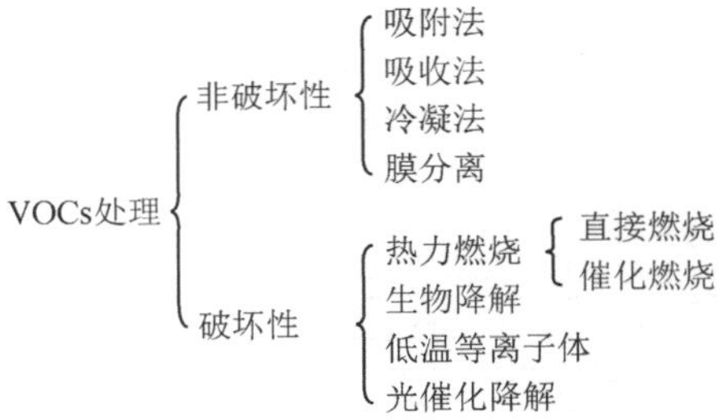

本章主要包括 4 个 VOCs 代表性末端控制

图 8.1　常见 VOCs 末端处理技术

技术实验，包括吸附、吸收、冷凝、催化氧化等主流技术。此外，还包括 1 个挥发性有机物净化工程设计的虚拟仿真实验。帮助学生理解工业废气 VOCs 末端控制技术及原理，通过实验提高学生实操能力和工程认识。

8.1　吸附法净化有机废气实验

8.1.1　实验设计背景

吸附技术是 VOCs 控制中应用最广泛的回收技术，其具有去除效率高、能耗低、工艺成熟、便于推广等特点，市场占有率最高。但是，由于一些工程公司对活性炭的基本性能、活性炭吸附技术的适用范围和使用条件缺乏规律性认识，在活性炭选型、工艺设计和净化装备设计中存在较大随意性，造成净化设备效率低、聚合后难再生、活性炭中毒，甚至反应放热造成活性炭着火等问题，影响了吸附技术的工程应用。

吸附技术适合用于低、中浓度的 VOCs 污染控制，常用的吸附剂有活性炭、沸石分子筛、多孔黏土矿石、硅胶、活性氧化铝和高聚物吸附树脂等。以活性炭为例，其适用于 VOCs 浓度为 $500\sim10\,000$ mg/m^3 的有机废气，对含脂肪烃、芳香族化合物、酮类和酯类等有机废气具有较好的吸附效果；而活性炭纤维对低浓度甚至痕量的吸附质效果显著，适用于电子行业、制鞋行业、印刷行业等要求较高的行业中苯、醋酸乙酯和丙烯腈的净化。不同吸附剂的形貌结构各异，吸附性能差别巨大，因此吸附剂的选择是应用的关键。了解典型吸附材料特性，筛选出吸附性能优、适用性强的吸附剂，对于有机废气净化工程具有重要的指导意义。

8.1.2　实验目的和要求

① 掌握常用吸附剂的特性，了解吸附技术在净化 VOCs 方面的工程应用；
② 掌握吸附法净化 VOCs 的原理；

③ 尝试分析吸附剂的结构等参数对吸附效率的影响,理解构效关系。

8.1.3　实验原理

吸附法是利用比表面积大且具有多孔结构的吸附剂将 VOCs 分子截留的过程。其处理 VOCs 的效率主要取决于吸附剂(孔结构和表面化学性质)与吸附质(分子尺寸大小、极性等)的性质。

根据吸附剂与吸附质之间的相互作用力,可以将吸附分为物理吸附和化学吸附。活性炭是最常用的吸附剂,其吸附性能主要由孔结构决定,活性炭净化 VOCs 原理图如图 8.2 所示。

活性炭的孔结构由大孔、中孔(过渡孔)和微孔组成,吸附过程中不同孔径的孔发挥不同的作用:大孔常为吸附质分子提供通道;中孔(过渡孔)一方面为吸附质分子提供通道,另一方面在一定的相对压力下由于毛细凝聚的机理吸附气体;微孔在吸附过程中起着支配作用,吸附作用大部分是在微孔进行的。

工程中常用典型活性炭吸附/脱附 VOCs 工艺(见图 8.3),吸附和解吸交替切换进行。VOCs 废气通过吸附塔被吸附净化后,清洁气体被排出。吸附饱和后,吸附塔切换为解吸塔,被吸附的 VOCs 经过加热被脱附后进行回收。

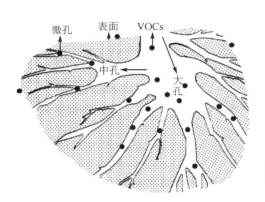

图 8.2　活性炭净化 VOCs 原理图

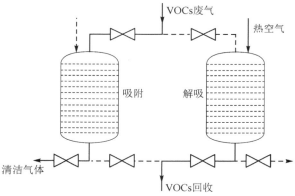

图 8.3　典型活性炭吸附/脱附工艺流程

8.1.4　实验设计步骤及要求

① 通过文献调研等方式了解 VOCs 吸附技术的原理和研究进展,熟悉常用吸附剂的特性及其在净化 VOCs 方面的工程应用。

② 选取具有代表性的 VOCs,熟悉吸附剂对 VOCs 吸附效率的影响因素。

③ 筛选适宜吸附剂,掌握吸附剂的预处理方法。

④ 确定实验方案。根据前期文献调研及分析,设计实验方案初稿,与教师进行讨论,确定实验方案,并培训基本的实验操作方法。

⑤ 吸附剂的制备或预处理。可自行制备吸附剂,通过制备方法的调变,制备出几种不同的吸附剂;也可以购买商用吸附剂,通过预处理等手段,对商用吸附剂进行活化。

⑥ 搭建实验系统,完成配气系统、反应系统和检测系统中气路的检漏和仪器检查,保证系统的合理性和实验的可行性。

⑦ 对吸附剂吸附 VOCs 性能进行评价,考察吸附剂对不同 VOCs 的转化率、穿透时间、穿

透吸附容量等指标,分析实验结果。

⑧ 对吸附剂进行表征,说明吸附机理,构建构效关系。(选做)

8.1.5 综合实验案例

某小组在前期文献调研基础上,确定采用典型吸附材料煤质活性炭和椰壳活性炭进行芳香烃(甲苯和氯苯)吸附的实验。

1. 材料及试剂

煤质活性炭(CAC),椰壳活性炭(CSAC),盐酸,甲苯,氯苯。

2. 实验仪器

质量流量控制器,1套;低温恒温槽,1台;温控仪,1台;马弗炉,1台;电热恒温鼓风干燥箱,1台;分析电子天平,1台;气相色谱仪,1台。

3. 实验系统

性能评价系统由配气单元、吸附单元和气体检测单元三部分组成,吸附-脱附性能评价系统如图8.4所示。

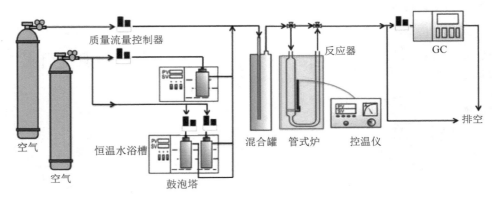

图 8.4 吸附-脱附性能评价系统

- 配气单元:气态甲苯、氯苯分别借助于定量空气从含有甲苯、氯苯的控温鼓泡塔中引出,与空气在混合罐内稀释、并充分混合,气体流量由质量流量控制器调控。在实验中,可以通过改变鼓泡气体流量来调节 VOCs 的浓度,入口浓度拟采用工业排放标准10 倍浓度。

- 吸附单元:固定床反应器由管式炉和U形反应器(自制,内径 10 mm)构成。在距离 U 形反应器底部大约 50 mm 的地方设置有一个多孔的石英筛板(孔大小由反应气量决定),用于承载吸附材料。反应器温度恒定,由插入吸附剂床层中的 K 型热电偶检测控制,并通过控温仪控制。

- 检测单元:采用配置了 Stabilwax 毛细柱、FID 检测器和 ECD 检测器的岛津 GC-17A 型气相色谱仪检测 VOCs,利用色谱峰的保留时间确定气体成分,然后通过对色谱峰的峰面积积分确定气体的浓度。

4. 实验方法与步骤

① 吸附剂装量。分别称取一定量的不同吸附剂,将其装入 U 形反应器中,测量床层高度、总流量、流速和吸附温度。

② 实验系统搭建与调试。对气路、接头和阀门进行检漏,对检测仪器进行预操作,将管式炉打开进行控温。

③ 配制模拟有机废气,开启空压机,根据配气参数开始预调变 VOCs 浓度、气体总流量等指标。

④ 开始进行吸附实验。分别将 CAC、CSAC 典型吸附剂样品应用于甲苯和氯苯动态吸附,吸附饱和后对 3 种吸附剂进行脱附研究,考察不同吸附剂的吸附-脱附性能。

⑤ 尝试进行表征测试,分析吸附机理,建立构效关系。(选做)

5. 实验数据记录与整理

① 各指标的计算公式。考察吸附剂吸附性能的指标主要是通过吸附穿透曲线以及吸附容量评价的,当气体出口浓度与气体进口浓度之比(C/C_0)达到 10% 时,认为达到吸附穿透,此时的吸附容量即为穿透吸附容量,计算方法如下:

$$q = \frac{Q\int_0^t (C_0 - C_t)\, \mathrm{d}t}{m} \tag{8.1}$$

式中:q 为吸附容量,mg/g;Q 为气体流量,$\mathrm{m}^3/\mathrm{min}$;$t$ 为吸附时间,min;m 为吸附剂质量,g;C_0 为 VOCs 入口浓度,$\mathrm{mg/m}^3$;C_t 为 VOCs 出口浓度,$\mathrm{mg/m}^3$。

② 实验数据可记录在表 8.1~8.3 中,购买的颗粒活性炭可直接根据说明书填写表 8.1 的组分含量。

表 8.1　颗粒活性炭组分含量

%

组　分	C	H	O	N	S	灰　分
煤质活性炭						
椰壳活性炭						

表 8.2　吸附性能评价实验参数

装填质量/g		吸附床内径/mm	吸附床高度/mm	总流量/(L·min⁻¹)	流速/(m·s⁻¹)	吸附温度/℃
CAC	CSAC					

表 8.3　CAC 和 CSAC 吸附/脱附数据

组　分		穿透时间/min		穿透吸附容量[b]/(mg·g⁻¹)		T_m[a]/℃	
		CAC	CSAC	CAC	CSAC	CAC	CSAC
单组分	甲苯						
	氯苯						
双组分	甲苯						
	氯苯						

[a] 程序升温脱附曲线上的最高脱附温度。

[b] 当 VOCs 出口浓度为入口浓度的 10% 时,对应的吸附容量。

8.1.6　思考题

1. 影响吸附容量的因素有哪些?

2. 在实验中气速和浓度的变化,将会对吸附容量产生什么影响?

8.2 常温催化臭氧氧化净化有机废气实验

8.2.1 实验设计背景

挥发性有机化合物(VOCs)不仅直接危害人体健康,也是大气 $PM_{2.5}$ 和 O_3 污染的重要前体物。工业源 VOCs 废气具有大风量、低浓度的特点,给末端治理带来了挑战。如何在常温常压下安全高效且经济地处理大风量、低浓度 VOCs 废气,是 VOCs 废气去除领域亟待解决的问题。

催化臭氧氧化技术,利用催化剂提高臭氧氧化 VOCs 的反应速率,促进反应在较温和的条件下进行,提升 VOCs 的氧化效率和降解效率。与传统的催化氧化技术相比,催化臭氧氧化 VOCs 技术的优势在于大幅降低了反应温度(反应温度在 100 ℃以下),从而避免了催化剂高温烧结失活问题,并且对于复杂难降解的污染物也表现出更加优异的降解效果。近年来,臭氧制备技术日益成熟,臭氧浓度和单位臭氧产量都有显著提升,单位臭氧的生产成本也大幅降低,为该技术的广泛应用创造了条件。因此,催化臭氧氧化技术在大风量、低浓度 VOCs 废气净化领域有十分广阔的应用前景。

8.2.2 实验目的和要求

① 了解适用于大风量、低浓度 VOCs 废气的净化技术,掌握催化臭氧氧化技术净化 VOCs 的机理;

② 学会催化臭氧氧化技术中催化剂的制备方法,通过表征建立构效关系;

③ 熟悉催化剂活性的影响因素以及高效催化臭氧氧化 VOCs 的影响因素。

8.2.3 实验原理

催化臭氧氧化 VOCs 被认为是一种在催化剂表面进行的非均相反应。反应过程通常遵循 Langmuir – Hinshelwood(L–H)和/或 Mars – van – Krevelen(MvK)机理。在反应过程中,原子氧和表面氧物种被认为是催化臭氧氧化 VOCs 的主要活性物种。L–H 机理可细分为 L–Hs 单位点机理和 L–Hd 双位点机理。下面以 L–H 机理为例进行介绍。

① L–Hs 机理主要用于解释非负载型催化剂。该机理认为 VOCs 和臭氧分子在催化剂表面上吸附于同一位点,其反应步骤如式(8.2)~(8.6)所示(式中" * "为催化剂的活性位点)。反应主要由两个循环构成:首先,臭氧分子吸附在活性位点上,并被分解成 O * 和 O_2 *,如式(8.2)~(8.4)所示。之后 VOCs 分子被吸附在活性位点上,并在 O * 的参与下被氧化分解,如式(8.5)~(8.6)所示。两个循环通过消耗 O * 相互耦合。

$$O_3 + * \longrightarrow O_2 + O * \tag{8.2}$$

$$O_3 + O * \longrightarrow O_2 + O_2 * \tag{8.3}$$

$$O_2 * \longrightarrow O_2 + * \tag{8.4}$$

$$VOCs + * \longrightarrow VOCs * \tag{8.5}$$

$$VOCs * + O * \longrightarrow 产物 \tag{8.6}$$

② L–Hd 机理主要用于解释负载型催化剂,其反应步骤如式(8.7)~(8.11)所示(式中 P1 表示 O_3 的吸附位点,P2 表示 VOCs 的吸附位点)。式(8.7)~(8.10)与 L–H 机理类似,

区别在于 VOCs 和 O_3 没有吸附在同一位点。

$$O_3 + P1 \longrightarrow O_2 + O*P1 \tag{8.7}$$

$$O_3 + O*P1 \longrightarrow O_2 + O_2*P1 \tag{8.8}$$

$$O_2*P1 \longrightarrow O_2 + P1 \tag{8.9}$$

$$VOCs + P2 \longrightarrow VOCs*P2 \tag{8.10}$$

$$VOCs*P2 + O*P1 \longrightarrow 产物 \tag{8.11}$$

无论是 MvK 还是 L-H 机理,催化臭氧氧化 VOCs 的反应都是由两个连续步骤构成的,即臭氧的分解和 VOCs 的氧化。臭氧的分解是最重要的一步,分解过程生成了活性氧物种,从而引发 VOCs 的氧化反应。因此,提高催化剂表面的氧空位含量,促进臭氧分解产生更多活性氧物种,是实现高效催化臭氧氧化 VOCs 的必要条件。

8.2.4 实验设计步骤及要求

① 通过文献调研及综述等方式了解 VOCs 催化臭氧氧化技术的原理和研究进展,熟悉臭氧发生的原理。

② 筛选出适宜的催化剂,熟悉其制备方法。

③ 选取具有代表性的 VOCs,熟悉 VOCs 催化臭氧氧化技术中催化作用的影响因素。

④ 确定实验方案。根据前期文献调研及分析,设计实验方案初稿,与教师进行讨论,确定实验方案,并培训基本的实验操作方法。

⑤ 制备催化剂。通过制备方法的调变,制备出不同催化剂,优化催化剂反应活性。

⑥ 搭建实验系统,完成配气系统、反应系统和检测系统中气路的检漏和仪器检查,保证系统的合理性和实验的可行性。

⑦ 对催化臭氧氧化 VOCs 性能进行评价,考察 VOCs 转化率、臭氧降解率、CO_x 选择性和 VOCs 矿化率等指标,分析实验结果。

8.2.5 综合实验案例

某小组在前期文献调研基础上,确定采用 NiO 催化剂进行催化臭氧氧化甲苯的实验。

1. 材料及试剂

硫酸镍六水合物,尿素,乙醇,十六烷基三甲基溴化铵,溴代十六烷基三甲胺(CTAB),甲苯,20%氧气(80%氮气),5%氧气(95%氮气),高纯氮气,0.1%CO_2 标准气,0.02% CO 标准气,0.005%甲苯标准气。

2. 实验仪器

气体质量流量计,1 套;高温箱式电阻炉,1 台;开启管式电阻炉,1 台;双抽头循环水真空泵,1 台;多功能温控器,1 台;温湿度记录仪,1 台;电热恒温鼓风干燥箱,1 台;真空干燥箱,1 台;低温循环恒温水槽,1 台;不锈钢水热反应釜,1 套;磁力加热搅拌器,1 台;臭氧发生器,1 台;紫外臭氧分析仪,1 台;恒温超声波清洗机,1 台;气相色谱仪,1 台;高纯氢发生器,1 台;空气发生器,1 台。

3. 实验系统

实验系统包括配气系统、反应系统和测试系统三部分。催化臭氧氧化实验系统图如图 8.5 所示。

➤ 配气系统:由气体钢瓶、质量流量计、VOCs 鼓泡塔、水蒸气鼓泡塔、臭氧发生器、缓冲罐

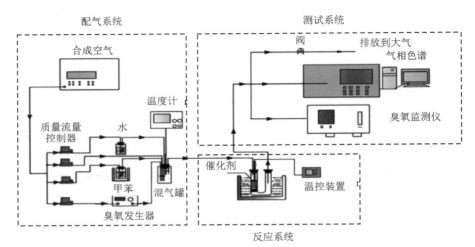

图 8.5　催化臭氧氧化实验系统图

等构成。模拟气体组成为 VOCs、O_3、N_2 和 O_2，气体流速通过质量流量计控制，进一步调整 VOCs、O_3 浓度和相对湿度等。实验所用 O_3 由钢瓶提供的混合空气（5%O_2/95%N_2）经臭氧发生器产生，VOCs 和水蒸气由钢瓶提供的混合空气（20%O_2/80%N_2）经鼓泡塔带出。各路气体经过混合罐充分接触混匀后，进入反应管进行反应。

➤ 反应系统：该单元主要将配气单元的模拟废气进行催化臭氧氧化反应，由管式电阻炉、石英反应管、温控仪、热电偶组成。在催化性能评价实验中，将催化剂放入石英反应管内，温控仪设定反应温度，达到设定温度并稳定 5 min 后打开双向阀，通入模拟废气进行催化剂活性评价实验。

➤ 测试系统：该单元主要用于检测分析反应后尾气的成分，由臭氧分析仪和气相色谱组成。臭氧分析仪用于实时检测 O_3 的出口浓度，气相色谱仪主要用于实时检测 VOCs、CO_2 和 CO 的出口浓度。气相色谱仪的测定参数为：FID 检测器温度设定为 250 ℃；分离柱温度初始为 50 ℃保持 2 min，以 10 ℃/min 的速率升温至 110 ℃，保持 5 min；汽化室温度为 120 ℃；以高纯氮作为载气，吹扫速率为 30 mL/min；测定结果以 15 min 每次的频率记录并储存。

4. 实验方法与步骤

1）制备新鲜催化剂。利用水热法制备一系列不同量 CTAB 改性的 NiO 催化剂（选做）。具体步骤如下：

① 称取 12 g CTAB 加入由 300 mL 去离子水组成的混合溶液中，搅拌 30 min。

② 称取 13.15 g 六水合硫酸镍和 6 g 尿素，加入上述溶液中，以 700 r/min 的速度磁力搅拌 30 min，直至变成绿色均匀的溶液。

③ 将混合溶液转移至容量为 500 mL 的聚四氟乙烯反应釜中，密封后置于真空干燥箱中，在 180 ℃下进行水热反应 12 h。

④ 待反应釜自然冷却后，用真空泵抽滤反应产物，先用乙醇多次洗涤直至滤液无泡沫出现，再使用去离子水多次洗涤直至滤液 pH 值达到中性。然后将过滤产物在 110 ℃的条件下干燥过夜。

⑤ 将干燥后的样品研磨成粉末并放置于马弗炉内，以 2 ℃/min 程序升温至 350 ℃，煅烧 6 h，得到 CTAB 改性 NiO 催化剂，命名为 NiO - CTAB。

⑥ 将煅烧后的催化剂粉末在 20 MPa 压力下压制成片,再经过研磨、筛分等步骤,得到 40～60 目的颗粒作为备用。

2) 实验系统搭建与调试。对气路、接头和阀门进行检漏,对检测仪器进行预操作,将管式炉和伴热带打开进行升温。

3) 配制模拟有机废气,根据配气参数开始预调变 VOCs 浓度、气体总流量、温度等指标。

4) 催化剂装量,进行性能评价实验。分别考察不同量 CTAB 改性的 NiO 催化剂催化臭氧氧化甲苯的活性,检测出入口甲苯、CO_2、CO 和 O_3 的量,分析实验结果。

5) 尝试进行表征测试,分析催化臭氧氧化甲苯机理。(选做)

5. 实验数据记录与整理

1) 各指标的计算公式如下:

① VOCs 转化率,即

$$\mu_1 = \frac{C_{in} - C_{out}}{C_{in}} \tag{8.12}$$

式中:μ_1 为 VOCs 转化率,%;C_{in} 为 VOCs 进口浓度,mg/m^3;C_{out} 为 VOCs 出口浓度,mg/m^3。

② 臭氧降解率,即

$$\mu_2 = \frac{C_{in} - C_{out}}{C_{in}} \tag{8.13}$$

式中:μ_2 为臭氧降解率,%;C_{in} 为臭氧进口浓度,mg/m^3;C_{out} 为臭氧出口浓度,mg/m^3。

③ CO_x 选择性,即

$$X = \frac{C_{CO} + C_{CO_2}}{n \times \mu_1 \times C_{in}} \tag{8.14}$$

式中:X 为 CO_x 选择性,%;μ_1 为 VOCs 转化率,%;C_{CO_2} 为 CO_2 出口浓度,mg/m^3;C_{CO} 为 CO 出口浓度,mg/m^3;C_{in} 为 VOCs 进口浓度,mg/m^3;n 为 VOCs 中碳原子数。

④ 矿化率,即

$$Y = \frac{C_{CO_2}}{C_{in} \times n} \tag{8.15}$$

式中:Y 为矿化率,%;C_{CO_2} 为 CO_2 出口浓度,mg/m^3;C_{in} 为 VOCs 进口浓度,mg/m^3;n 为 VOCs 中碳原子个数。

2) 实验数据可记录在表 8.4 中。

表 8.4　改性的 NiO 催化剂催化臭氧氧化甲苯实验数据记录表

测定日期:＿＿＿＿＿＿＿＿＿

操作条件:气体入口组分＝＿＿＿＿＿＿＿＿;气体流量＝＿＿＿＿＿＿＿＿ mL/min;气体温度＝＿＿＿＿＿＿＿＿ ℃

项　目	反应时间/h	O_3 浓度/(mg·m^{-3})	CO_2 浓度/(mg·m^{-3})	CO 浓度/(mg·m^{-3})	VOCs 浓度/(mg·m^{-3})
进口	—				
出口	0.5				
	1				
	1.5				
	⋮				

8.2.6　思考题

1. 改性催化剂活性有哪些方法？
2. 请比较甲醛、甲醇、乙酸乙酯、甲苯等物质的降解难度。

8.3　低温等离子体协同催化法净化有机废气实验

8.3.1　实验设计背景

随着现代工业的发展，VOCs 排放引起的大气污染问题日益严重。低温等离子体（NTP）协同催化净化技术因其具有可快速引发、常温下运行等独特优势，常用于治理低浓度有机废气与恶臭。采用一般的低温等离子装置，有机废气能够快速降解，但难以彻底降解，且可能产生有机小分子、O_3、CO、N_2O 等组成复杂、具有污染性的副产物，一定程度上限制了低温等离子体技术的实际应用。为了克服这些不足，一方面可以探索单一非热等离子体反应器结构和运行参数的优化；另一方面可以尝试联合处理方法，即将非热等离子体技术与其他物化方法结合，寻求联合技术协同效应。20 世纪 90 年代，将非热等离子体技术与催化技术相结合应用于汽车尾气中氮氧化物的净化取得了很好的脱除效果，等离子体与催化剂之间产生的协同效应对于有机废气净化具有重要意义。

8.3.2　实验目的和要求

① 了解低温等离子体协同催化技术研究现状及机理；
② 熟悉低温等离子体放电特性、两种技术协同体系的构成和催化剂活性对净化 VOCs 性能的影响；
③ 尝试低温等离子体协同催化技术中催化剂的制备方法。

8.3.3　实验原理

等离子体催化主要是指等离子体多相催化，如放电电极表面、器壁表面或涂层存在的异相物质对等离子体化学反应的催化作用。等离子体放电区域源源不断地产生着高能电子、离子、自由基、激发态原子、分子和丰富的紫外线，高活性物质使常规条件下需要大量活化能（>300 ℃）才能激活的催化反应，在室温条件下便顺利进行。由于活性物质具有一定的寿命，因此等离子体-催化协同增效作用不但可以发生在强放电区域，而且在等离子体余辉区和产物收集区（冷阱区）也可实现常规条件下所不能实现的催化反应，使实际的降解反应空间得以扩充。除增强等离子体对 VOCs 的降解能力，提高处理过程的能量效率外，引入催化剂还有助于消除等离子体反应产生的有害副产物（如 CO、有机中间产物、O_3 和 NO_x 等），避免二次污染。低温等离子体-催化系统中所选用的催化剂应该优先考虑以下性能：① VOCs 降解率高；② CO_2 选择性高；③ 各类副产物排放少。

低温等离子体协同催化剂去除 VOCs 的方式根据催化剂位置的不同（见图 8.6），分为一段式和两段式：① 一段式指将催化剂放置在等离子体区域内；② 两段式指催化剂放在等离子体区域后。

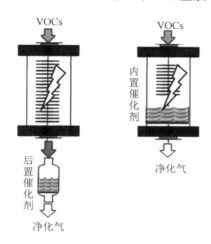

图 8.6 低温等离子体协同催化体系构成示意图

8.3.4 实验设计步骤及要求

① 文献调研不同低温等离子体发生装置,如电子束放电、电晕放电、介质阻挡放电法的工作原理、优缺点和适用性,筛选用于低温等离子体协同催化的发生装置。

② 根据调研结果,确定选择内置式或后置式低温等离子体协同催化体系,了解低温等离子体放电特性的参数及检测手段。

③ 筛选用于低温等离子体协同催化处理技术适用的代表性 VOCs,并据此选择合适的催化剂,熟悉其制备方法。

④ 确定实验方案。根据前期文献调研及分析,设计实验方案初稿,与教师进行讨论,确定实验方案,并培训基本的实验操作方法。

⑤ 制备催化剂。按照催化剂制备方法制备新鲜催化剂。(选做)

⑥ 搭建实验系统,完成配气系统、反应系统和检测系统中气路的检漏,填充催化剂,保证系统的合理性。

⑦ 进行放电参数、气相组分、催化剂性能等参数对低温等离子体协同催化处理 VOCs 的影响实验,考察 VOCs 转化率、臭氧产生率、CO_x 选择性和 VOCs 矿化率等指标,分析、讨论实验结果。

8.3.5 综合实验案例

某小组在前期文献调研基础上,确定采用不同晶型的 MnO_2/Al_2O_3 作为催化剂进行 DBD 等离子体协同催化降解酮类有机废气的实验。

1. 材料及试剂

高锰酸钾,乙醇,硫酸锰,乙酸锰,硝酸铜,硝酸铈,硝酸钴,丙酮,甲基乙基酮;丙酮标准气(0.025%),氮气(>99.99%),氧气(>99.99%),空气,其中氮气和氧气来自于钢瓶气,空气来自于空压机。

2. 实验仪器

电子天平,1 台;pH 计,1 台;粉末压片机,1 台;循环水式多用真空泵,1 台;旋转蒸发仪,1 台;电热恒温鼓风干燥箱,1 台;离心机,1 台;管式炉,1 台;数显恒温磁力搅拌器,1 台;微量注射泵,2台;气体减压器,1台;质量流量计,1套;数字功率计,1台;数字荧光示波器,1台;交流稳压电源,1台;高压交流电源,1台;氮氧化物分析仪,1台;臭氧分析仪,1台;GC-FID,1台;红外光谱仪1台。

3. 实验系统

实验系统包括配气系统、反应系统和检测系统三部分。低温等离子体协同催化实验系统图如图8.7所示。

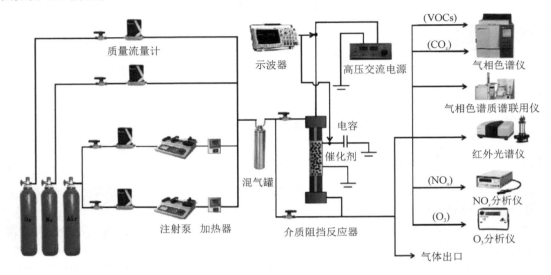

图8.7　低温等离子体协同催化实验系统图

> 配气系统:环境空气由空压机压入反应气路,经过硅胶干燥处理后,被分成鼓泡载气和稀释气两路。鼓泡载气通入到含有VOCs溶液的不锈钢密封罐后将VOCs带出。该密封罐置于恒温水浴中以保证VOCs挥发速率均匀。含有VOCs的载气再与稀释气流混合,从而得到最终实验需要的反应配气。实验过程中,气体的总流量通过各气路中的质量流量计进行控制;VOCs的浓度可以通过水浴温度和鼓泡载气流量进行调节。

> 反应系统:等离子体反应器的工作状态由高压电源进行开关控制,其后端置有一根内径10 mm的石英管用来做催化反应床。当等离子催化采用内置式耦合方式时,催化剂直接填充进等离子体反应器腔体;当采用外置式耦合方式时,催化剂置于石英管内。外置石英管并联设有气流旁路,可以通过气阀的切换直接测试单独等离子体降解VOCs的性能。反应器采用自主设计的同轴式介质阻挡放电(DBD)反应器。高压电极是置于反应器内部的不锈钢棒,放电介质采用石英管,高压电极和石英管之间的放电间隙可添加催化剂。DBD反应器参数如表8.5所列。

表8.5　同轴DBD反应器结构参数

mm

序　号	石英管			放电间隙	放电区域长度	内电极直径
	长　度	壁　厚	内　径			
DBD-1	220	1.39	10.0	2	20	6
DBD-2	220	2.09	8.6	1.3	30	6

> 检测系统：VOCs的浓度以及产物 CO_x 的生成量由气相色谱仪测定，反应的中间产物由在线红外光谱分析仪鉴别，副产物 NO_x 与 O_3 的含量分别由 NO_x 分析仪和臭氧分析仪进行测量。

4. 实验方法与步骤

1）催化剂的制备，通过氧化还原沉淀法制备无定型氧化锰催化剂。

① 制备锰基（MnO_2）催化剂：

a）称取 9.482 g $KMnO_4$，完全溶解于 50 mL 去离子水中；

b）称取 22.05 g $Mn(CH_3COO)_2 \cdot 4H_2O$，完全溶解于 50 mL 去离子水中配制成乙酸锰溶液；

c）在剧烈搅拌下，将乙酸锰溶液滴加到高锰酸钾溶液中，并连续搅拌 24 h；

d）用去离子水和乙醇交替离心、过滤、洗涤上述步骤后得到的沉淀物在真空烘箱中干燥；

e）将干燥后的样品放入马弗炉中，在空气背景下于 300 ℃ 下焙烧 2 h，升温速率为 5 ℃/min；

f）将焙烧后的样品自然冷却后取出，利用研钵和压片机将其压片并筛分 40～60 目备用。

② 制备掺杂型锰基催化剂：

向氧化锰中掺杂不同的过渡金属元素来制备系列掺杂型金属催化剂。通过在乙酸锰溶液中加入硝酸铜（4.61 g）、硝酸铈（8.68 g）、硝酸钴（5.82 g），后续以同样的过滤、洗涤、干燥、焙烧程序来制备一系列不同金属掺杂的二元氧化物催化剂。

后续通过性能实验筛选对目标 VOCs 污染物降解效果最好的掺杂金属元素，通过改变掺杂金属的量来合成一系列不同摩尔配比（Cu：Mn＝1：30、2：30、4：30、6：30）的二元金属氧化物催化剂，分别记为 $Cu_{0.033}Mn$、$Cu_{0.067}Mn$、$Cu_{0.133}Mn$ 和 $Cu_{0.2}Mn$。以上实验制备的所有催化剂均压片并筛分 40～60 目备用。

2）实验系统搭建与调试。低温等离子体催化反应系统主要由供电部分、反应器部分和电信号检测部分组成。

3）配制模拟有机废气，根据配气参数开始预调变 VOCs 浓度、气体总流量、温度等指标。

4）分别考察输入电压、不同金属掺杂等因素对 DBD 协同不同金属掺杂型催化剂降解丙酮的去除效率的影响，检测出口丙酮、CO_2、CO 和 O_3 的量，分析实验结果。

5）尝试进行丙酮和甲基乙基酮同时存在的符合酮类污染物，分别考察输入电压、不同金属掺杂等因素对 DBD 协同不同金属掺杂型催化剂降解单丙酮、单甲基乙基酮和两者共存时的污染物去除效率。（选做）

6）测试丙酮/甲基乙基酮共存与单独降解时降解产物的 FTIR，推测降解机理。（选做）

5. 实验数据记录与整理

1）各指标的计算公式如下：

① 输入到反应器中的等离子体的能量密度（SED），定义为注入单位体积反应气中的放电能量（J/L），计算公式如下：

$$\mathrm{SED} = U \times I \times 60 / Q \tag{8.16}$$

式中：U 是放电电压，kV；I 是放电电流，mA；Q 是气体总体积流量，L/min。

② VOCs 的去除效率（η）和 CO_x 选择性（S_{CO_2}）：

$$\eta = \frac{C_{\text{inlet}} - C_{\text{outlet}}}{C_{\text{inlet}}} \times 100\% \tag{8.17}$$

$$S_{CO_x} = \frac{(2-x)C_{CO} + (x-1)C_{CO_2}}{\sum n_{inlet}C_{inlet}\eta} \times 100\% \tag{8.18}$$

式中：C_{inlet} 和 C_{outlet} 分别为 VOCs 污染物的入口和出口浓度，mg/m^3；$x=1$ 或 2，分别对应 CO 和 CO_2；C_{CO_2} 和 C_{CO} 为 CO_2 和 CO 的出口浓度，mg/m^3；n_{inlet} 为所测 VOCs 的碳原子数。

2）实验数据可记录在表 8.6 和表 8.7 中。

表 8.6   DBD 等离子体协同催化降解酮类有机废气实验数据记录表（1）

测定日期：_____；催化剂种类：_____；能量密度：_____ J/L
操作条件：气体入口组分＝_____；气体流量＝_____ mL/min；气体温度＝_____ ℃

项　目	反应时间/h	O_3 浓度/$(mg \cdot m^{-3})$	CO_2 浓度/$(mg \cdot m^{-3})$	CO 浓度/$(mg \cdot m^{-3})$	VOCs 浓度/$(mg \cdot m^{-3})$
进口	—				
出口	0.5				
	1				
	1.5				
	⋮				

表 8.7   DBD 等离子体协同催化降解酮类有机废气实验数据记录表（2）

测定日期：_____
操作条件：气体入口组分＝_____；气体流量＝_____ mL/min；气体温度＝_____ ℃

项　目	能量密度/$(J \cdot L^{-1})$	反应时间/h	O_3 浓度/$(mg \cdot m^{-3})$	CO_2 浓度/$(mg \cdot m^{-3})$	CO 浓度/$(mg \cdot m^{-3})$	VOCs 浓度/$(mg \cdot m^{-3})$
Cu－MnO_2	200	—				
	400					
	600					
	⋮					
Ce－MnO_2	200	—				
	400					
	600					
	⋮					
Co－MnO_2	200	—				
	400					
	600					
	⋮					
⋮						

8.3.6　思考题

1. 低温等离子体协同催化技术主要想解决什么问题？

2. 试想在此反应体系中，有机废气的湿度会对降解率有什么影响？

8.4　生物滴滤塔净化有机废气实验

8.4.1　实验设计背景

生物法净化 VOCs 技术的实质是附着在反应器介质中的微生物,在适宜的环境条件下,以 VOCs 作碳源,维持其生命活动,并将有机物转化为简单的无机物(如 CO_2、H_2O)的过程。生物处理技术不能回收 VOCs,所以一般用作处理恶臭类的有机废气。

生物法净化技术最早是针对有机废气的特殊气味而发展起来的,近年来,逐渐应用到工业 VOCs 中。生物技术具有操作简单、节约成本、净化效率高、无二次污染等优点,在低浓度、大气量 VOCs 废气领域具有独特优势,在"碳达峰、碳中和"背景下,二次污染小、碳排放量少、能耗低的生物法将成为 VOCs 净化技术的研究热点。

8.4.2　实验目的和要求

① 了解生物净化 VOCs 技术的原理及应用现状;
② 掌握生物净化 VOCs 技术中用到的生物反应器及其原理;
③ 熟悉生物净化 VOCs 技术的影响因素。

8.4.3　实验原理

生物净化 VOCs 技术主要包括生物过滤、生物洗涤和生物滴滤三种方法。① 生物过滤器的滤床通常由有机材料制成,如土壤、泥炭、稻草、堆肥等。有机填料中通常含有微生物以及用于微生物生长的营养物质,但由于颗粒物质或生物膜脱落导致堵塞,对操作条件造成一定限制。② 生物洗涤器系统由两个单元组成,一个是吸收单元,另一个是生物反应器单元。生物洗涤器的缺点是对易溶性 VOCs 具有较好的处理效果,但必须及时处理剩余污泥和液体废物。③ 生物滴滤器系统,废气通过填料层进行处理,用含有微生物必需的营养物质溶液连续或间歇喷淋,在填料表面接种外源微生物并形成生物膜,既解决了堵塞现象又对难溶性物质起到吸附降解作用。生物滴滤(Biological Trickle Filter,BTF)技术是目前 VOCs 末端治理控制的主流技术之一。

生物滴滤塔对 VOCs 的去除效率受温度、湿度、pH 值、VOCs 体积负荷、停留时间、营养源和填料等工艺参数影响。为了保证微生物生长代谢,选择适宜的工艺参数,确保生物滴滤塔最大效率地运行,对去除 VOCs 具有重要的作用。

8.4.4　实验设计步骤及要求

① 文献调研不同生物反应器,如生物过滤、生物洗涤法和生物滴滤的工作原理、优缺点和适用性。
② 确定生物反应器类别,了解填料的种类及优缺点。
③ 筛选适用生物法处理的代表性 VOCs,了解其配气方法及其在工业废气中的浓度。
④ 确定实验方案。根据前期文献调研及分析,设计实验方案初稿,与教师进行讨论,确定实验方案,并培训基本的实验操作方法。
⑤ 搭建实验系统,填充填料,进行微生物驯化。

⑥ 连续运行完成挂膜后,进行污染物生物降解性能实验,考察不同 VOCs 浓度、气体流量、温度等因素对污染物降解的影响,分析实验结果。

8.4.5 综合实验案例

某小组在前期文献调研基础上,确定采用生物滴滤塔作为生物反应器,填料为 20 mm × 20 mm × 20 mm 的松木块,进行家具行业含苯系物有机废气降解实验,以甲苯作为代表性苯系物。

1. 材料及试剂

实验用试剂主要用来配制营养液,营养液为微生物提供必要的营养物质,同时保证其生长所需环境湿度。启动挂膜初期加入适量的葡萄糖作为碳源,随着微生物适应时间的增加逐渐减少葡萄糖含量,最终达到以甲苯为唯一碳源的目的,提高甲苯的降解效率。

营养液配方:0.1 g 七水合硫酸亚铁、0.04 g 七水合硫酸锌、0.01 g 五水硫酸铜、50 g 硫酸铵、0.02 g 无水氯化钙、2 g 氯化镁、0.3 g 硫酸锰、16 g 磷酸二氢钠、32 g 磷酸氢二钠、葡萄糖溶于蒸馏水中。此外还需要甲苯、乙醇、磷酸缓冲溶液等。

2. 实验仪器

电子天平,1 台;pH 计,1 台;气相色谱仪,1 台;振荡培养箱,1 台;蠕动泵,1 台;微量注射泵,2 台;气体减压阀,1 套;质量流量计,1 套;数字功率计,1 台。

3. 实验系统

实验系统包括气液两路,由配气及输气装置、生物滴滤塔、尾气缓冲装置和喷淋循环装置组成,且采用气液逆流的操作方式。生物滴滤净化 VOCs 实验系统示意图如图 8.8 所示。

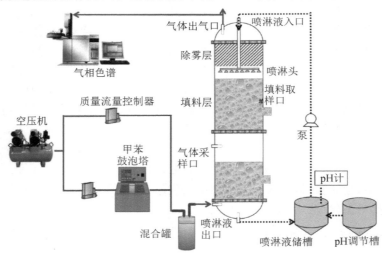

图 8.8　生物滴滤净化 VOCs 实验系统示意图

➢ 配气系统:环境空气由空压机引入反应气路,经过硅胶干燥处理后,被分成鼓泡载气和稀释气两路。鼓泡载气通入到含有 VOCs 溶液的不锈钢密封罐后将 VOCs 带出。该密封罐置于恒温水浴中以保证 VOCs 挥发速率均匀。含有 VOCs 的载气再与稀释气流混合,从而得到最终实验需要的反应配气。实验过程中,气体的总流量通过各气路中的质量流量计进行控制;VOCs 的浓度可以通过水浴温度和鼓泡载气流量进行调节。

➢ 生物滴滤系统:主体为有机玻璃材质的圆柱形生物滴滤塔,其内径为 180 mm,外径为

190 mm,壁厚为 5 mm,总塔高为 1 000 mm。生物滴滤塔分为 4 部分,上层为喷淋及气体除雾层;中层和下层分别是高为 200 mm 和 300 mm 的填料层,每层之间隔板的开孔率超过 60%,起到均匀分布气体及喷淋液的作用,每层设置有气体采样口和填料采样口;最底层为循环营养液缓冲区及出口。填料为 20 mm×20 mm×20 mm 的松木块。

➤ 测试系统:由气相色谱仪检测分析反应后尾气的污染物浓度。

4. 实验方法与步骤

① 搭建实验系统,填充填料。进行空塔试运行实验,考察生物滴滤系统的气密性;进行空白系统运行实验,主要考察除微生物降解外系统对甲苯的吸附或吸收作用的影响。

② 进行微生物驯化,营养液经蠕动泵提升从塔体顶部喷淋,之后从底部流出经蠕动泵后从塔体顶部喷淋,完成营养液循环过程,连续运行完成挂膜。

③ 进行污染物生物降解性能实验,污染气体经输送气泵从生物滴滤塔底部进入塔体,通过两层负载有微生物且经过循环营养液喷淋的填料层后,从生物滴滤塔顶端进入到尾气缓冲装置后排出,检测入口和出口的甲苯浓度,考察降解性能。

④ 开展不同因素实验。考察不同甲苯浓度、气体流量、营养液喷淋量等因素对甲苯降解率的影响,分析实验结果。

5. 实验数据记录与整理

① 甲苯降解率(η)计算公式如下:

$$\eta = \frac{C_{\text{inlet}} - C_{\text{outlet}}}{C_{\text{inlet}}} \times 100\% \tag{8.19}$$

式中:C_{inlet} 和 C_{outlet} 分别为甲苯污染物的入口和出口浓度,mg/m³。

② 实验数据可记录在表 8.8 和表 8.9 中。

表 8.8　生物滴滤塔生物降解甲苯操作条件记录表

测定日期:＿＿＿＿＿＿＿＿

填料类型:＿＿＿＿＿＿＿＿

阶　　段	反应时间/d	甲苯浓度/(mg·m⁻³)	营养液喷淋速率/(mL·min⁻¹)	进气量/(L·min⁻¹)	停留时间/s
空塔运行					
空白系统					
挂膜					
稳定运行					

表 8.9　生物滴滤塔生物降解甲苯实验数据记录表

测定日期:＿＿＿＿＿＿＿＿

考察因素:(例如,进气量)＿＿＿＿＿＿;营养液喷淋速率:＿＿＿＿＿＿ mL/min;

入口甲苯浓度:＿＿＿＿＿＿ mg/m³;停留时间＿＿＿＿＿＿ s

进气量/(L·min⁻¹)	出口甲苯浓度/(mg·m⁻³)	甲苯降解率/%
5		
15		
20		
25		
30		

8.4.6 思考题

1. 生物滴滤塔挂膜时间长短与什么因素有关？
2. 试想生物滴滤系统长期运行微生物菌落的鉴定方法有哪些？

8.5 VOCs 控制工程设计虚拟仿真实验

8.5.1 虚拟仿真实验开发背景

不同行业的废气治理采取的措施不同，其中活性炭吸附-循环脱附-分流冷凝技术具有操作简单、能够实现资源回收的优势，该技术成熟、稳定，同时可实现自动化运行，已在众多领域得到推广，适用于石油、化工及制药工业、涂装、印刷、食品、烟草、种子油萃取工业，以及其他使用有机溶剂或 C4 - C12 石油烃的工艺过程。

实验过程
动画示意

针对该技术开发的虚拟仿真实验可帮助学生了解实际应用中的 VOCs 控制工程，联系理论课 VOCs 知识点和常见设备结构原理，熟练掌握 VOCs 控制技术工艺流程，提高设备的认知能力，增强自主学习意识。

8.5.2 实验目的和要求

① 了解不同行业的有机废气控制的常用技术及优缺点，掌握吸附、冷凝技术的基本原理；
② 熟悉 VOCs 吸附和冷凝过程常见设备结构，理解工程设计基本步骤与设计方法，并能针对特定化工厂需求独立完成设计计算；
③ 掌握工艺流程，能自主搭建布置活性炭吸附-循环脱附-分流冷凝装置工艺设备。

8.5.3 实验原理

活性炭吸附-循环脱附-分流冷凝技术采用高性能颗粒状/纤维状活性炭吸附 VOCs，吸附饱和后用蒸汽/氮气进行解吸，解吸出的高浓度有机蒸汽经冷凝后，回收有机溶剂。该工艺在净化有机废气的同时，可回收有机溶剂，达到资源循环利用。

活性炭的吸附原理是因为活性炭表面存在着未平衡和未饱和的分子引力或化学键力，当气体与活性炭表面接触时，气体分子就能被吸附剂所吸引并在其表面积聚，从而使废气的污染物与空气相分离，达到净化的目的。根据作用力的不同，吸附可分为物理吸附和化学吸附，有机废气吸附-脱附主要以物理吸附为主。活性炭吸附-循环脱附-分流冷凝实验装置示意图如图 8.9 所示。

活性炭吸附-循环脱附-分流冷凝技术系统由预处理、吸附、循环加热脱附、冷凝回收和自动控制等部分构成，工艺原理如下：

（1）除尘预处理
布袋脉冲除尘器对前端风管收集的粉尘和颗粒进行拦截处理。

（2）吸附-脱附-冷凝回收
预处理后采用的处理工艺为"活性炭吸附-水蒸气脱附-冷凝回收"。经预处理后的废气通过合理布风，让气体通过固定吸附罐内的活性炭层的过滤断面，由于活性炭表面与有机废气分

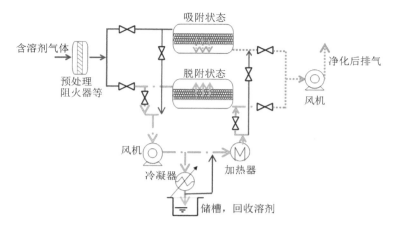

图 8.9　活性炭吸附-循环脱附-分流冷凝实验装置示意图

子间的相互引力作用产生物理吸附,有机废气吸附在活性炭表面和微孔里,净化后的气体通过烟囱达标排放。吸附材料采用溶剂回收专用的颗粒活性炭,工艺设置有两个吸附罐:一个罐处于吸附状态,一个罐处于脱附再生状态或者待吸附状态,运行过程采用 PLC 全自动控制,通过时间差进行吸附和脱附的轮流切换,以保证连续生产。

（3）蒸气脱附后活性炭烘干

蒸气脱附后活性炭中吸附了大量的水,会影响下一轮废气吸附的效果,所以需要对活性炭进行烘干处理,烘干系统采用新鲜空气经加热器加热到 $80\sim100$ ℃形成干燥风对炭床进行吹扫,将活性炭中的水分烘干。烘干结束后关闭加热器,直接通过新鲜空气吹扫炭床进行降温,使活性炭温度恢复到吸附所需温度,以备于下一轮的吸附。

8.5.4　虚拟仿真实验系统

虚拟仿真系统包括理论知识、工艺设计和工艺搭建三大模块。

1) 理论知识:包含理论学习、设备认知和考核三个方面。① 理论学习,包含 VOCs 介绍、VOCs 监测技术和 VOCs 控制技术三大内容;② 设备认知,帮助学生全方位认识 U 形管式换热器和吸附塔等设备;③ 考核,要求学生完成基础知识的考核。

2) 工艺设计:要求学生根据系统给出的设计任务、设计原则、设计标准和参考公式,选择合适的工艺参数,计算设备相关参数,进行设备选型和脱附氮气量的计算。

3) 工艺搭建:根据工艺运行流程,通过将不同设备的连线,模拟完成工艺线路搭建。调节相关设备参数,保证出口浓度达到排放标准。

8.5.5　虚拟仿真实验步骤

1) 根据软件引导,自主完成理论学习、设备认知和考核三部分内容,作为设计的预备内容,熟悉 U 形管式换热器和吸附塔设备构造。

2) 认真理解设计任务书的内容和参数,根据设计任务完成工艺设计。

① 设计基本资料。

某连续 24 h 生产的化工厂生产排放 VOCs 废气,集气后进入车间外环保设施进行处理回收。主要参数为:排气温度平均为 25 ℃,要求排放符合环保要求,回收效率不小于 95%。工厂公共工程：电、水、蒸气（工作压力 8 kg/cm²）、0 ℃冷冻水，氮气（工作压力 6 kg/cm²）、压缩空气（工作压力 6 kg/cm²）。

② 设计任务：活性炭吸附系统的主要设备设计（考虑双罐交替运行）、活性炭吸附设备选型、脱附所需氮气量计算。

③ 设计标准。参考执行《大气污染物综合排放标准》GB 16297—1996 中非甲烷总烃的排放标准，最高允许排放浓度为 120 mg/m³。相关的设计标准及手册如下：

➢《大气污染物综合排放标准》GB 16297—1996；

➢《吸附法工业有机废气治理工程技术规范》（HJ 2026—2013）；

➢《物理化学》第五版，高等教育出版社；

➢《化工工艺设计手册》第四版，化学工业出版社；

➢《空气污染控制工程》第二版，化学工业出版社。

④ 设计参数。设计时参考表 8.10 设计参数。

表 8.10　活性炭吸附-循环脱附-分流冷凝设计参数

序　号	内　　容	基础参数（固定、选择）
1	污染物	挥发性有机污染物（VOCs）
2	污染物初始浓度 c_1（mg/m³）	□300 mg/m³　　□1 000 mg/m³　　□3 000 mg/m³
3	污染物排放特征	24 h 持续稳定排放
4	吸附系统运行时间 t	假设双罐交替运行，单罐运行时间 12 h
5	吸附温度 $T_{吸}$	25 ℃
6	设计排放风量 Q	□1 000 m³/h　　□2 000 mg/m³
7	设计风速 V	□0.1 m/s　　□0.2 m/s　　□0.3 m/s
8	活性炭的吸附容量 A_0	0.15 g/g 吸附剂
9	活性炭堆积密度 q	400 kg/m³
10	污染物排放浓度 c_2	排放标准 120 mg/m³
11	炭床上部高度 h_2	0.816 m（包含人孔 500 mm）
12	顶盖高度 h_3	0.431 m
13	支座高度 h_4	1.842 m
14	氮气脱附温度 $T_{脱}$	160 ℃
15	氮气进入换热器温度 $T_{初}$	25 ℃
16	活性炭残留活性 A_1	0.03 g/g 吸附剂
17	VOCs 单位脱附热 γ	494.06 kJ/kg
18	活性炭比热容 C_C	1.254 kJ/(kg·K)
19	氮气比热容 C_N	1.005 kJ/(kg·K)
20	氮气密度 ρ_N	1.16 kg/m³
21	脱附阶段通气时间 $t_{通}$	2 h
22	热媒	水蒸气
23	热媒温度 $T_{热}$	180 ℃

序　号	内　容	基础参数(固定、选择)
24	总传热系数 K	$14\ W/(m^2 \cdot K)$
25	蒸气汽化潜热 r	$2\ 018.84\ kJ/kg$(固定,不可选)

3) 根据工艺流程,完成模拟线路搭建。并调节相关设备参数,保证出口浓度达到排放标准。

① 从软件左侧模型库选择模型,完成活性炭吸附装置的搭建;

② 从软件左侧模型库选择模型,完成循环脱附装置的搭建;

③ 从软件左侧模型库选择模型,完成分流冷凝装置的搭建;

④ 调节相关设备的参数,并关注造价及出口浓度;

⑤ 完成整体工艺的搭建。

8.5.6　虚拟仿真实验界面

VOCs 控制工程设计虚拟仿真实验界面如图 8.10～8.12 所示。

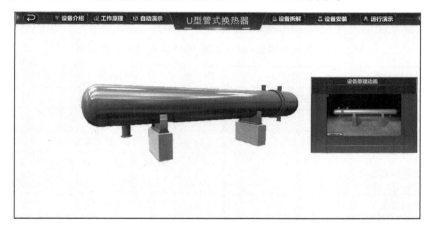

图 8.10　设备认识界面示意图

图 8.11　工艺参数设计界面示意图

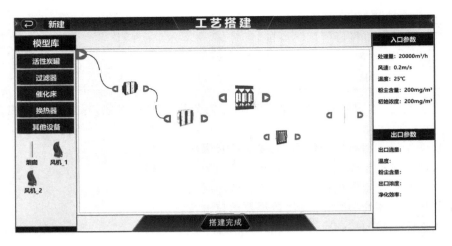

图 8.12　工艺搭建界面示意图

8.5.7　实验数据记录与整理

实验数据由系统统一生成。参考模式如表 8.11 所列。

表 8.11　活性炭吸附-循环脱附-分流冷凝设计实验记录

序　号	参数内容	数　据	序　号	参数内容	数　据
1	活性炭罐选型	□立式　　□卧式	9	结构升温热量	
2	横截面积		10	脱附热量	
3	活性炭用量		11	脱附所需的氮气流量	
4	活性炭床层高度		12	能够冷凝出来的 VOCs 的量	
5	活性炭罐高度		13	换热量计算 Q 热	
6	VOCs 脱附量		14	对数平均温差	
7	VOCs 脱附热量		15	换热面积计算	
8	活性炭升温热量		16	热媒(水蒸气)用量	

8.5.8　思考题

1. 废气在吸附床层内与吸附剂的接触时间与什么参数有关？
2. 脱附温度和饱和蒸气压存在什么关系？

第9章　机动车尾气污染物特征与控制实验

为了防治压燃式及气体燃料点燃式发动机汽车排气对环境的污染,保护生态环境,保障人体健康,我国制定了国家第六阶段机动车污染物排放标准。该标准包括《轻型汽车污染物排放限值及测量方法(中国第六阶段)》和《重型柴油车污染物排放限值及测量方法(中国第六阶段)》两部分。2023年7月起,全国范围内全面实施轻型汽车国六排放标准6b阶段和重型柴油车国六排放标准6b阶段,标志着我国汽车标准全面进入国六时代,基本实现与欧美发达国家接轨。

与国五标准相比,国六标准对一氧化碳(CO)、氮氧化物(NO_x)、非甲烷烃(THC)、颗粒物(PM)等污染物的排放要求更为严格,为了确保机动车的环保性能,对机动车尾气净化系统提出了更高的要求。本章设计了以轻型汽车和重型柴油车尾气污染物为净化目标的实验,帮助学生掌握机动车尾气净化过程的科学问题和关键技术。

9.1　交通源颗粒物排放因子测定实验

9.1.1　实验设计背景

机动车尾气污染主要是指柴油、汽油等机动车燃料由于含有添加剂和杂质,在不完全燃烧时,产生的一些有害物质对人体及环境产生的污染。掌握机动车尾气污染排放特征,可为后续制定科学合理的机动车排放污染控制对策提供有效的数据支撑。

交通源颗粒物是颗粒物污染的主要来源之一,主要包括2部分:一是机动车直接排放的颗粒物和气态污染物通过反应和转化形成的颗粒物,这一部分颗粒物的粒径通常比较小;二是机动车行驶时带起的扬尘,一般称为道路扬尘,此部分颗粒物的粒径通常比较大。通过隧道TSP、PM_{10}和$PM_{2.5}$及车流量观测,得到一定机动车流量和速度下,交通源不同粒径颗粒物质量浓度和主要成分的平均排放因子,这对于推算交通来源颗粒物的排放量及其时间和地理分布具有重要意义。

9.1.2　实验目的和要求

① 了解隧道实验法测定交通源颗粒物排放因子的方法;
② 熟悉交通流量与道路边侧大气污染物浓度的相关性;
③ 掌握颗粒物滤膜采样的基本操作步骤。

9.1.3　实验原理

机动车污染排放特征调查和建立污染物排放清单,是开展机动车排放控制的一项基础工作。机动车排放因子的确定是建立排放清单的关键。确定排放因子的方法有很多种,其中公路隧道实验法近年来得到了有效的应用。

在交通隧道内,通过监测过往隧道的机动车排入隧道内的污染物浓度分布和隧道内风速等环境和气象要素,经过计算可以得出在一定机动车组成和流量下污染物的污染状况和排放因子。公路隧道实验中的调查和实验方法对取得有代表性的资料至关重要,首先,需对隧道的自然条件进行详细调查,选取隧道的主要要求包括:隧道尽可能长,平坦且直,坡度和弯度较小,隧道内为单向通车,与外界连通的通风口尽可能少;其次,对机动车数量和类型的调查是另一个关键环节,机动车组成应具有代表性,其流量应尽可能大。但是,在不同的实验中,各种机动车所占比例的变化范围应尽可能大,车速要有一定幅度的变化。选择可以反映交通源污染的污染物并进行监测,以便全面反映隧道内的污染状况和特征。此外,隧道内风速、温度、湿度等气象因素也会影响交通源污染物的污染状况,因此也要进行相应的监测。而隧道中能见度的监测不仅能反映隧道本身的交通条件和状况,还能在一定程度上反映交通源污染对隧道内空气质量的影响。

计算机动车排放污染物的排放因子是隧道实验的关键和核心。为了准确计算排放因子,首先应对一定时间内进出隧道的污染物进行质量平衡计算。其基本原理是将隧道看成一个理想的圆柱状活塞,一定时间内活塞进出口的污染物浓度与通风量乘积之差等于通过隧道的机动车污染物的总排放质量,即

$$M = \sum_i (\rho_2 \times V_2)_i - \sum_j (\rho_1 \times V_1)_j \tag{9.1}$$

式中:M 为隧道内在一定时间内机动车排放某种污染物的总质量,g;ρ_1、ρ_2 为隧道入口和出口处该污染物的浓度,g/m^3;V_1、V_2 为隧道入口和出口空气的流通体积,m^3;i、j 为隧道出口和入口的个数。

在一般情况下,隧道的入口和出口尽可能少,最好是只有一个入口和出口,即 i 和 j 均为1。这样可以减少监测点的数目,并使计算结果准确。如果在进行实验期间隧道内通过风机换风,还必须记录风机的开启时间和通风量,同时应在风机的入口布设监测点,也就是说将风机当成一个出口,否则将对测定和计算造成偏差。对于所监测的污染物。通常情况下不考虑其沉降和发生化学变化造成的浓度差别。

在得到机动车排放污染物的总质量后,可以利用以下公式计算机动车的平均排放因子,即

$$Q = M/(N \times L) \tag{9.2}$$

式中:Q 为机动车排放污染物的排放因子,g/(km·辆);N 为计算时间内通过隧道的机动车总量,辆;L 为隧道的总长度,km。

9.1.4 实验仪器与装置

中流量大气颗粒物采集装置,3台;$PM_{2.5}$ 采集装置,3套;采样滤膜(采集 TSP 和 PM_{10} 用玻璃纤维滤膜或聚四氟乙烯膜,采集 $PM_{2.5}$ 用 Teflon 膜),若干;计数器,若干;分析天平(分度值 0.001 mg),1台;气象仪(用来测定风速、温度、湿度等),3套。

9.1.5 实验方法与步骤

1. 准备工作

在进行隧道实验前,清扫隧道以减少交通扬尘对监测的影响,在实验期间,隧道内通风设备停止使用,以减少隧道内空气扰动对实验的影响。

2. 监测布点

在隧道内和隧道外设置监测点和调查点。在隧道中设置2个监测点,其中在隧道内距离

机动车入口 1/2 洞长处(指与隧道入口处的距离占隧道总长度的 1/2)和 3/4 洞长处(指与隧道入口处的距离占隧道总长度的 3/4)各设置一个监测点,以监测隧道内各种污染物的浓度,同时监测气象因子和能见度数据。在机动车入口的洞外另设立一个监测点,以监测各种污染物的环境本底浓度。

3. 车流量观测

为了准确掌握隧道内各种机动车的行驶流量和状况,必须对通过隧道的机动车进行类型划分。通常可划分为如下 6 种类型:轿车、轻型车、中型车、重型车、摩托车和其他车辆。用计数器进行车流量的观测,每小时的有效观测时间不得少于 20 min。

4. 颗粒物监测

使用中流量大气颗粒物采集装置分别采集 TSP、PM_{10} 和 $PM_{2.5}$ 的滤膜样品。采集滤膜为 Teflon 膜,样品采集后通过精确称量得出质量差,根据采样体积计算出平均质量浓度。滤膜样品从采集至称重的操作步骤同"5.1 细颗粒物的污染特征测试实验"。

5. 气象观测

观测期间测定主要观测地点的温度、湿度、气压、风向和风速,以进行气态污染物和大气颗粒物浓度计算时的体积校正。同时,以通过风速测定的结果计算隧道内的换气量。用 3 台风向风速仪观测隧道内的风向和风速,用温度计、湿度计测量隧道内的温度和湿度,用气压计测量气压。

9.1.6 实验数据记录与处理

① 将由实验获得的车流量观测数据记录在表 9.1 中,将气象观测结果记录在表 9.2 中,颗粒物监测结果记录在表 9.3 中。

表 9.1 车流量观测结果记录表

实验地点:_____;实验人员:_____;实验日期:____年____月____日

实验开始时间:_____;实验结束时间:_____

车 型	轿车	轻型车	中型车	重型车	摩托车	其他车辆
数 量						

表 9.2 气象观测结果记录表

测试点	温度/℃	湿度/%	气压/kPa	风向/(°)	风速/(m·s^{-1})
隧道外					
1/2 洞长					
3/4 洞长					

表 9.3 颗粒物监测结果记录表

测试点	采样流量/(L·min^{-1})	采样时间/min	TSP			PM_{10}			$PM_{2.5}$		
			采样前滤膜质量/g	采样后滤膜质量/g	颗粒物浓度/(mg·m^{-3})	采样前滤膜质量/g	采样后滤膜质量/g	颗粒物浓度/(mg·m^{-3})	采样前滤膜质量/g	采样后滤膜质量/g	颗粒物浓度/(mg·m^{-3})
隧道外											
1/2 洞长											
3/4 洞长											

② 根据式(9.1)计算通过隧道的机动车污染物的总排放质量。

③ 根据式(9.2)计算机动车的平均排放因子。

9.1.7　思考题

1. 根据实验数据计算排放因子。

2. 隧道法的适用范围是什么?

9.2　柴油车尾气排放黑碳理化性质实验

9.2.1　实验设计背景

柴油机因其性能优越、经济、高热能等优势,越来越多地被用于各类设备和交通工具中。柴油车是一种以柴油为燃料,以柴油发动机作为动力的车辆。柴油车与汽油车相比,不仅具有更高效的燃油经济性,在动力、安全和运行成本上也有着绝对的优势,对我国的公路运输业具有巨大贡献。尽管柴油车数量不大,但污染物排放量大,其保有量仅占机动车保有量的 10% 左右,但排放出的 PM 和 NO_x 约占机动车排放总量的 90% 和 65% 以上,其中重型货车是柴油车尾气污染物排放的主要来源。

柴油车为 PM 的主要排放源之一,PM 中含有的大量黑碳(Black Carbon,BC)对人体健康、局地能见度、区域空气质量和全球气候变化均具有重要影响。黑碳是一种吸光性物质,可强烈吸收太阳短波辐射,同时释放红外辐射,加热周边大气。黑碳对气候变暖具有较强的影响,致暖效应大约是头号温室气体二氧化碳的三分之二,跃居甲烷之前。因此明确柴油车尾气黑碳理化性质和光学性质,具有重要科学意义。

9.2.2　实验目的和要求

① 了解柴油车尾气的主要污染物及其排放特征;

② 掌握柴油车尾气颗粒物的采样方法;

③ 熟悉柴油车尾气中黑碳的理化性质和光学性质测量技术。

9.2.3　实验原理

柴油车尾气中 PM 的主要成分是碳烟微粒,是由柴油中所含的碳氢化合物不完全燃烧所产生的。尽管柴油机的燃烧室是在富氧工况下工作的,但是由于混合气分布不均匀以及局部缺氧、高压、高温(2 000～2 200 ℃),会造成柴油中的长链碳氢化合物(HC)发生裂解形成简单的 HC,而这些 HC 在进一步的聚合脱氢过程中逐渐产生乙炔等中间产物,并最终形成碳烟的胚核。这些碳烟胚核在高温下(>1 000 ℃)通过聚合、环构和脱氢作用,或在低温下(<1 000 ℃)经过聚合和氢化作用最终都能形成不溶性的碳烟晶核。碳烟晶核相互碰撞发生聚集,使碳烟粒子增大,生成链状或团絮状的聚集物,并最终导致了 PM 的生成,图 9.1 所示为柴油机尾气 PM 的产生过程。

黑碳(BC)的理化性质测量技术分为样品离线采集和实时在线监测两类。① 离线分析是 BC 性质研究应用最广泛的技术,最具代表性的是过滤采集法。过滤采集法实质是使用滤膜捕获流经气流中的 BC,大部分滤膜对于全部粒径范围内 BC 有效,滤膜上采集的样品可以用于

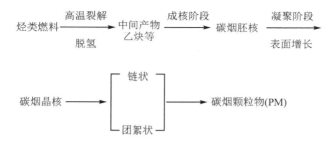

图 9.1　柴油机尾气 PM 的产生过程

综合分析,如进行质量(称重法)、化学组分(热光法分析)以及 BC 单颗粒形貌分析(电镜法分析)等。② 在线分析技术是基于现场应用的测量技术,可提供 BC 实时质量浓度、粒径分布以及某些化学组分的信息。在线分析技术有两个发展方向:一个是基于现有技术在线化,如 OC/EC 监测仪、黑碳仪、固液收集粒子色谱仪(Particle Into Liquid Sampler-Ion Chromatography,PILS-IC)等;另一个是全新开发的技术,如扫描电迁移率粒径谱仪(Scanning Mobility Particle Sizers,SMPS)等。

9.2.4　实验设计步骤及要求

① 了解柴油车尾气的主要污染物及其排放特征。通过文献调研及综述等方式,熟悉柴油车尾气 PM 的特征及黑碳特性。

② 根据文献调研筛选柴油车尾气 PM 的理化特性的指标,掌握其测量方法,确定采样技术。

③ 确定实验方案。根据前期文献调研及分析,设计实验方案初稿,与教师进行讨论,确定实验方案,并培训基本的实验操作方法。

④ 搭建采样实验系统,完成系统中气路的检漏和仪器检查,保证系统的合理性和实验的可行性。

⑤ 现场采样。改变柴油车不同工况,采集柴油车尾气样品。

⑥ 对不同样品的理化性质进行检测评价,分析实验结果。

9.2.5　综合实验案例

某小组在前期文献调研基础上,以柴油车尾气为实验对象,采集颗粒物样本。对其排放出的黑碳的不同理化性质进行测定。

1. 材料及仪器

无水乙醇,石英滤膜,聚碳酸酯膜;柴油车,1 辆;质量流量控制器,1 套;Teflon 气袋(体积约 1.2 m³,可用率 80%),1 个;黑色尼龙布,1 块;黑碳仪(AE33,Magee Scientific,USA),1 台;恒压稀释器,1 台;空压机,1 台。

2. 实验系统

实验系统安装在柴油车车厢内,行驶时关闭车门进行采样。实验系统包括采样系统和分析系统两部分。柴油车尾气采样方法示意图如图 9.2 所示。

① 采样系统,包括柴油车污染源、紫铜管采样器,紫铜管另一端通过黑碳管连接稀释器(Dekati-1000)入口,由流量计控制采气流量,将稀释后的尾气采集到一个不锈钢采样罐中,

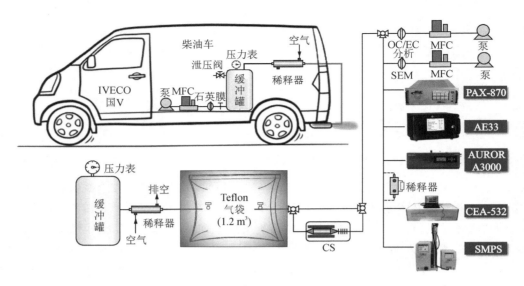

图 9.2 柴油车尾气采样方法示意图

带回实验室。

② 分析系统，包括稀释器（Dekati－1000）、不锈钢采样罐、Teflon 气袋，在质量流量计控制下同步采集石英滤膜和聚碳酸酯膜，以备 OC/EC 的离线分析测试和扫描电镜分析；同时，黑碳仪等检测仪器可在线同步测量参数。

3. 实验方法与步骤

① 采样系统准备过程。在实验室完成采样系统的准备和操作学习；每次实验前使用无水乙醇和去离子水对 Teflon 气袋、缓冲罐擦拭清洗，随后用空压机和空气净化组件产生的零空气吹扫 30 min，确保不会有污染物质残留。

② 现场采样过程。利用铁丝将紫铜管采样器的一端固定在汽车排气筒内，距离排气筒出口约 5 cm 处，不触及排气筒壁，当车辆在道路上正常行驶时，紫铜管另一端通过黑碳管连接稀释器（Dekati－1000）入口，使用一个不锈钢采样罐收集稀释后的尾气，带回实验室。

③ 稀释气体。在实验室，利用稀释器（Dekati－1000）将不锈钢采样罐中的尾气稀释导入恒压 Teflon 气袋（体积约 1.2 m^3，可用率 80%），Teflon 气袋被固定在铝合金型材架中，充气过程约 20 min，充气过程结束后即刻进入采样监测阶段，实验过程中用黑色尼龙布包裹避光。

④ 膜采样。Teflon 气袋中的尾气在质量流量计控制下同步采集石英滤膜和聚碳酸酯膜。

⑤ 测定 OC/EC 含量。从实验过程中采集的石英滤膜上剪下约 0.5 cm^2 的圆形膜片，通过一台热/光法碳分析仪（DRI Model 2001A，USA）进行分析，在分析有机碳时，分析环境保持为 100% He 氛围，经过加热，石英滤膜上含碳化合物中的碳元素会转化为 CO_2，随后在二氧化锰的催化作用下转化生成甲烷，甲烷含量使用 FID（Flame－Ionization Detector）检测，反推出石英滤膜上有机碳的含量。

⑥ 测定吸光值。黑碳仪等检测仪器可在线同步测量参数。

4. 实验数据记录与整理

① 计算石英滤膜样品上的 OC、EC。

$$有机碳（OC）＝OC1＋OC2＋OC3＋OC4＋OPC \qquad (9.3)$$

$$元素碳（EC）＝EC1＋EC2＋EC3－OPC \qquad (9.4)$$

$$总碳(TC) = OC + EC \tag{9.5}$$

② 计算吸光系数,即

$$b_{abs} = EC \times MAC \tag{9.6}$$

式中:b_{abs} 为吸光系数;MAC 为质量吸收截面数值,m^2/g。黑碳仪质量吸收截面(MAC)的参考值如表 9.4 所列。

表 9.4　黑碳仪 7 种波长对应质量吸收截面数值

λ/nm	370	470	520	590	660	880	950
MAC/$(m^2 \cdot g^{-1})$	18.5	14.5	13.1	11.6	10.4	7.77	7.16

③ 实验数据可记录在表 9.5 和表 9.6 中。

表 9.5　OC、EC 测试数据记录表

碳组分	分析环境	IMPROVE_A 协议温度/℃	采样膜 1 数值	采样膜 2 数值	…	采样膜 n 数值
OC1	100% He	140				
OC2	100% He	280				
OC3	100% He	480				
OC4	100% He	580				
EC1	98% He/2%O$_2$	580				
EC2	98% He/2%O$_2$	740				
EC3	98% He/2%O$_2$	840				

表 9.6　黑碳仪测试吸光值数据记录表

滤膜编号	时间/min	吸光系数(b_{abs})
1	5	
	10	
	15	
	20	
	25	
⋮	⋮	

9.2.6　思考题

1. 我国重型柴油货车黑碳排放影响因素有哪些?
2. 试讨论黑碳气溶胶与气候变化的关系。

9.3　汽油车三效催化转换器效率测试实验

9.3.1　实验设计背景

随着经济社会的发展,汽油车保有量急速增加,汽油车已成为大气污染物的主要来源之一。三效催化剂（Three Way Catalyst，TWC）能同时降低汽油车尾气中 CO、HC 和 NO_x 的排放，被公认为目前控制治理汽油车尾气污染最有效的手段。经典的三效催化剂主要由活性组分、助剂、涂层和载体组成。活性组分一般以铂 Pt、钯 Pd 和铑 Rh 为主，助剂主要采用铈 Ce 基复合氧化物，涂层往往选择大比表面积的 $\gamma - Al_2O_3$，载体常常使用堇青石蜂窝陶瓷。活性组分是催化作用的中心，助剂和涂层本身催化活性较低，但可大大提高活性组分的活性和稳定性。汽油车三效催化器示意图如图 9.3 所示。

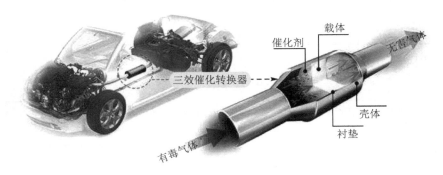

图 9.3　汽油车三效催化转换器示意图

三效催化转换器发生堵塞、熔化或陶瓷格栅内部有裂纹等损坏情况，会造成排放控制系统回压压力过高或废气排放超标情况，因此关注三效催化转换器对汽油车尾气污染控制具有重要意义。三效催化转换器剖面图如图 9.4 所示。

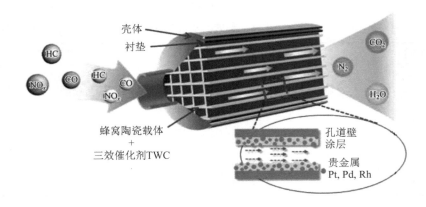

图 9.4　三效催化转换器剖面图

9.3.2　实验目的和要求

① 了解汽油车尾气的组成及其产生的机理，掌握三效催化转换器工作原理；
② 掌握汽油车尾气分析仪的测量原理和操作方法；
③ 熟悉催化法去除汽油车尾气污染物的原理和方法及影响催化效果的主要因素。

9.3.3　实验原理

机动车尾气成分非常复杂，主要污染物包括 CO_2、O_2、N_2、CO、NO_x、HC（碳氢化合物）、碳烟等,其中 CO、HC、NO_x 和碳烟对人类和环境造成的危害很大。CO 和 HC 是燃料不完全燃烧、低温缸壁使火焰受冷熄灭、电火花微弱、混合气形成条件不良造成的;NO_x 是燃烧过程中,在高温、高压条件下,原子氧和氮反应生成的;碳烟是燃油在高温缺氧条件下裂解生成的。三效催化剂的作用是将 CO 和 HC 通过氧化反应生成 CO_2 和 H_2O,将 NO_x 通过还原反应生成 N_2 和 H_2O,三种污染物得到同时净化,主要反应包括:

氧化反应:

$$2CO + O_2 \longrightarrow 2CO_2 \tag{9.7}$$

$$HC + O_2 \longrightarrow CO_2 + H_2O \tag{9.8}$$

还原反应:

$$2CO + 2NO \longrightarrow 2CO_2 + N_2 \tag{9.9}$$

$$HC + NO \longrightarrow CO_2 + H_2O + N_2 \tag{9.10}$$

$$2H_2 + 2NO \longrightarrow 2H_2O + N_2 \tag{9.11}$$

水煤气反应:

$$CO + H_2O \longrightarrow CO_2 + H_2 \tag{9.12}$$

水煤气重整反应:

$$HC + H_2O \longrightarrow CO_2 + N_2 \tag{9.13}$$

由上述反应可以看出,氧化和还原反应同时发生,要求反应体系中的氧气量保持一定的范围,如图 9.5 所示,只有将空燃比精确地控制在很窄的操作窗口内(一般是 14.7 ± 0.25),才能使三种污染物同时高效净化。

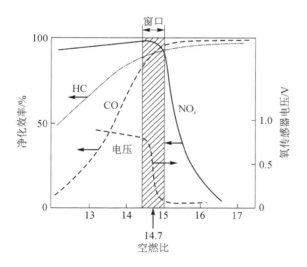

图 9.5　空燃比对三效催化转换器性能的影响

9.3.4　实验仪器与装置

汽油车尾气四气(或五气)分析仪,1 台;转速计,1 台;点火正时仪,1 台;测温仪,1 台。汽油车三效催化转换器效率测试系统示意图如图 9.6 所示。

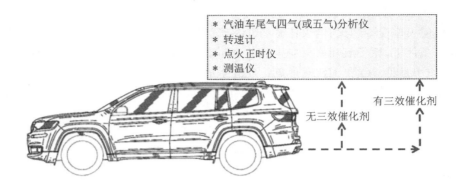

- * 汽油车尾气四气(或五气)分析仪
- * 转速计
- * 点火正时仪
- * 测温仪

有三效催化剂

无三效催化剂

图 9.6 汽油车三效催化转换器效率测试系统示意图

9.3.5 实验方法与步骤

1) 无 TWC 汽车尾气情况测试。脱开 TWC 进气口,按照怠速法进行测量,在 3 min 内完成。

① 怠速测试条件。使汽车离合器处于接合位置,油门踏板与手油门位于松开位置,变速杆位于空挡(采用化油器供油的汽车,发动机阻风门全开)。待发动机达到规定的热状态(四冲程水冷发动机的水温在 60 ℃以上,风冷发动机的油温在 40 ℃以上)后,按制造厂规定的调整法将发动机转速调至规定的怠速转速和点火正时;在确定排气系统无泄漏的情况下,用尾气分析仪进行测量。

② 怠速尾气分析。发动机由怠速工况加速至 0.7×额定转速,维持 60 s 后降至怠速状态,然后将取样探头插入排气管中,深度为 400 mm,并固定于排气管上。维持 15 s 后开始读数,读取 30 s 内的最高值和最低值,求其平均值为测量结果。不同型号分析仪的操作可参考尾气分析仪操作使用手册。

2) 装复 TWC 进气口,在发动机温度正常时检测 TWC 的工作性能。发动机怠速运转,使用尾气分析仪测量此时的 CO 值。当发动机正常工作时(空燃比为 14.7∶1),这时 CO 的典型值为 0.5~1%,装复 TWC 技术后 CO 值接近于 0,最大不应超过 0.3%,NO_x 数值应不高于 0.01%,否则说明 TWC 损坏。

3) 进行有 TWC 汽车尾气的双怠速检测。发动机由怠速工况加速至 0.7×额定转速,维持 60 s 后降至高怠速,即 0.5×额定转速,然后将取样探头插入排气管中,深度为 400 mm,并固定于排气管上,维持 15 s 后开始读数,读取 30 s 内的最高值和最低值,其平均值为高怠速排放测量结果。发动机从高怠速状态降至怠速状态,维持 15 s 后开始读数,读取 30 s 内的最高值和最低值,其平均值为怠速排放测量结果。

4) 根据以上实验步骤得到的结果,分析汽车尾气成分浓度水平,判断 TWC 技术的净化效果。

9.3.6 实验数据记录与处理

将汽油车尾气污染物测量数据填入表 9.7 中。

表 9.7　机动车尾气污染物测量记录表

尾气分析仪型号：＿＿＿＿＿＿＿；转速仪型号：＿＿＿＿＿＿＿；点火正时仪型号：＿＿＿＿＿＿＿

大气压力：＿＿＿＿＿＿＿MPa;大气温度：＿＿＿＿＿＿＿℃

序号	机动车型号	转速/ $(r \cdot min^{-1})$	点火提前角	CO 体积分数/%			$10^6 \cdot$ HC 体积分数			备注
				最高值 ρ_1	最低值 ρ_2	平均值 $\dfrac{\rho_1+\rho_2}{2}$	最高值 ρ_1	最低值 ρ_2	平均值 $\dfrac{\rho_1+\rho_2}{2}$	
1										怠速
2										怠速
3										怠速
4										双怠速
5										双怠速
6										双怠速

9.3.7　思考题

1．比较不同工况下的尾气排放特征,并分析原因。

2．试想尾气中致催化剂中毒的组分有哪些?

9.4　汽油车尾气净化用三效催化剂设计与评价实验

9.4.1　实验设计背景

汽油车排放污染物从排气管、曲轴箱以及油箱等位置排出,绝大部分从排气管排出。污染物主要包括未经完全燃烧的碳氢化合物(HC)、燃油不完全燃烧生成的一氧化碳(CO)、燃烧室内高温高压下氮气和氧气反应生成的氮氧化物(NO_x),另外还有烟尘微粒、硫化物、铅化物和甲醛等。汽车尾气治理方法主要包含机内净化和机外净化技术,机内净化包括采用无铅汽油、绿色燃料、掺添加剂、改善喷油器质量等。机外净化技术的核心是三效催化剂,该技术可使 HC、CO、和 NO_x 的排放同时降低90%以上,被公认为目前最有效的手段。国内外汽油车尾气催化剂发展历程如图 9.7 所示。

目前,使用非贵金属催化剂还不能得到满意的效果,贵金属型催化剂仍被认为是汽油车尾气治理中最为有效的净化材料。但目前催化剂催化活性受空燃比影响较大,实际应用中发动机内的空燃比随汽车的工况而振荡。因此,开发高性能的储放氧材料能够帮助控制空燃比振荡,保证一个较稳定的环境,对汽油车尾气催化高效净化具有实用价值。

9.4.2　实验目的和要求

① 了解三效催化转换器工作原理,了解代表性三效催化剂的优缺点;

② 掌握三效催化剂的制备及活性测试方法;

③ 熟悉三效催化剂的结构、特性等因素影响催化效果的原因。

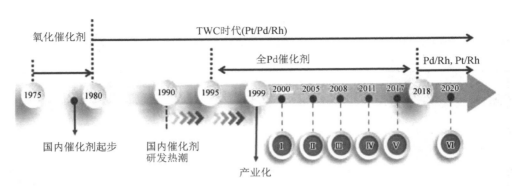

注：Ⅰ、Ⅱ、Ⅲ、Ⅳ、Ⅴ、Ⅵ分别代表国一、国二、国三、国四、国五、国六。

图 9.7　国内外汽油车尾气催化剂发展历程

9.4.3　实验原理

稀土储氧材料是目前汽油车三效催化剂研发的热点。铈（Ce）基氧化物，即二氧化铈存储和释放氧气的化学原理如下：

$$CeO_2 \underset{H_2O/CO_2}{\overset{H_2/CO}{\rightleftharpoons}} CeO_{2-x} + \frac{x}{2}O_2 \quad (0 < x \leqslant 0.5) \tag{9.14}$$

在催化材料设计及应用中，一般还会在 CeO_2 中掺杂锆（Zr），形成 $CeO_2 - ZrO_2$ 固溶体或复合氧化物，可提高 CeO_2 的热稳定性和氧化还原性能。其机理是由于 CeO_2 晶格中部分 Ce 会被 Zr 所取代，CeO_2 晶格结构由于晶格收缩引起畸变，产生面心立方缺陷，增加晶格中氧负离子的流动性，从而显著提高了其储放氧能力。随着 Zr^{4+} 离子进入 CeO_2 晶胞，晶格发生收缩，同时结构空位数增加，CeO_2 热稳定性明显增强，有研究表明，当铈锆比在 $0.5 \sim 0.8$ 时，$Ce_x Zr_{(1-x)} O_2$ 表现出了最佳的热稳定性。

9.4.4　实验设计步骤及要求

① 通过文献调研及综述等方式了解汽油车三效催化剂的种类与发展，熟悉高性能的储放氧材料结构与特点，并了解其制备方法。

② 确定实验方案。根据前期文献调研及分析，设计实验方案初稿，与教师进行讨论，确定实验方案，并培训基本的实验操作方法。

③ 制备新鲜和高温老化催化剂。（选做）

④ 搭建采样实验系统，完成系统中气路的检漏和仪器检查，保证系统的合理性和实验的可行性。

⑤ 通过固定床反应器对两种催化剂催化性能进行活性评价。

⑥ 对催化剂进行表征，建立催化剂构效关系，分析实验结果。（选做）

9.4.5　综合实验案例

某小组在前期文献调研基础上，以汽油车尾气为净化对象，制备 $Pd/Ce_x Zr_{(1-x)} O_2 - Al_2O_3$ 催化剂和高温老化催化剂，对其催化性能进行评价。

1. 材料及试剂

氨水，硝酸亚铈，硝酸氧锆，硝酸铝，氧化铝，氯钯酸，硝酸钯，硝酸四氨合钯，50%水合肼，无水乙醇。

2. 仪器与设备

电子天平,1 台;集热式恒温加热磁力搅拌器,1 台;电热恒温鼓风干燥箱,1 台;程序升温式马弗炉,1 台;磁力搅拌器,1 台;离心机,1 台;质量流量控制器,1 套;红外光谱分析仪,1 台;氮气吸附仪,1 台。

3. 实验系统

催化剂性能评价系统,主要包括配气系统、反应系统和尾气检测系统。汽油车尾气净化用三效催化剂性能测试系统示意图如图 9.8 所示。

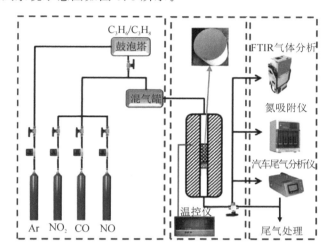

图 9.8　汽油车尾气净化用三效催化剂性能测试系统示意图

➤ 配气系统:模拟汽油车尾气 HC、CO、NO、NO_2 成分,实验采用 C_3H_6、C_3H_8 模拟 HC,平衡气为氩气。

➤ 反应系统:由固定床反应器和温控系统组成。固定床反应器是将一根上端和下端内径分别为 30 mm 和 12 mm 的不锈钢反应管放入加热炉中,通过安装在加热炉中的电炉丝加热。整体式催化剂安放在不锈钢反应管中,通过催化剂下方插入的热电偶来读取实际的反应温度。温控系统用来设定反应器的温度程序以及实时读取热电偶的温度。

➤ 尾气检测系统:包括具有气体池的傅里叶红外光谱仪、氮气吸附仪和汽车尾气分析仪。

4. 实验方法与步骤

① 催化剂的制备,具体操作步骤如下:

将氨水滴加到按所需化学计量比配置的硝酸亚铈、硝酸氧锆和硝酸铝混合溶液中,至 pH 值达到 9.5,继续搅拌 0.5 h,室温陈化 12 h。然后经去离子水充分洗涤至滤液 pH 呈中性,再用无水乙醇洗涤,置换沉淀物中的水分。将洗涤后的沉淀物在超临界无水乙醇气氛下(265 ℃,7 MPa)干燥 2 h,500 ℃焙烧 4 h 后压片,过筛至 40～60 目,得到新鲜载体。再将上述材料与 γ-Al_2O_3 机械研磨均匀,500 ℃焙烧 4 h 后压片,过筛至 40～60 目,得到新鲜载体。

室温下浸渍氯钯酸水溶液 12 h,水合肼还原处理后用去离子水洗涤至无 Cl^-,于 110 ℃干燥 4 h,500 ℃空气气氛中焙烧 2 h,得新鲜催化剂;将新鲜催化剂分别在 900 ℃、1 000 ℃、1 100 ℃培烧 4 h,得到相应的高温老化催化剂。

② 在空速为 43 000 h^{-1} 条件下,考察 $Pd/Ce_xZr_{(1-x)}O_2-Al_2O_3$ 催化剂和高温老化催化

剂在不同气氛和温度条件下的催化活性,考察 HC、CO 和 NO$_x$ 转化率。

③ 对 Pd/Ce$_x$Zr$_{(1-x)}$O$_2$ - Al$_2$O$_3$ 催化剂进行表征,建立材料的构效关系。(选做)

5. 实验数据记录与处理

① 本研究主要采用 NO$_x$、CO 和 HC 的转化率来评价催化剂性能。

$$NO_x \text{转化率} = \frac{([NO_x]_{in} - [NO_x]_{out})}{[NO_x]_{in}} \times 100\% \tag{9.15}$$

$$CO \text{转化率} = \frac{([CO]_{in} - [CO]_{out})}{[NH_3]_{in}} \times 100\% \tag{9.16}$$

$$HC \text{转化率} = \frac{([HC]_{in} - [HC]_{out})}{[HC]_{in}} \times 100\% \tag{9.17}$$

② 将汽油车尾气污染物数据填入表 9.8 和表 9.9 中。

表 9.8　Pd/Ce$_x$Zr$_{(1-x)}$O$_2$ - Al$_2$O$_3$ 新鲜催化剂对脱硝性能影响实验数据记录表

测定日期:＿＿＿＿＿＿＿＿＿

项　目	温度/℃	总流量/ (mL·min^{-1})	NO$_x$ 浓度/ (mg·m^{-3})	CO 浓度/ (mg·m^{-3})	C$_3$H$_6$ 浓度/ (mg·m^{-3})	C$_3$H$_8$ 浓度/ (mg·m^{-3})
进口						
出口	200					
	300					
	400					
	500					
	⋮					

表 9.9　Pd/Ce$_x$Zr$_{(1-x)}$O$_2$ - Al$_2$O$_3$ 水热老化催化剂对脱硝性能影响实验数据记录表

测定日期:＿＿＿＿＿＿＿＿＿

操作条件:入口气体＝＿＿＿＿＿＿＿＿;总流量(mL/min):＿＿＿＿＿＿＿＿＿

催化剂 编号	气　氛	温度/℃	老化时间/h	NO$_x$ 浓度/ (mg·m^{-3})	CO 浓度/ (mg·m^{-3})	C$_3$H$_6$ 浓度/ (mg·m^{-3})	C$_3$H$_8$ 浓度/ (mg·m^{-3})
1							
2							
3							
4							
⋮							

9.4.6　思考题

1. Pd/Ce$_x$Zr$_{(1-x)}$O$_2$ - Al$_2$O$_3$ 催化剂催化作用受哪些因素影响?

2. 试讨论反应气氛中氧气浓度对高温老化 Pd/Ce$_x$Zr$_{(1-x)}$O$_2$ - Al$_2$O$_3$ 催化剂催化性能的影响。

9.5　柴油车尾气净化用 SCR 催化剂设计与评价实验

9.5.1　实验设计背景

"双碳"战略的持续推进,以及我国机动车保有量的持续飙升,让机动车尾气治理成为广泛关注的热点。持续提升的尾气排放标准,给机动车行业污染气体净化技术带来了新课题。柴油车不同于汽油车,其在过量空气条件下进行稀薄燃烧,尾气中 HC 与 CO 的含量较低,正常工作时的排放量不会超标,因此柴油车尾气主要关注的污染物是 PM 与 NO_x。为了达到共同消除柴油车尾气中 PM 与 NO_x 的目的,目前常用的机外净化技术是氧化催化器(Diesel Oxidation Catalyst,DOC)、颗粒捕集器(Diesel Particulate Filter,DPF)、选择性催化还原器(Selective Catalytic Reduction,SCR)、氨气捕集器(Ammonia Slip Catalyst,ASC)联用技术。满足国六 b 标准的尾气处理系统技术路线如图 9.9 所示。

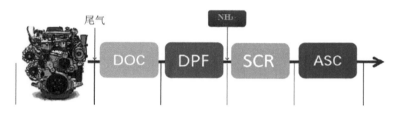

图 9.9　满足国六 b 标准的尾气处理系统技术路线

氨气选择性催化还原氮氧化物(NH_3-SCR)已经被商业化应用于消除柴油车尾气中的氮氧化物。Cu-SSZ-13 菱沸石(Chabasite,CHA)型小孔分子筛具有高 SCR 催化活性,又因其具有优异的水热稳定性,因此该技术已在欧美等国家成功应用到柴油车尾气处理系统中,在我国也被作为满足国六排放标准的 NH_3-SCR 催化剂。但是,颗粒捕集器(DPF)布置于 SCR 催化器之前,颗粒捕集器再生时会让 SCR 催化器遭受高温水热的环境,导致催化剂水热老化,缩短了 SCR 催化剂的使用寿命甚至失活。因此明确 Cu-SSZ-13 催化剂的催化性能和稳定性可为柴油车后处理系统应用提供数据支撑,具有重要的实用价值。

9.5.2　实验目的和要求

① 了解柴油车尾气后处理系统构成和各部分技术原理;
② 熟悉柴油车尾气 NO_x 的生成机理及其排放特征;
③ 掌握柴油车 Cu-SSZ-13 催化剂抗水热老化的性能及催化脱除 NO_x 的机理。

9.5.3　实验原理

柴油车尾气中含氧量较高,选择性催化还原 NO_x 的难度很大,NH_3-SCR 催化剂的选择是解决 NO_x 排放问题的关键。氨气(NH_3)是最适合的还原剂,尿素分解可产生所需的氨气。通常浓度 32.5% 的尿素水溶液被直接喷射进入尾气排放通道,被快速搅拌器均匀混合到尾气中,在温度高于 180 ℃时快速分解成为氨气和二氧化碳,即

$$(NH_2)_2CO + H_2O = NH_3 + CO_2 \tag{9.18}$$

由此形成的氨气将与尾气中的 NO_x 快速反应生成洁净无毒的氮气和水,以达到净化尾

气中氮氧化物的最终目标。然而,柴油车尾气的富氧环境也将促进氨气与氧气反应(尤其在高温环境下),从而降低氨气还原 NO_x 的选择性。因此,合适的催化剂必须具备良好的选择性,催化还原 NO_x 而非 O_2。$NH_3 - SCR$ 催化反应如下:

$$标准:4NH_3 + 4NO + O_2 \longrightarrow 4N_2 + 6H_2O \tag{9.19}$$

$$快速:2NH_3 + NO + NO_2 \longrightarrow 2N_2 + 3H_2O \tag{9.20}$$

$$慢速:NH_3 + NO_2 \longrightarrow N_2 + H_2O \tag{9.21}$$

近年来,$Cu - SSZ - 13$ 催化剂作为一种小孔分子筛(孔径<0.5 nm),凭借其卓越的 SCR 催化活性、水热稳定性、N_2 选择性和抗 HC 中毒性能得到了广泛的关注。$Cu - SSZ - 13$ 催化剂结构如图 9.10 所示,其骨架结构 CHA 分子筛为菱沸石构型,六棱柱和 CHA 笼交替排列成三维有序笼形结构,CHA 笼为椭球形,由八元环构成,CHA 笼的尺寸接近 0.73 nm×1.2 nm,六棱柱孔口尺寸为 0.38 nm×0.38 nm。其骨架元素属于硅铝系列,含有 Si、Al 元素,由 SiO_2、AlO_2^- 四面体组成,骨架电荷密度和分布由 AlO_2^- 的含量和 Si 的配位环境决定。

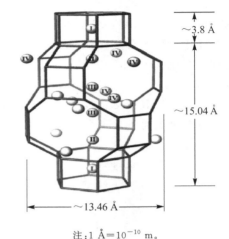

注:1 Å$=10^{-10}$ m。

图 9.10　CHA 骨架构型

通过独特的覆涂方式,金属菱沸石催化剂会被涂覆到蜂窝陶瓷载体孔道的内表面,形成均匀涂层,尾气中的 NO_x 通过蜂窝陶瓷通道时将与涂覆的催化剂涂层接触,从而触发 NO_x 还原反应。

9.5.4　实验设计步骤及要求

① 通过文献调研及综述等方式了解柴油车尾气 $NH_3 - SCR$ 催化技术中催化剂的种类与发展,熟悉 $Cu - SSZ - 13$ 分子筛催化剂的结构与特点、制备方法。

② 根据文献调研了解 $Cu - SSZ - 13$ 分子筛催化剂对 $NH_3 - SCR$ 反应性能的关键影响因素。

③ 确定实验方案。根据前期文献调研及分析,设计实验方案初稿,与教师进行讨论,确定实验方案,并培训基本的实验操作方法。

④ 制备不同的催化剂,或采用不同方法制备催化剂。

⑤ 搭建采样实验系统,完成系统中气路的检漏和仪器检查,保证系统的合理性和实验的可行性。

⑥ 通过固定床反应器测试两种催化剂的 $NH_3 - SCR$ 催化性能,并进行活性评价。

⑦ 对催化剂进行表征,建立催化剂构效关系,分析实验结果。(选做)

9.5.5　综合实验案例

某小组在前期文献调研基础上,以柴油车尾气为净化对象,制备 $Cu - SSZ - 13$ 分子筛催化剂和水热老化催化剂,对其催化性能进行评价。

1. 材料及试剂

硫酸铜、四乙烯五胺、偏铝酸钠、氢氧化钠、碱性硅溶胶、1-金刚烷基三甲基氢氧化铵(TMAdaOH)、氯化胆碱(质量分数≥98%)、硝酸铵、氨水；NO 气体(2%，N_2)、NH_3 气体(2%，N_2)、N_2 气体(99.99%)、O_2 气体(99.99%)、SO_2 气体(1%，N_2)，均来自钢瓶气。

2. 仪器与设备

电子天平，1台；集热式恒温加热磁力搅拌器，1台；电热恒温鼓风干燥箱，1台；程序升温式马弗炉，1台；磁力搅拌器，1台；离心机，1台；质量流量控制器，1套。

3. 实验系统

本实验包括2套实验系统，一个是催化剂水热老化系统(见图9.11)，另一个是催化剂性能评价系统(见图9.12)。

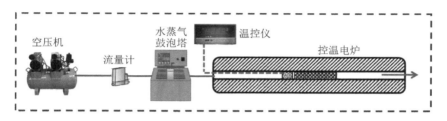

图9.11　催化剂水热老化系统

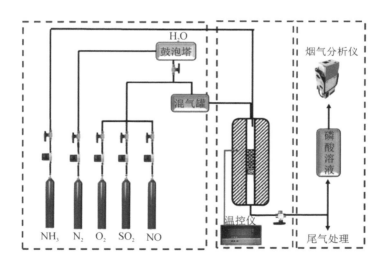

图9.12　催化剂性能评价系统

(1) 催化剂水热老化系统

催化剂水热老化系统主要由空气泵、转子流量计、水蒸气发生器和温控电炉组成。催化剂的老化是将新鲜催化剂粉体涂敷在堇青石载体上并放置于温控电炉中，通过改变水蒸气的蒸发量和电炉的温度来控制水热老化的条件。

(2) 催化剂性能评价系统

催化剂性能评价系统主要包括配气系统、反应系统和尾气检测系统。

① 配气系统：柴油车尾气中的气体成分复杂，常含有 H_2O、HC、CO、CO_2、NO_x、SO_2、O_2、N_2 和 PM 等成分，但 HC、CO、CO_2 等气体在柴油车尾气中的含量很低或者对 SCR 反应影响

不大，因此在实验中仅考虑 N_2、O_2、H_2O、NO 和 SO_2（需要时），并用 NH_3 来代替柴油车后处理系统中使用的尿素溶液。

② 反应系统：由固定床反应器和温控系统组成。固定床反应器是将一根上端和下端内径分别为 30 mm 和 12 mm 的不锈钢反应管放入加热炉中，通过安装在加热炉中的电炉丝加热。整体式催化剂安放在不锈钢反应管中，通过催化剂下方插入的热电偶来读取实际的反应温度。温控系统用来设定反应器的温度程序以及实时读取热电偶的温度。

③ 尾气检测系统：主要包括氨气捕集器和汽车尾气分析仪器。氨气捕集器是由正磷酸和蒸馏水混合配置而成，其作用是将反应系统中多余的 NH_3 去除，避免其对分析仪器的影响；汽车尾气分析仪器分析 NO 等浓度。

4. 实验方法与步骤

（1）新鲜催化剂的制备

其具体操作步骤如下：

① 将 $CuSO_4$ 完全溶于 H_2O 中，并加入四乙烯五胺形成 Cu – TEPA 络合物。

② 向上述溶液依次加入 NaOH、$NaAlO_2$ 和 TMAdaOH，并搅拌至均匀。

③ 最后缓慢地加入 SiO_2，充分搅拌 2 h 后形成溶胶。

④ 将搅拌完的溶胶放入 100 mL 特氟龙内衬的水热反应釜中，并放入 150 ℃ 烘箱中晶化 5 天。反应完成后通过抽滤、洗涤和干燥得到粗产物。

⑤ 将粗产物与一定浓度的 NH_4NO_3 溶液在 70 ℃ 的水浴条件下交换 6 h，反应完成后通过抽滤、洗涤和干燥得到催化剂原粉。

⑥ 将催化剂原粉放置在马弗炉中，以 2 ℃/min 的升温速率升至 600 ℃，在该温度下保持 5 h，待冷却至室温后得到新鲜的 Cu – SSZ – 13 催化剂。

（2）水热老化催化剂的制备

其具体操作步骤如下：

取 Cu – SSZ – 13 催化剂样品 0.2 g 于石英管，上下以石英棉、石英砂固定。使用微量注射泵向固定床反应器中泵送水，并在石英棉中汽化分散到水热老化气氛中，气流速度为 30 mL/min，水热老化气氛中，水汽含量为 12.5%。Cu – SSZ – 13 样品分别在 750 ℃、800 ℃、850 ℃ 等温度下水热老化处理，气氛分别为空气、氩气等。

（3）催化性能测试

① 考察新鲜 Cu – SSZ – 13 催化剂在不同气氛和温度中 SCR 催化活性。

② 考察水热老化 Cu – SSZ – 13 催化剂在不同气氛和温度中水热老化后的 SCR 催化活性。

5. 实验数据记录与整理

① 本研究采用 NO_x（主要是 NO、NO_2）转化率、N_2 选择性、NH_3 转化率来评价，即

$$NO_x\ 转化率 = \frac{[NO_x]_{in} - [NO_x]_{out}}{[NO_x]_{in}} \times 100\% \tag{9.22}$$

$$N_2\ 选择性 = \left(1 - \frac{2[N_2O]_{out}}{[NO_x]_{in} - [NO_x]_{out} + [NH_3]_{in} - [NH_3]_{out}}\right) \times 100\% \tag{9.23}$$

$$NH_3\ 转化率 = \frac{[NH_3]_{in} - [NH_3]_{out}}{[NH_3]_{in}} \times 100\% \tag{9.24}$$

② 将数据记录在表 9.10 和表 9.11 中。

表 9.10　Cu-SSZ-13 新鲜催化剂对脱硝性能影响实验数据记录表

测定日期：＿＿＿＿＿＿＿＿＿＿

项　目	温度/℃	总流量/$(mL \cdot min^{-1})$	NO_x 浓度/$(mg \cdot m^{-3})$	NH_3 浓度/$(mg \cdot m^{-3})$	N_2O 浓度/$(mg \cdot m^{-3})$
进口					
	200				
	300				
出口	400				
	500				
	⋮				

表 9.11　Cu-SSZ-13 水热老化催化剂对脱硝性能影响实验数据记录表

测定日期：＿＿＿＿＿＿＿＿＿＿

操作条件：入口气体＝＿＿＿＿＿＿＿＿；总流量(mL/min)：＿＿＿＿＿＿＿＿

催化剂编号	气　氛	温度/℃	老化时间/h	NO_x 浓度/$(mg \cdot m^{-3})$	NH_3 浓度/$(mg \cdot m^{-3})$	N_2O 浓度/$(mg \cdot m^{-3})$
1						
2						
3						
4						
⋮						

9.5.6　思考题

1. Cu-SSZ-13 催化剂受哪些因素影响而中毒？

2. 试讨论如何改性 Cu-SSZ-13 催化剂来提高其抗水热老化性能。

第 10 章　室内空气污染物控制实验

有限空间是指采用天然或人工材料围隔而成的空间,包括住宅、教室、会议室、办公室、候车(机、船)大厅、医院、旅馆、影剧院、商店、图书馆、各类地下建筑等有人群活动的非生产性室内场所。从广义上说,也包括汽车、火车、地铁、轮船、载人航天器、飞机、潜艇的车厢、船舱和密闭乘员舱。这类有限空间的空气统称为室内空气。人的一生有 70%～90% 的时间是在室内度过的,室内空气是人的生命保障要素,其质量优劣对人的身心健康和生活、工作质量具有重要影响。本章针对室内空气中颗粒物、小分子气体、甲苯等挥发性有机污染物等,采用经典的处理技术设计净化实验,帮助学生掌握有限空间空气污染物净化方法。

10.1　静电法净化室内空气颗粒物实验

10.1.1　实验设计背景

近年来,我国大气污染形势严峻,以细粒子($PM_{2.5}$)为特征污染物的区域性大气环境问题十分突出,$PM_{2.5}$ 已成为北京等大城市的首要空气污染物,对人体健康、环境、气候及大气能见度等造成了严重危害。与此同时室内 $PM_{2.5}$ 污染也不容小觑,大量研究表明,室内 $PM_{2.5}$ 浓度不仅受室内源影响,同时也受到室外源的影响,人们在室内度过的时间远多于室外,室内 $PM_{2.5}$ 污染控制已经成为全球性公共卫生问题。

空气净化器和新风系统的目标是过滤 $PM_{2.5}$、甲醛等有害物质,保证室内空气质量良好。目前,空气净化器及新风系统中成熟应用的颗粒物净化技术主要包括纤维过滤及静电除尘两大技术。静电技术是在工业静电除尘技术的基础上发展起来的,静电技术因其低阻、低耗材、清洗维护简便等特点具有广阔的应用前景,受到消费者及研究学者们的广泛关注。然而,传统静电除尘技术捕集细颗粒物的效率不高,尚不能满足越来越高的环境空气质量标准要求。因此,设计强化静电技术具有重要的理论意义和实用价值。

10.1.2　实验目的和要求

① 熟悉室内外空气 $PM_{2.5}$ 污染特征(浓度、化学组成、时空特征等);
② 掌握室内环境空气颗粒物主要净化技术原理及特点;
③ 理解静电技术电极配置、环境或操作条件对净化效率的影响。

10.1.3　实验原理

室内空气静电技术原理与工业电除尘原理是相同的。其静电装置一般采用双区式,即在不同电场中进行颗粒物荷电过程和被捕集过程。在电离段颗粒物荷电,而在收尘段颗粒物被捕集。工业电除尘应用时一般采用负电晕放电,然而考虑到环境空气净化所用静电除尘装置所需的荷电电压低,且对臭氧产生量有限制要求,因此环境空气所用的静电除尘装置大多采用正电晕放电。室内空气静电除尘技术工作原理图如图 10.1 所示。

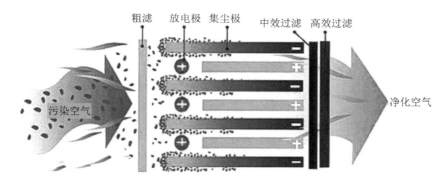

图 10.1　室内空气静电除尘技术工作原理图

室内空气净化所用的静电除尘器的工作原理可分三个阶段，① 颗粒荷电：由一系列等距平行安装的管状或板状电极作接地电极，施加了高压的电晕线作放电极，放电极和接地极之间可形成不均匀电场。当电晕线发生电晕放电时，电场中气体被电离，生成空间电荷。含尘气流经过该电场空间时，空间电荷通过与颗粒物的迁移碰撞和扩散碰撞附着在颗粒物上，使颗粒物荷电。荷电机制主要有两种：一种是离子在静电力作用下做定向运动，与尘粒碰撞，使其荷电，称为电场荷电；另一种是气体离子在放电空间中做无规则热运动时与颗粒物扩散碰撞，使其荷电，称为扩散荷电。② 荷电颗粒物迁移与沉降：颗粒物荷电之后进入由平行金属板组成的收尘段。收尘段利用接高压和接地金属板的交错布置形成匀强电场，在电场力作用下，荷电颗粒定向迁移并沉积在极板上。③ 清灰：一般断电后只需将静电集尘器取出，用水或清洗剂清洗，完全干燥后便可再次使用。

10.1.4　实验设计步骤及要求

① 通过文献调研及综述等方式了解静电除尘法净化室内颗粒物技术的原理和现状，熟悉静电技术净化颗粒物的影响因素。

② 明确静电技术与 O_3 产生的关系。

③ 确定实验方案。根据前期文献调研及分析，设计实验方案初稿，与教师进行讨论，确定实验方案，并培训基本的实验操作方法。

④ 搭建实验系统，完成颗粒物发生系统、静电除尘系统和检测系统中管道的检漏和仪器检查，保证系统的合理性和实验的可行性。

⑤ 模拟发生细颗粒物，开展性能评价实验。对静电净化室内颗粒物技术的性能进行评价，考察电极配置，细颗粒物初始浓度和电场风速等操作条件对细颗粒物分离效率的影响，分析实验结果。

10.1.5　综合实验案例

某小组在前期文献调研基础上，以氯化钠盐溶液气雾模拟细颗粒物，选取双区式模块作为室内细颗粒物静电分离模块，进行静电除尘法净化细颗粒物的实验。

1. 材料及实验仪器

本实验采用氯化钠盐溶液雾化发生气溶胶模拟细颗粒物，空压机产生的空气作为混合气和干燥气；实验仪器包括颗粒物发生器，1 台；高压直流电源，1 台；静电分离模块，1 套；静电低压撞击器(ELPI+),1台;臭氧分析仪,1台;尾气处理设备,1套。

2. 实验系统

静电除尘法净化细颗粒物实验系统采用自行搭建的实验系统。自制窄间距静电教学实验系统为风道式系统,包含细颗粒物模拟发生、窄间距静电分离、供电电源、细颗粒物采集、细颗粒物在线检测、臭氧检测和尾气处理等部分,实验系统如图10.2所示。

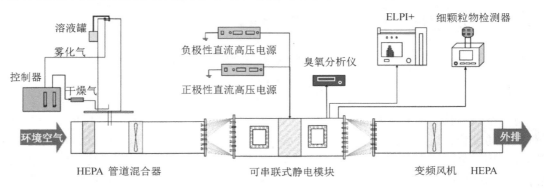

图10.2 静电除尘法净化细颗粒物实验系统示意图

➢ 细颗粒物发生器:由发生塔与控制器两部分构成。细颗粒物在发生塔内部模拟产生,控制器通过转子流量计控制雾化气与干燥气流量,从而实现对所发生的细颗粒物质量浓度、数目浓度及粒径分布的调节。

➢ 窄间距静电分离模块:根据应用场景特点不同,有不同形式、尺寸的电离段与收尘段模块供选择,包括线-板结构、齿-板结构、板-板结构等,静电分离模块可多个串联,最多可串联4个不同模块。电离段模块迎风面均布6或12个通道,每个通道布置1或2条放电线,异极间距为8 mm或16 mm;收尘区模块迎风面均布36、46或60个通道可供选择。电离段及收尘段模块具体尺寸参数如表10.1所列。

表10.1 室内细颗粒物静电分离模块的电极配置及结构尺寸

编 号	模块类型	区 段	示意图	通道数/个	放电线数量/根	异极间距/mm	长度/mm
1	双线/通道-板式	电离段	×××	6	12	16	64
2			×××	12	24	8	64
3	单线/通道-板式		×	6	6	16	30
4	板-板式	收尘段		60		3	60
5				46	—	4	60
6				36		5	60

➢ 供电电源:实验室提供不同型号的高压直流电源,电源包括正极性直流电源(电压范围为0~30 kV,电流范围为0~5 mA)和负极性直流电源(电压范围为−30~0 kV,电流范围为−50~0 mA)。当电源输出端与模块对应接线柱连接后,即可实现对窄间距静电分离模块放电极施加高压。

➢ 检测单元:实验系统在进风段和出风段均预留采样口,可供细颗粒物采集器、细颗粒物监测仪、荷电低压撞击器(ELPI＋)使用,根据实验设计可增加其他仪器。

3. 实验方法与步骤

① 实验系统调试过程。将颗粒物发生系统、静电分离系统、分析单元进行检漏和调试,保证符合实验要求。

② 颗粒物配制过程。配制 25 g/L 氯化钠溶液 500 mL,将氯化钠溶液放入细颗粒发生器的储液罐中。将风道内变频风机调至为合适频率保证合适的风速,用风速仪测定管道内风速(1.5～3.5 m/s)。打开发生器控制器,产生的洁净压缩空气分为两部分,一部分作为雾化气体到达发生塔顶部,储液罐中氯化钠溶液在文丘里管喉管的吸力作用下被引入雾化喷嘴使之雾化,两者混合物由于受到重力作用从发生塔顶部在塔内部自上而下运动;另一部分压缩空气经过主机干燥器流量计后被加热器加热,作为干燥气进入发生塔底部自下而上运动。自上而下运动的微小盐性液滴与自下而上的干燥热空气由于运动方向相反在发生塔内相遇,干燥热空气使得液滴水分蒸发,从而形成多分散盐性固态细颗粒。由于实验风道内为负压,模拟产生的盐性细颗粒物被引入试验管道,与经高效空气过滤器(High Efficiency Particulate Air Filter, HEPA)分离后的环境空气在管道混合器作用下均匀混合,形成模拟细颗粒物(0.3～0.5 mg/m³)。

③ 性能评价过程。根据实验方案选择模块类型,安装一个或串联多个模块在风道式系统中,确认法兰连接密闭。将电源输出端及接地极与静电模块对应接线柱连接,打开电源开关,调节电源电压至合适数值。根据实验设计改变模块配置、电极配置、供电电压、风速、颗粒物初始浓度和静电净化模块数来考察窄间距静电分离模块放电对细颗粒物的去除效率。

④ 分析并讨论实验结果。

4. 实验数据记录与整理

① 细颗粒物浓度。细颗粒物采样器采用重量法,利用采样前后滤膜的重量差和采样体积,计算其浓度。

② 细颗粒物的粒径分布、数目及质量浓度。荷电低压撞击器(ELPI＋)利用颗粒物荷电、低压撞击、电荷测量检测不同条件下细颗粒物的粒径分布、数目及质量浓度。

③ 总分离效率。通过计算分离处理前后细颗粒物质量浓度差值,得出不同条件下静电分离模块对细颗粒物的总分离效率:

$$\eta = \frac{C_{关} - C_{开}}{C_{关}} \times 100\% \tag{10.1}$$

式中:η 为细颗粒物总分离效率,%;$C_{关}$ 为静电分离模块关闭状态下的细颗粒物的初始质量浓度,mg/m³;$C_{开}$ 为经过静电分离模块分离后的质量浓度,mg/m³。

④ 将数据记录在表 10.2 和表 10.3 中。

表 10.2　静电除尘法净化细颗粒物实验数据记录表(重量法)

采样日期:＿＿＿＿＿＿＿＿＿

滤膜编号	采样时间/min	采样流量/(m³·min⁻¹)	采样前滤膜质量/g	采样后滤膜质量/g
1			—	—
2				
3				
⋮				

表 10.3　静电除尘法净化细颗粒物实验数据记录表(ELPI＋)

采样日期：＿＿＿＿＿＿＿＿＿

实验编号(不同参数)	采样流量/($m^3 \cdot min^{-1}$)	$C_{开}$/($mg \cdot m^{-3}$)	$C_{关}$/($mg \cdot m^{-3}$)
收尘电压 3.0 kV			—
收尘电压 3.5 kV			
收尘电压 4.0 kV			
⋮			

10.1.6　思考题

1. 电晕放电的电流-电压关系是否符合欧姆定律？
2. 线-板电极配置中，当线距、电压一定时，电流怎样随板距改变？

10.2　纤维过滤法净化室内空气颗粒物实验

10.2.1　实验设计背景

室内空气颗粒物净化技术不同于工业除尘技术需求，一方面室内空气净化技术要求能实现高效分离细粒子；另一方面，净化后的空气需送至室内与人体直接接触，要求其温度和湿度等参数应与人体感觉需求相一致。因此，在众多除尘技术中，纤维过滤和静电除尘两类技术能够基本满足净化室内空气(包括新风)颗粒物的需求。

众所周知，空气过滤器可有效改善室内空气质量。其主要构件是纤维过滤材料制成的过滤组件，根据过滤效率，过滤组件可分为粗效过滤组件、中效过滤组件(亚高效过滤组件)和高效过滤组件三种类型。粗效过滤组件主要用于阻挡 10 μm 以上的沉降性颗粒物和各种异物，其过滤等级用 H1 - G4 表示；中效过滤组件主要用于阻挡 1～10 μm 的悬浮性颗粒物，以避免其沉积在高效过滤器中，导致高效过滤组件寿命缩短，其过滤等级用 F5 - F9 表示；高效过滤组件主要用于过滤数量最多、粗效和中效过滤组件对其过滤效率低的 1 μm 以下颗粒物，其过滤等级用 H10、H11、H12、H13 和 H14 表示。五个等级对应 0.3 μm 粒径颗粒物的标准过滤效率分别不小于 90％、99％、99.9％、99.99％和 99.999％。因此，掌握纤维材料的过滤、阻力特性和净化性能对推动过滤材料进步，保证室内空气质量具有实际意义。

10.2.2　实验目的和要求

① 熟悉室内空气 $PM_{2.5}$ 纤维过滤净化技术原理及特点；
② 了解室内 $PM_{2.5}$ 纤维过滤适用的滤料类型；
③ 掌握纤维过滤影响过滤效率的因素。

10.2.3　实验原理

根据分离的颗粒物大小，纤维过滤作用原理主要依靠重力沉降、筛分、惯性碰撞、拦截和扩散等机械作用力。此外，当颗粒物或纤维自身带电时也存在静电作用力。纤维过滤作用机理如图 10.3 所示。

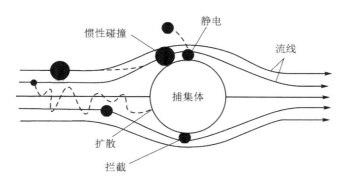

图 10.3　纤维过滤作用机理

① 重力沉降作用。粒径和密度大的颗粒进入纤维过滤器后,在气流速度不大时,颗粒物借助自身重力沉降作用,在被气流带出过滤器之前便沉降下来,即实现从气流中分离。由于气流通过纤维过滤器的时间较短,绝大多数颗粒物因其粒径较小,重力沉降速度小,在沉降到捕集物体之前又被气流带出过滤器,因此重力沉降作用较弱。

② 筛分作用。纤维过滤层内纤维排列错综复杂,并形成无数网格。当颗粒物粒径大于纤维网孔或沉积在纤维表面的颗粒物所构成的间隙时,颗粒物就会被阻留在纤维或颗粒物表面,从而实现从气流中分离。

③ 惯性碰撞。气流通过纤维层时,其流线不断改变,但颗粒物因质量大而产生惯性。在惯性力作用下,颗粒物脱离气流流线,碰撞到纤维上沉积下来,实现从气流中分离。

④ 拦截作用。当气流接近纤维时,细小粒子随气流绕着纤维运动,若粒子半径大于流线中心到纤维表面的距离,则粒子与纤维表面接触而被截留,从而实现从气流中分离。

⑤ 扩散作用。在气体分子热运动引起的碰撞作用下,非常细的粒子像气体分子一样做不规则的布朗运动,也叫扩散运动。颗粒尺寸越小,扩散运动越强,迁移距离越长。对于 $0.1~\mu m$ 的粒子,常温下每秒扩散距离可达 $17~\mu m$,比纤维间的距离大几倍至数十倍,因而使颗粒物有更大的机会运动到纤维表面而沉积下来,从而实现从气流中分离。

⑥ 静电作用。除了以上机械作用效应之外,新鲜纤维滤料大多带有电荷,部分颗粒也带有电荷。遵循同性相斥,异性相吸的原理,带异电荷的颗粒与纤维之间或带电体与中性物体之间会相互吸引,从而促使颗粒附着在纤维表面。由于电荷中和后不再具有静电作用,所以如何实现纤维滤料连续荷电,是新型纤维滤料的重要发展方向。

10.2.4　实验设计步骤及要求

① 通过文献调研及综述等方式了解纤维过滤法净化室内颗粒物的技术原理和现状,熟悉纤维过滤技术净化颗粒物的影响因素。三个尺度的纤维过滤材料如图 10.4 所示。

② 明确纤维过滤材料的分类与特点。

③ 确定实验方案。根据前期文献调研及分析,设计实验方案初稿,与教师进行讨论,确定实验方案,并培训基本的实验操作方法。

④ 选择合适的纤维过滤组件进行实验。

⑤ 搭建实验系统,完成颗粒物发生系统、过滤系统和检测系统中管道的检漏和仪器检查,保证系统的合理性和实验的可行性。

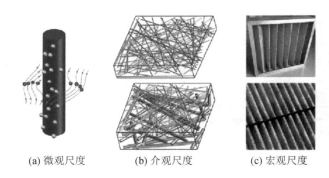

| (a) 微观尺度 | (b) 介观尺度 | (c) 宏观尺度 |

图 10.4　三个尺度的纤维过滤材料

⑥ 模拟发生细颗粒物,开展性能评价实验。对不同滤料组件净化室内颗粒物性能进行评价,考察分级计数效率、风速、细颗粒物浓度和阻力等因素的影响,分析实验结果。

10.2.5　综合实验案例

某小组在前期文献调研基础上,以氯化钾盐溶液为原料雾化模拟细颗粒物,选取不同过滤材料,考察其对细颗粒物净化性能的影响。

1. 材料及实验仪器

本实验采用氯化钾盐溶液雾化发生气溶胶模拟细颗粒物,空压机产生的空气作为混合气和干燥气;过滤材料包括 G4 夹碳布、G4 涤纶、F7 玻纤、F7 静电熔喷布、G4 涤纶＋F7 玻纤等;实验仪器包括颗粒物发生器,1 台;气溶胶粒径谱仪,1 台;气溶胶发生器,1 台;TSI Dust Trak Ⅱ 8532 粉尘仪,1 台;TSI 9306 - V2 粒子计数器,1 台;TSI 9656 - P 风速仪,1 台;尾气处理设备,1 套。

2. 实验系统

过滤单元的过滤效率、阻力、容尘量、使用寿命等统称为过滤性能。实验采用自行搭建的实验系统,包括风道式系统、细颗粒物模拟发生装置、可更换滤料的空气净化器、细颗粒物采集器、细颗粒物在线检测和尾气处理等部分,实验系统如图 10.5 所示。

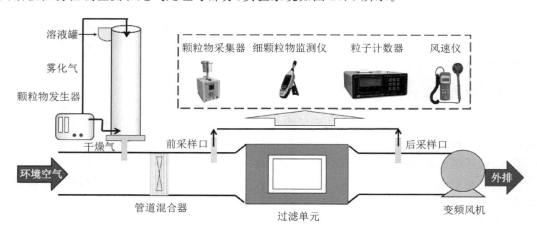

图 10.5　空气过滤实验系统示意图

- 细颗粒物发生器:由发生塔与控制器两部分构成,细颗粒物在发生塔内部模拟产生,控制器通过转子流量计控制雾化气与干燥气流量从而实现对所发生的细颗粒物质量浓度、数目浓度及粒径分布的调节。
- 过滤净化单元:主体为一台可更换滤料的空气净化器,可更换不同滤料,包括 G4 夹碳布、G4 涤纶、F7 玻纤、F7 静电熔喷布、G4 涤纶＋F7 玻纤等,进出口连接风道。
- 分析系统:实验系统在进风段和出风段均预留采样口,可供细颗粒物采集器、细颗粒物监测仪、粉尘仪、粒子计数器、风速仪等使用,根据实验设计可增加其他仪器。
- 风道系统:实验系统风道内空气温度与相对湿度分别控制在 23 ℃±5 、45％±5％,风道一端连有轴流风机可抽取稳定气流。

3. 实验方法与步骤

① 实验系统调试。将颗粒物发生系统、过滤净化系统、分析单元进行检漏和调试,保证符合实验要求。

② 安装滤料。选择实验用的滤料组件安装于空气净化器中。

③ 颗粒物配制。按 GB/T 14295—2019《空气过滤器》要求,采用质量分数 10％的 KCl 溶液为气溶胶发生溶液。将氯化钾溶液放入细颗粒发生器的储液罐中,溶液在文丘里管喉管的吸力作用下被引入雾化喷嘴使之雾化。

④ 打开发生器控制器,产生的洁净压缩空气分为两部分。一部分作为雾化气体到达发生塔顶部;另一部分压缩空气经过主机干燥器流量计后被加热器加热,作为干燥气进入发生塔底部自下而上运动。

⑤ 性能评价过程。打开风机开关,调节风速、颗粒物初始浓度至合适数值。分别测试不同过滤单元、不同风速条件下上、下游采样点的颗粒物计数浓度,考察不同过滤组件对细颗粒物的去除效率。

⑥ 分析并讨论实验结果。

4. 实验数据记录与整理

① 一次过滤效率:分别测试不同过滤单元、不同风速条件下,上、下游采样点的颗粒物计数浓度,待采样数值稳定后,选取连续 10 次读数的平均值,计算公式如下:

$$E = \left(1 - \frac{N_2}{N_1}\right) \times 100\% \tag{10.2}$$

式中:E 为一次过滤效率,％;N_1、N_2 分别为上、下游采样点含有该粒径区间的颗粒物计数浓度的平均值,个/L。

② $PM_{2.5}$ 净化效率:分别测试不同过滤单元、不同风速条件下,上、下游采样点的颗粒物质量浓度,取 10 次稳定测试数据的平均值,计算公式如下:

$$E_{PM_{2.5}} = \left(1 - \frac{C_{PM_{2.5},2}}{C_{PM_{2.5},1}}\right) \times 100\% \tag{10.3}$$

式中:$E_{PM_{2.5}}$ 为 $PM_{2.5}$ 净化效率,％;$C_{PM2.5,1}$、$C_{PM2.5,2}$ 分别为上、下游采样点含有该粒径区间的颗粒物质量浓度的平均值,$\mu g/m^3$。

③ 将数据记录在表 10.4 中。

表 10.4　纤维过滤法净化细颗粒物实验数据记录表

采样日期：＿＿＿＿＿＿＿＿＿

滤料类型：＿＿＿＿＿＿＿；气体温度：＿＿＿＿＿＿＿℃；颗粒物初始计数浓度：＿＿＿＿＿＿＿个/L

编　号	风速/(m·s⁻¹)	阻力/Pa	$E/\%$	N_1	N_2	$C_{PM2.5,1}$	$C_{PM2.5,2}$	$E_{PM2.5}/\%$
1				—	—			
2								
3								
⋮								

10.2.6　思考题

1. 试讨论静电纺丝纳米纤维、驻极体纤维过滤材料等新型高效过滤材料的优缺点。

2. 新版国家标准《空气净化器》(GB/T 18801—2022)替代 GB/T 18801—2015,在哪些方面做了提升？什么是净化能效？

10.3　催化净化密闭舱室低浓度小分子污染物实验

10.3.1　实验设计背景

飞速发展的科学技术为人类文明进步提供了有力的保障,深海潜水船、潜艇、载人航天器和空间工作站等技术设备在人类探索之旅中的作用越来越重要。密闭舱室存有多种气态污染物,尽管浓度非常低,但也会对人体组织和器官构成危害,影响舱室人员的正常工作。甲醛(HCHO)是代表性致癌物之一,长时间暴露于 HCHO 中极大威胁人类身体健康;人体新陈代谢会产生 CO,CO 经呼吸道吸入后极易与血红蛋白结合,使得人体无法正常吸入氧气而窒息,且对血液、心脏和神经系统也造成损害。不仅如此,CO 还是典型易燃易爆气体,密闭舱室中 CO 最高容许浓度为 0.001%,因此必须控制密闭舱室 CO 浓度;此外,仪器设备工作中也释放气态污染物,如电池在充放电过程中会释放 H_2,H_2 易燃易爆,对乘员和密闭舱室安全构成极大威胁。制冷设备工作中释放的氟化氢和氯化氢会加速金属材料的腐蚀。因此,有效净化密闭舱室内的气态污染物,为舱室人员提供舒适的生活和工作环境意义重大,也是构建环控生保系统的重要环节。

10.3.2　实验目的和要求

① 了解载人航天器、潜艇、地下工事等密闭舱室气态污染物的种类、危害及现有的净化技术;

② 熟悉有限空间代表性有机或无机气态污染物净化技术的原理及特点;

③ 学会有限空间有机或无机气态污染物净化用催化剂的制备、改性及性能评价方法。

10.3.3　实验原理

催化氧化法是以催化剂为媒介,将密闭舱室内污染气体降解为 CO_2 和 H_2O 的方法,具有化学反应活性高、反应速率高和可同步处理多种污染气体的优点。目前,室内污染气体降解常用的催化剂包括金属氧化物催化剂(如 CuO、CeO₂ 和 MnO₂ 等)和贵金属催化剂(如 Pt、Au 和 Pd 等)。金属氧化物催化剂活性高,但反应温度要求也较高;贵金属催化剂成本较高,但反应活度高、作用温度相对较低,可实现室温条件下污染气体的催化净化。

　　航天密闭舱室中目前已检测出 300 多种污染性气体。尽管种类繁多,但大致可分为两类,一类是大分子有机物,如苯系物等;另一类是小分子污染物,如 HCHO、CO、H₂ 和 CH₄ 等。对于大分子有机物,通常采用吸附法净化;对于小分子污染物,常采用催化氧化法净化。其中,HCHO、CO 和 H₂ 采用中低温催化氧化,CH₄ 采用高温催化氧化。

　　以 Pt - Au/TiO₂ - CeO₂ 催化剂同步催化氧化 CO 和 H₂ 实验原理为例(见图 10.6),首先,空气中的氧气被吸附于催化剂表面,通过两种活化途径:① 载体表面的氧空位吸附与活化氧气;② 氧气被吸附于 Pt 物种和 Au 物种点位,通过电子传递活化成 O 物种。然后,CO 被吸附于 Au 物种点位上被氧化为 CO₂,H₂ 被吸附于 Pt 物种点位上发生解离生成 H 和 OOH 物种,OOH 物种存在两种降解途径:① OOH 物种进一步解离为 OH 物种和 O 物种;② OOH 物种与气氛中水生成 H₂O - HO₂ 物种。H₂ 在 Pt 物种和 O 物种作用下再次解离成 H 和 OH 物种,最后 H 和 OH 物种反应生成水。

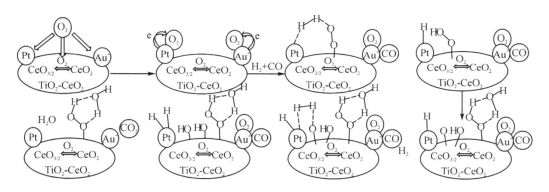

图 10.6　Pt - Au/TiO₂ - CeO₂ 催化剂同步催化氧化 CO 和 H₂ 可能机理

10.3.4　实验设计步骤及要求

　　① 了解密闭舱室气态污染物催化氧化技术的原理和研究进展,通过文献调研及综述等方式,熟悉催化剂的种类及特点。

　　② 筛选出适宜的催化剂,熟悉其制备方法。

　　③ 选取密闭舱室具有代表性的有机和无机气态污染物,掌握催化氧化技术的影响因素。

　　④ 确定实验方案。根据前期文献调研及分析,设计实验方案初稿,与教师进行讨论,确定实验方案,并培训基本的实验操作方法。

　　⑤ 制备催化剂。通过采用不同制备方法或调变改性,制备出不同的催化剂,尝试优化催化剂反应活性。(选做)

　　⑥ 搭建实验系统,完成配气系统、反应系统和检测系统中气路的检漏和仪器检查,保证系统的合理性和实验的可行性。

　　⑦ 对催化剂催化性能进行评价。考察催化氧化单个代表性气态污染物、共同催化氧化多个代表性气态污染物的催化性能,考察气态污染物转化率指标,分析实验结果。

⑧ 对催化剂进行表征,建立构效关系。（选做）

10.3.5 综合实验案例

某小组在前期文献调研基础上,制备 Pt－Au 双金属铈基催化剂,针对密闭舱室内低浓度 CO、HCHO 和 H_2 污染气体进行净化实验。

1. 材料及实验仪器

氯铂酸,氯金酸,硝酸铈,硝酸铁,硝酸锰,钛酸四丁酯,硝酸铜,硝酸镍,正硅酸四乙酯,硼氢化钠,尿素,氢氧化钠,HCHO 溶液,乙二醇。上述试剂均为分析纯,氯铂酸中金属铂含量为 37.5%,氯金酸中金含量为 47.8%。

2. 实验仪器

气体质量流量计,1 套;高温箱式电阻炉,1 台;双抽头循环水真空泵,1 台;多功能温控器,1 台;温湿度记录仪,1 台;电热恒温鼓风干燥箱,1 台;真空干燥箱,1 台;低温循环恒温水槽,1 台;不锈钢水热反应釜,1 套;磁力加热搅拌器,1 台;恒温超声波清洗机,1 台;气相色谱仪,1 台;高纯氢发生器,1 台;空气发生器,1 台。

3. 实验系统

系统由三部分组成:配气系统、催化反应系统和尾气检测系统,如图 10.7 所示。

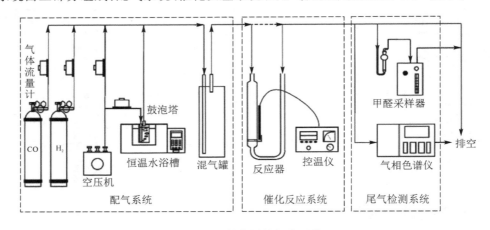

图 10.7　催化活性评价系统

> 配气系统:主要由钢瓶气、空压机、鼓泡塔、恒温水浴槽、混气罐和气体流量计构成。钢瓶气主要提供 CO 和 H_2,空压机提供空气作为反应系统的载气。在恒定温度下,通过鼓泡方式产生一定浓度的 HCHO 气体。所有气体流量在流量计精确控制下进入混气罐混合均匀,配制成组分恒定的反应气。

> 催化反应系统:自制的非对称的 U 形石英固定床反应器长 400 mm,左边石英管内径 10 mm,距离底部约 60 mm 处内嵌多孔石英筛板,用于装载催化剂,而且反应器置于管式加热炉内。活性评价时,反应体系温度由插入反应器的 K 型热电偶控制器控制,根据实验需要设定反应器温度。

> 尾气检测系统:检测系统较为复杂,涉及 CO、H_2 和 HCHO 检测。CO 检测采用配置了甲烷转化炉和 FID 检测器的气相色谱;H_2 检测采用配置了 TCD 检测器的气相色谱;HCHO 检测是采用国标法 GB/T 15526—1995(乙酰丙酮分光光度法)检测。

4. 实验方法与步骤

① 制备催化剂。浸渍沉积制备方法具体步骤如下：取 4 g CeO_2 载体均匀分散于 100 mL 水中，同时剧烈搅拌，加入氯铂酸溶液（含 0.04 g 铂），搅拌浸渍 2 h 后，真空 70 ℃下采用旋转蒸发仪除去水分，粉体 80 ℃干燥 12 h，400 ℃煅烧 4 h 得 Pt/CeO_2 材料；将 2 g Pt/CeO_2 材料均匀分散于 100 mL 水中，采用 NaOH 溶液调节 pH 值为 10，加入氯金酸（含 0.02 g 金）溶液中，60 ℃恒温 2 h，过滤洗涤，采用硝酸银溶液检测氯离子至无氯离子残留，粉体 80 ℃干燥 12 h，200 ℃煅烧 4 h，然后在 200 ℃下 H_2 氛围中煅烧 30 min 得 $Pt-Au/CeO_2$ 催化剂。

② 绘制 HCHO 浓度标准曲线（X 值为 HCHO 含量，Y 值为对应的吸光度值）。

③ 实验系统搭建与调试。对气路、接头和阀门进行检漏，对检测仪器进行预操作，将管式炉和伴热带打开进行升温。

④ 模拟配气。所有气体流量在流量计精确控制下进入混气罐混合均匀，配制成组分恒定的反应气。

⑤ 催化剂装量，进行性能评价实验。分别进行同步催化氧化 CO 和 HCHO、CO 和 HCHO，以及 CO、HCHO 和 H_2 性能测试实验，考察各污染物的净化效率，分析实验结果。

⑥ 尝试进行表征测试，分析催化氧化机理，构建材料的构效关系。（选做）

5. 实验数据记录与整理

① 通过计算目标污染物转化率随时间变化来评价催化剂的稳定性和活性，目标污染物转化率计算公式如下：

$$\eta = \frac{C_{\text{inlet}} - C_{\text{outlet}}}{C_{\text{inlet}}} \times 100\% \tag{10.4}$$

式中：η 为污染物转化率；C_{inlet} 为污染物进口浓度；C_{outlet} 为污染物出口浓度。

② 实验数据可记录在表 10.5 中。

表 10.5　催化氧化低浓度 CO、HCHO 和 H_2 污染气体实验数据记录表

测定日期：＿＿＿＿＿＿＿＿＿

操作条件：气体入口组分＝＿＿＿＿＿＿＿＿；气体流量＝＿＿＿＿＿＿＿＿ mL/min

气体温度＝＿＿＿＿＿＿ ℃；空速＝＿＿＿＿＿＿ h^{-1}；湿度＝＿＿＿＿＿＿ %

项　目	反应时间/min	CO 浓度/ $(mg \cdot m^{-3})$	HCHO 浓度/ $(mg \cdot m^{-3})$	H_2 浓度/ $(mg \cdot m^{-3})$
进口	—			
出口	20			
	40			
	60			
	⋮			

10.3.6　思考题

1. 影响催化氧化甲醛性能的因素有哪些？如何对催化剂进行改性？

2. 试设计一个实验，净化室内空气中的甲醛。

10.4　吸附法净化密闭舱室低浓度 CO_2 实验

10.4.1　实验设计背景

　　载人航天器、潜艇、地下工事以及特定密封车间等高级技术装备工作环境通常与外界大气环境隔绝,具有空间有限、人员密集的特点。人体代谢、多种材料挥发及设备运转不可避免地释放出各种有害气体,致使舱室空气受到不同程度的污染。尤其当发生事故造成短时间通风换气失效时,人员呼吸代谢释放出的 CO_2 浓度会骤增,危害工作人员的健康,甚至危及生命。因此,净化人体代谢所产生的 CO_2 气体,控制有限工作环境中 CO_2 气体浓度在一个较低水平是构建安全有效的生命保障系统首要任务之一。按照我国相关规定,有限环境中 CO_2 浓度需控制在 $0.03\%\sim0.5\%$ 的合理范围内,紧急情况下允许 CO_2 浓度达到 1%。由于室内 CO_2 气体浓度极低,因此净化难度增大。目前,现有的气相低浓度 CO_2 净化技术存在吸附效率低下,净化装置质量、体积过大等诸多问题,因此针对有限空间低浓度 CO_2 气体净化开展实验设计具有重要意义。

10.4.2　实验目的和要求

　　① 熟悉载人航天器、潜艇、地下工事等有限空间 CO_2 气体净化技术的原理及特点;
　　② 学会固态胺吸附剂的制备方法和吸附容量的计算;
　　③ 掌握固态胺吸附剂吸附的原理和效果。

10.4.3　实验原理

　　目前,工业上采用不同的有机胺溶液对烟气 CO_2 进行化学吸收捕集,但其热再生会造成蒸发损失,不适合有限空间 CO_2 气体净化。固态胺吸附法可有效弥补广泛应用的物理吸附剂所存在的诸多问题,引起人们的广泛关注。固体胺吸附剂是将胺基团负载于多孔固体材料,其胺基官能团和 CO_2 反应的化学本质与广泛用于烟气 CO_2 捕集的胺醇溶液相似:在无水条件下,1 个 CO_2 分子与 2 个伯胺(R_1NH_2)基团或者 2 个仲胺(R_1R_2NH)基团反应生成氨基甲酸铵;在水汽作用下,伯胺、仲胺与叔胺均可与 CO_2 以化学计量比 1:1 反应,反应过程如下:
　　在无水条件下:
$$CO_2 + 2R_1NH_2 \Leftrightarrow R_1NH_3^+ + R_1NHCOO^- \qquad (10.5)$$
$$CO_2 + 2R_1R_2NH \Leftrightarrow R_1R_2NH_2^+ + R_1R_2NCOO^- \qquad (10.6)$$
　　在水汽作用下:
$$CO_2 + R_1NH_2 \Leftrightarrow R_1NH_3^+HCO_3^- \Leftrightarrow R_1NH_3^+CO_3^{2-} \qquad (10.7)$$
$$CO_2 + R_1R_2NH \Leftrightarrow R_1R_2NH_2^+HCO_3^- \Leftrightarrow R_1R_2NH_2^+CO_3^{2-} \qquad (10.8)$$
$$CO_2 + R_1R_2R_3NH \Leftrightarrow R_1R_2R_3NH^+HCO_3^- \Leftrightarrow R_1R_2R_3NH^+CO_3^{2-} \qquad (10.9)$$
　　固态胺吸附剂可以根据制备方法的不同分为三大类,其结构图如图 10.8 所示。
　　第一类固体胺吸附剂是胺基以物理浸渍的方式负载于载体,主要将多孔材料分散在单分子胺或者聚合胺的混合物中,在搅拌、溶剂挥发、干燥和活化之后,胺基成分通过物理方式附着在多孔材料的表面或者孔内。
　　第二类固体胺吸附剂是通过胺基官能团与多孔载体表面官能团之间的化学反应,将胺基

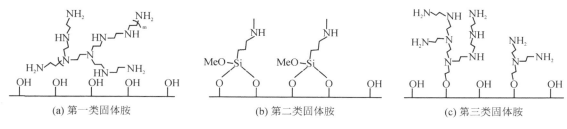

图 10.8　三类固态胺吸附剂

修饰接枝到多孔载体表面。

　　第三类固体胺吸附剂是由无机载体和化学接枝多胺组分组成,其中多胺组分通过含胺单体的原位聚合制备。

　　浸渍法所制备的吸附剂通常具有较高的饱和吸附量,所选择的负载胺组分通常为 PEI 和 TEPA。支撑体材料通常为介孔材料,孔径范围为 2～50 nm。

10.4.4　实验设计步骤及要求

　　① 通过文献调研及综述等方式了解载人航天器等舱室内 CO_2 污染及控制需求,熟悉低浓度 CO_2 捕集技术、原理特点及净化难点。

　　② 根据文献调研筛选适用于低浓度 CO_2 捕集的固态胺吸附剂,掌握其制备方法,分析其影响因素,探索改性制备新型吸附剂,提高吸附容量。

　　③ 确定实验方案。根据前期文献调研及分析,设计实验方案初稿,与教师进行讨论,确定实验方案,并培训基本的实验操作方法。

　　④ 制备吸附剂,尝试改变不同醇胺溶液或不同支撑体,调整制备方法。

　　⑤ 搭建实验系统,完成配气系统、反应系统和检测系统中气路的检漏和仪器检查,保证系统的合理性和实验的可行性。

　　⑥ 对吸附剂吸附性能进行评价,考察不同醇胺溶液或不同支撑体等制备因素对吸附剂吸附 CO_2 性能的影响,分析实验结果。

10.4.5　综合实验案例

　　某小组在前期文献调研基础上,以密闭环境中气相低浓度 CO_2 为目标物,制备新型固态胺吸附剂,考察吸附剂对 CO_2 的吸附量,提升 CO_2 吸附容量。

1. 材料及试剂

　　四乙烯五胺(TEPA),聚乙烯亚胺(PEI),乙醇胺(MEA),二乙醇胺(DEA),三乙醇胺(TEA),羟乙基二胺(AEEA),乙二醇,丙三醇,聚乙二醇,甲醇,氢氧化钠,盐酸,十二烷基三甲溴化铵,三甲溴化铵,十八烷基三甲溴化铵,MCM - 41 等型号 SiO_2;氩气(99.999%),CO_2、空气,气体均来自于钢瓶气。

2. 实验仪器

　　数控超声波清洗器,1 台;水热合成反应釜,1 套;电热恒温鼓风干燥箱,1 台;马弗炉,1 台;质量流量计,1 套;温控仪,1 台;热电偶,1 个;气相色谱仪,1 台;恒温水浴锅,1 台;

3. 实验系统

　　固态胺吸附剂对 CO_2 的吸附性能采用自行搭建的系统进行评价。吸-脱附性能评价系统由配气系统,反应系统和气体分析系统三部分组成,评价系统如图 10.9 所示。

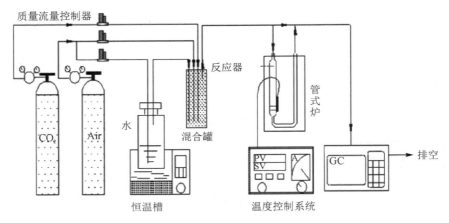

图 10.9　吸附性能评价系统

> 配气系统。包含气体钢瓶、质量流量控制计、恒温槽和鼓泡塔。钢瓶中 CO_2 的体积分数为 10%,平衡气体为合成空气,合成气体由体积分数为 79% 的氮气和体积分数为 21% 的氧气组成。

> 反应系统。自制 U 形石英管(长 400 mm,内径 10 mm),距石英管底部约 50 mm 处设有多孔石英筛板,用于放置吸附剂样品。U 形石英管放置于管式炉内,反应温度由插入吸附剂床层的 K 型热电偶监测,通过程序控温仪控制吸附剂床层的温度。吸附测试前,吸附剂先加热到 100 ℃,采用高纯氩气吹扫 40 min,去除吸附剂表面预吸附的 H_2O 和 CO_2。然后,将吸附剂冷却到 25 ℃ ± 0.5 ℃,通入 2% CO_2/Air 进行测试。

> 气体分析系统。出口 CO_2 气体浓度采用气相色谱进行检测,气相色谱配有甲烷转化炉,可将 CO_2 转化成甲烷,进入 FID 检测器进行检测。所采用的色谱柱为 TDX-01 碳分子筛填充柱。气相色谱的参数设定:进样口温度:100 ℃;色谱柱温度:150 ℃;检测器温度:180 ℃;甲烷转化炉温度:380 ℃;H_2 压力:0.1 MPa。连接六通阀的定量环体积为 1 mL。根据色谱谱图峰面积计算 CO_2 气体的浓度。

4. 实验方法与步骤

① 吸附剂制备过程。采用浸渍法,制备不同吸附剂。所使用的胺组分为 PEI、TEPA 或 TEPA 与醇胺/醇混合物。先将有机胺溶液室温下溶解于 40 mL 的甲醇中;然后将 MCM-41 等型号 SiO_2 支撑体材料慢慢添加于混合溶液中,持续搅拌直至甲醇溶液完全蒸发,白色固体粉末沉淀于烧杯底部。将白色粉末置于真空干燥箱中升温至 100 ℃ 进行进一步干燥。制备的固态胺吸附剂简记为 y PEI/支撑体,其中 y 为胺组分占吸附剂的质量百分比。

② 实验系统调试过程。将配气系统、反应系统、分析系统进行检漏和调试,保证符合实验要求。

③ 配气过程。混合气体的总流量为 40 mL/min,CO_2 的体积分数为 2%,相对湿度为 30%。将合成空气分成两路,其中一路经过含水鼓泡塔,鼓泡塔置于恒温水浴锅中,通过调节两路空气的流量比和水浴锅温度来调变混合气体的相对湿度。CO_2、湿度和合成空气三路气体通过质量流量计来控制流量,最终在缓冲罐中混合均匀后进入反应系统。

④ 性能评价过程。将不同醇胺溶液比或不同支撑体种类制备的吸附剂分别进行吸附性

能评价。考察 TEPA 与不同种类醇胺/醇混合负载的吸附剂,调变 TEPA 与 DEA 混合比例的吸附剂,对不同代表性支撑体材料的 PEI 基吸附剂进行性能评价,测定其饱和吸附量,分析实验结果。

5. 实验数据记录与整理

① CO_2 饱和吸附量,可用于评价固态胺吸附剂吸附能力。其计算公式如下:

$$q_s = \frac{1}{m} \times \left(\int_0^t Q \times \frac{C_0 - C}{1 - C} dt \right) \times \frac{T_0}{T} \times \frac{1}{V_m} \tag{10.10}$$

式中:q_s 为 CO_2 的饱和吸附量,mmol/g;m 为吸附剂的质量,g;Q 为气体流量,mL/min;C_0 和 C 分别为 CO_2 的入口体积分数和出口体积分数,%;t 代表了吸附时间,min;$T_0 = 273$ K,T 为实际气体温度;$V_m = 22.4$ mL/mmol。

② 实验数据记录在表 10.6 中。

表 10.6 吸附法净化密闭舱室低浓度 CO_2 实验数据记录表

测定日期:_____

吸附剂种类:_____

吸附剂的质量:_____ g;气体流量:_____ mL/min;气体温度:_____ ℃

项 目	吸附时间/min	CO_2 入口浓度/$(mg \cdot m^{-3})$	CO_2 出口浓度/$(mg \cdot m^{-3})$	饱和吸附量/$(mmol \cdot g^{-1})$
入 口	—			
出 口	5			
	1			
	⋮			

10.4.6 思考题

1. 影响吸附剂 CO_2 吸附容量的因素有哪些?

2. 实验中气速和浓度变化对吸附容量会产生什么样的影响?

10.5 交替吸附-低温等离子强化催化净化室内空气苯系物实验

10.5.1 实验设计背景

苯系物(Benzene Toluene Ethylbenzene & Xylene,BTEX)是室内空气的典型污染物之一,包括苯、甲苯、二甲苯等,广泛存在于人类居住和生活的环境中,对人体神经、血液、生殖系统等均有较强的危害。有效减少室内空气中的 BTEX 有助于"健康中国"目标的实现。

新风净化是保证室内空气质量,去除 BTEX 的一种典型方法。近年来,住宅新风系统越来越普遍。吸附技术是新风系统中最常用的 BTEX 净化技术之一,由于吸附材料价格便宜、化学性质稳定、孔结构密集、比表面积大等优点被广泛认可。然而,其也面临吸附剂容易饱和、需更换后异地再生或处置等问题。催化氧化技术可将 BTEX 直接转化成 CO_2 和 H_2O,然而催化剂价格较贵、耐水性差且易失活,需要定期更换,给实际应用增加了负担。低温等离子体含有高能电子、激发态粒子和自由基等活性物种,可直接将 BTEX 氧化转化成 CO_2 和 H_2O,

但存在处理能耗高、易出现 O_3 二次污染等问题。工程实践表明,目前市场上单一技术无法满足 BTEX 日益严格的净化需求。因此,创新净化手段、研发能耗低、无二次污染及长时间运行的技术和产品是未来室内空气净化的主要发展趋势。

10.5.2　实验目的和要求

① 了解室内空气污染现状、产生的危害,以及代表性室内 VOCs 种类及特点,了解工程应用的室内污染控制技术;

② 掌握低温等离子技术和催化技术的原理特点,理解室内低浓度 VOCs 处理的难点;

③ 了解新风系统组成及运行过程,熟悉新风系统不同技术的影响参数。

10.5.3　实验原理

1. 催化净化技术原理

催化法净化室内空气是指借助催化剂的催化作用使室内空气中的气态污染物转变为无害物,该技术在室内空气甲醛净化中已得到应用。与工业领域应用催化法净化气态污染物不同,室内空气净化不允许净化导致空气温度出现大的变化,这给催化净化提出了更大的挑战。催化是借助催化剂使化学反应速率加快的现象。理论上,反应前后催化剂并不发生改变。在催化反应过程中,至少有一种反应物分子与催化剂发生了某种形式的化学作用,进而改变化学反应的途径,降低反应活化能。

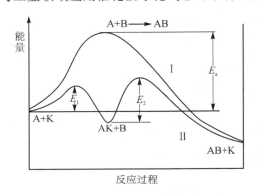

图 10.10　催化作用示意图

催化作用如图 10.10 所示,化学反应 A+B→AB,所需活化能为 E_a,在催化剂 K 的参与下,反应按以下两步进行:① A+K→AK,所需活化能为 E_1;② AK+B→AB+K,所需活化能为 E_2,E_1、E_2 都小于 E_a。催化剂 K 只是可逆性介入了化学反应,反应结束后,催化剂 K 得到再生。

2. 低温等离子体净化作用原理

当电极间加上电压时,电极空间里的电子从电场中获得能量开始加速运动。若电子运动的动能足以导致 O_2 和 H_2O 之类的分子离解,则形成氧化性很强的物种,如 $O\cdot$、$OH\cdot$、$HO_2\cdot$ 和 O_3 等。

$$O_2 + e* \longrightarrow 2O\cdot + e \tag{10.11}$$

$$O_2 + O\cdot \rightarrow O_3 \tag{10.12}$$

$$H_2O + e* \longrightarrow H + OH\cdot + e \tag{10.13}$$

$$H + O_2 \longrightarrow HO_2\cdot \tag{10.14}$$

低温等离子体自身降解气态污染物通过断键和氧化两种途径实现。断键是指具有足够能量的电子打断污染物的化学键,甲苯断键示意图如图 10.11 所示。断键的前提是电子的动能大于化学键能。氧化是借助 $O\cdot$、$OH\cdot$、$HO_2\cdot$ 和 O_3 等物种的强氧化性氧化降解污染物,如图 10.12 所示。除了对气态污染物具有净化作用之外,放电产生的低温等离子体和紫外辐射也具有消毒作用,条件合适时还能起到除尘作用。

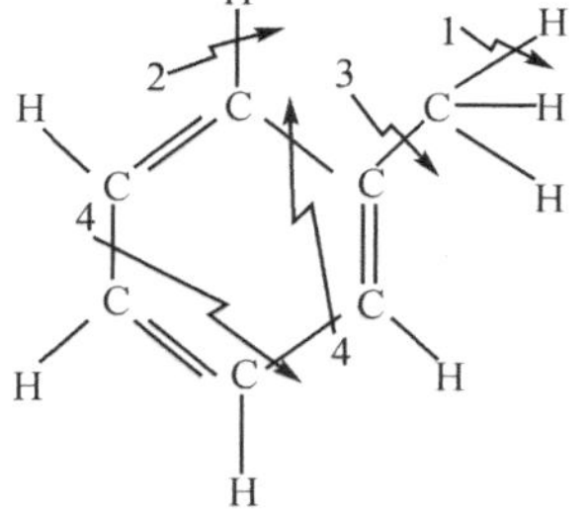

图 10.11　甲苯断键示意图 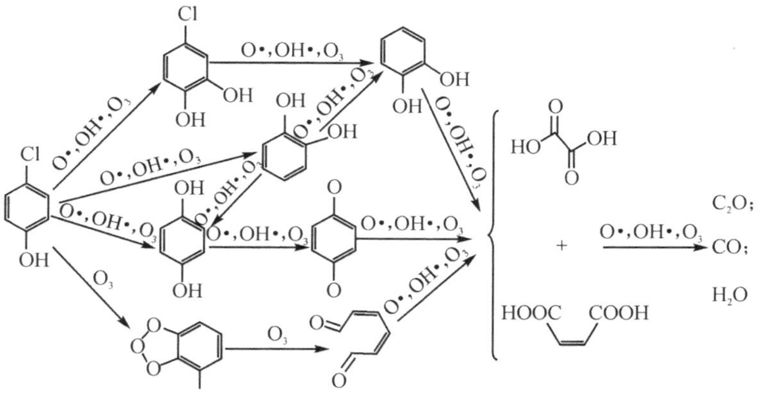　　　　　图 10.12　氧化氯酚示意图

低温等离子体净化气态污染物的效率具有不确定性,即对应不同有机物的转化率存在显著差异,而且还会形成不完全氧化产物,仅依靠低温等离子体作用的能耗也非常高。低温等离子体协同吸附/催化净化污染物是指协同利用低温等离子体对污染物的预处理作用以及低温等离子体在催化作用下,强化氧化污染物作用,实现污染物的净化。在利用低温等离子体和催化各自优势的同时,可克服各自的不足,因而该技术被认为是处理低浓度、大流量有毒有害气体的有效方法之一。根据放电方式的不同,可将低温等离子体协同吸附/催化技术分为连续放电式和间歇放电式两种。

10.5.4　实验设计步骤及要求

① 通过文献调研及综述等方式了解室内污染控制技术发展现状,理解低温等离子技术、催化技术的原理特点,了解室内低浓度 VOCs 处理的难点。

② 分析连续或非连续放电式低温等离子体协同催化净化室内空气气态污染物的反应系统构造。尝试设计出不同工艺结构的反应系统图。

③ 根据文献调研筛选适用于室内空气气态污染物的催化剂,掌握其制备方法。

④ 确定实验方案。根据前期文献调研及分析,设计实验方案初稿,与教师进行讨论,确定实验方案,并培训基本的实验操作方法。

⑤ 搭建实验系统,完成配气系统、反应系统和检测系统中气路的检漏和仪器检查,保证系统的合理性和实验的可行性。

⑥ 制备催化剂,对催化剂吸附性能及催化性能评价。考察不同因素对催化剂吸附性能及催化性能的影响,分析实验结果。

⑦ 开展低温等离子体反应器放电条件、注入能量和气体流量对污染物净化率的影响实验,对实验结果进行分析并讨论。

10.5.5　综合实验案例

某小组在前期文献调研的基础上,选择空气中的甲苯作为代表性的苯系物,确定采用交替吸附-低温等离子强化催化净化甲苯实验。

1. 材料及试剂

氯化钠,硫酸锰,甲苯,HZSM - 5 分子筛,β 分子筛,活性炭,空气,其中空气由空气发生器提供。

2. 实验仪器

负极性直流电源,1台;无油空气压缩机,1台;臭氧分析仪,1台;压差计,1台;风速计,1台;便携式气相色谱仪,1台;鼓泡式 BTEX 发生器,1台。

3. 实验系统

交替吸附-低温等离子体强化催化处理 BTEX 实验平台如图 10.13 所示。

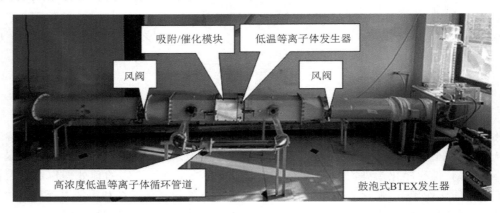

图 10.13　交替吸附-低温等离子体强化催化处理 BTEX 实验平台

1) 配气单元,包括鼓泡式 BTEX 发生器和无油空气压缩机。

2) 反应单元,包括主风道、高浓度低温等离子体循环管道、催化材料、低温等离子体发生器、风阀、控制器、主风机、旁路风机等。

3) 分析单元,主要包括:① 压差计、风速计,用于测定风道参数;② 便携式气相色谱仪,用于检测甲苯浓度;③ O_3 分析仪,用于检测 O_3 的浓度。

便携式气相色谱仪工作原理:样品气经取样泵吸入定量管,通过进样阀的切换,由载气送入色谱柱,根据不同气体分子在色谱柱中的扩散速度不同,样品气体被分离开来,然后由接在色谱柱后的检测器根据组分的物理化学特性,将各个组分按顺序检测出来,实现对样品气的定性、定量分析。

4. 实验方法与步骤

① 实验系统调试过程。对高压电源、反应系统、分析单元进行调试,保证符合实验要求。

② 催化剂制备过程。分别制备以 HZSM - 5 和 β 分子筛为载体的锰氧化物催化剂,Mn 理论负载的质量分数为 5.88%,前体物为乙酸锰。将混合物成型后分别制成 90 目和 180 目蜂窝状催化剂块,尺寸为 45 mm×30 mm×33 mm。催化模块置于马弗炉中,由室温升温至 500 ℃,升温时间为 60 min,煅烧氛围为静态空气或氮气,煅烧时间为 360 min,煅烧完成后冷却至室温,取出待用。

③ 配气过程。在发生器罐体内装入液态甲苯,当由空压机产生的洁净空气高速通过 laskin 喷嘴进入发生器,通过鼓泡形式可以使发生器腔体内充满甲苯气体。通过软管连接发生器出口与实验风管,由于风管内为负压状态,因此发生器内甲苯气体可顺利输送至管道进行实验。

④ 打开低温等离子体反应器,考察注入能量和气体流量对甲苯净化的影响,检测甲苯浓度、O_3 浓度、CO_2 浓度,计算甲苯矿化率。

⑤ 开展交替实验研究。不开启低温等离子体时,气体流量为 3 L/min,吸附时间为 480 min;开启低温等离子体时,气体流量为 1 L/min,放电功率为 2 W,再生时间为 120 min。考察甲苯矿化率和 O_3 浓度。

5. 实验数据记录与整理

① 甲苯穿透率指 C_7H_8 经过吸附剂后,检测入口及出口 C_7H_8 浓度,计算出口 C_7H_8 占入口 C_7H_8 的比例。甲苯穿透率用于评价吸附剂对 C_7H_8 的吸附能力。

$$\eta = \frac{C_{out}}{C_{in}} \times 100\% \tag{10.15}$$

式中:η 为甲苯穿透率,%;C_{in} 为入口 C_7H_8 浓度,mg/m³;C_{out} 为出口 C_7H_8 浓度,mg/m³。

② CO_2 浓度指经过再生技术处理后,C_7H_8 被彻底变成小分子 CO_2 的浓度。CO_2 质量浓度越高,说明 C_7H_8 氧化越彻底。

③ 甲苯矿化率指检测出口 CO_2 质量浓度,计算 CO_2 占 C_7H_8 总量(入口 C_7H_8)的比例。矿化指 C_7H_8 被彻底氧化成小分子 CO_2,矿化率越高,说明氧化越彻底,中间产物越少。

$$Z = \frac{C_{CO_2}}{7 \times C_{in}} \times 100\% \tag{10.16}$$

式中:Z 为甲苯矿化率,%;C_{CO_2} 为出口 CO_2 浓度,mg/m³ C_{in} 为入口甲苯浓度,mg/m³。

④ 实验时将数据记录到数据表 10.7 中。

表 10.7　交替吸附-低温等离子强化催化实验数据记录表

测定日期:＿＿＿＿＿＿＿＿＿

项　目	时间/min	气体流速/ (m·s⁻¹)	甲苯浓度/ (mg·m⁻³)	CO_2 浓度/ (mg·m⁻³)	O_3 浓度/ (mg·m⁻³)	甲苯穿透率/%	甲苯矿化率/%
入　口	—			—	—	—	—
出　口	5						
	10						
	⋮						

10.5.6　思考题

1. 文献调研 10 种不同的吸附/催化双功能材料,试用表格的形式综述不同材料的目标污染物、降解效率、制备工艺等内容。

2. 低温等离子体协同吸附/催化技术机理是什么?

参考文献

[1] 郝吉明,马广大,王书肖. 大气污染控制工程[M]. 4 版. 北京:高等教育出版社,2021.

[2] 全国勘察设计注册工程师环保专业管理委员会. 注册环保工程师专业考试复习教材:大气污染防治工程技术与实践[M]. 4 版. 北京:中国环境出版社,2017.

[3] 张仁志,张尊举. 环境工程实验[M]. 北京:中国环境出版集团,2019.

[4] 陆建刚. 大气污染控制工程实验[M]. 2 版. 北京:化学工业出版社,2022.

[5] 许宁. 大气污染控制工程实验[M]. 北京:化学工业出版社,2018.

[6] 杜峰. 空气净化材料[M]. 北京:科学出版社,2018.

[7] 高亭. 生物滴滤系统处理模拟甲苯废气研究[D]. 上海:上海第二工业大学,2019.

[8] 刘楠,杨海龙,王湛秋,等. 生物法降解家具行业含二甲苯有机废气工艺研究[J]. 西南师范大学学报(自然科学版),2019,44(5):50-55.

[9] 刘远峰,孔令迎,耿凤华,等. 生物法处理甲苯和二甲苯废气研究[J]. 青岛科技大学学报(自然科学版),2018,39(3):89-96.

[10] 张克萍,徐煜锋,成卓韦,等. 生物滴滤塔中试处理某树脂制造企业VOCs[J]. 环境工程学报,2021,15(6):1966-1975.

[11] 杨晓娜,任晓玲,严孝清,等. 活性炭对 VOCs 的吸附研究进展[J]. 材料导报,2021,35(17):17111-17124.

[12] 赵亮,周宏方,尹艳山,等. 活性炭吸附 CO_2 的研究进展[J]. 炭素技术,2019,38(5):17-22.

[13] 凌江华. 工业烟气中二氧化碳吸附捕集过程的研究[D]. 沈阳:东北大学,2015.

[14] 张一飞. 建筑室内健康环境低阻高效过滤单元净化 $PM_{2.5}$ 特性研究[D]. 合肥:安徽建筑大学,2022.

[15] 郭二宝,张一飞,胡浩威,等. 建筑室内健康环境中不同过滤单元净化 $PM_{2.5}$ 特性[J]. 环境工程,2022,40(4):64-70.

[16] 田贺元. CHA 型分子筛 NH_3-SCR 催化剂水热稳定性研究[D]. 合肥:中国科学技术大学,2022.

[17] 郑伟,陈佳玲,郭立,等. 金属负载型分子筛催化剂在 NH_3-SCR 反应中水热稳定性的研究进展[J]. 燃料化学学报,2020,48(10):1193-1207.

[18] 范驰. Cu-SSZ-13 分子筛型 SCR 催化剂的可控制备及其在柴油车尾气净化中的应用研究[D]. 武汉:华中科技大学,2018.

[19] 王安,邵阳,马玲玲,等. 柴油车尾气颗粒物的形貌结构及元素分布研究[J]. 环境科学与技术,2022,45(6):154-161.

[20] Huan C C, Lyu Q Y, Tong X Y, et al. Analyses of deodorization performance of mixotrophic biotrickling filter reactor using different industrial and agricultural wastes as packing material[J]. Journal of Hazardous Materials,2021,420:126608.

[21] 李一倬. 低温等离子体耦合催化去除挥发性有机物的研究[D]. 上海:上海交通大

学，2015.

[22] 柳静献，毛宁，孙熙，等.我国袋式除尘技术历史、现状与发展趋势综述[J].中国环保产业，2022(1)：47-58.

[23] 林嗣煜. $Ce_xZr_{(1-x)}O_2-Al_2O_3$ 混合载体上 PdO_x 物种的结构性质及其对三效催化性能影响的研究[D].杭州：浙江大学，2015.

[24] 张昭良，何洪，赵震.汽车尾气三效催化剂研究和应用 40 年[J].环境化学，2021，40(7)：1937-1944.